Technisches
Taschen-
wörterbuch

englisch · deutsch

Max Hueber Verlag

4. 3. | Die letzten Ziffern
1992 91 90 89 | bezeichnen Zahl und Jahr des Druckes.
Alle Drucke dieser Auflage können, da unverändert,
nebeneinander benutzt werden.
6., neubearbeitete Auflage 1985
© 1965 Max Hueber Verlag, D-8045 Ismaning
Umschlaggestaltung: Planungsbüro Winfried J. Jockisch, Düsseldorf
Gesamtherstellung: Friedrich Pustet, Regensburg
Printed in the Federal Republic of Germany
ISBN 3-19-006213-7

PREFACE

Nearly every engineer needs – rightly and properly – to consult a technical dictionary from time to time. There are six things which such a dictionary should avoid.

1. It should not confront the user with a crossword puzzle in every seven out of eight renderings.
2. It should not require the user to study time-consuming aspects of the language and of technical usage.
3. It should not contain a vast number of terms which have no bearing on the subjects dealt with.
4. It should avoid boring the user with endless repetition of the same compound expression which is merely broken down into basic terms.
5. It should not seek to impress by mere size or overwhelm by its sheer weight.
6. It should not be so fantastically expensive that the buyer finds he has parted with practically his last shilling.

This small book with a modest 13,000 entries, which in fact represent the core and the substance of technical terminology, seeks to provide the answer. The user for his part must bear the following points in mind.

1. He is expected to form supplementary terms and terms of narrower or broader meaning by using the key provided (p. 4). Word-buildung in this way is rewarding and satisfying.
2. Only root words are given, instead of endless compounds. Using them to build up any desired commpound term is a moment's work – nothing could be simpler.
3. Instead of six or seven translations of every key word the user will in most cases find only one and that is the one most frequently employed. Unravelling the meaning of a word can be an enjoyable exercise when indulged in quietly at a desk; for the practical man, however, it has little appeal, especially in the middle of negotiations, or on a construction site or in a plane or train.
4. Most technical terms are established in the literature concerned or are standard usage. Why then include outmoded terms fit only for a language museum? Knowledge of present-day usage is assumed.
5. Terms belonging to colloquial language will be sought in vain except when they have a technical connotation.
6. American spelling and pronunciation have been adopted for this book. In cases where the British equivalents are widely used (e.g. gage, gauge; catalog catalogue) these are shown in second place with (UK) in front.

Those who know the right way to work with a book of this kind will take pleasure in it. Containing as it does some 13,000 basic terms and a key (p.4) to a further 20,000 terms, this book will seldom if ever fail the user.

Henry G. Freeman

KEY
to the Use of the Dictionary

The user of this book requires neither practice nor experience to increase considerably the vocabulary contained in it. The following hints should be observed:

1. Word combinations (compounds) are formed simply by combining the basic terms.

   Example:
   eccentric = Exzenter
   motion = Bewegung
   eccentric motion = Exzenterbewegung

2. Substantives (nouns) are formed in German by writing the stem of the verb with a capital letter.

   Example:
   to mill = fräsen
   milling = Fräsen

3. Innumerable compounds are formed in both languages by placing a determinative word in front of the basic term (inside = Innen~, outside = Außen~, vertical = Senkrecht~, universal = Universal~, etc.). The determinative word and the basic term are simply brought together to give the corresponding English term required.

   Example:
   vertical = Senkrecht
   cut = Schnitt
   vertical cut = Senkrechtschnitt

4. Prefixes which constantly recur in technical language, such as, for example, pre-, fine-, rough-, single-, re-, etc., can in German also simply be placed in front of the basic term.

   Example:
   micro = Mikro
   crack = Riß
   micro-crack = Mikroriß

Where there are several possible translations of a prefix, supplementary explanations are given.

The thirty seconds expended by the user of the book in combining words secure for him a fund of new technical terms.

Wherever simple addition of prefixes, or determinative words, to the basic term results in a faulty translation, the compound is given separately as catchword. With this system of *do-it-yourself,* the user possesses a dictionary of over 30,000 technical terms.

INDEX

1 Machine-building Industry

2 Tool Manufacture

3 Engineering Metrology

4 Automotive Industry

5 Metallurgy

6 Shaping and Treating of Steel

7 Electrical Engineering

8 Data Systems Technology

9 Building Trade and Civil Engineering

10 Workshop Practive

11 Materials Technology

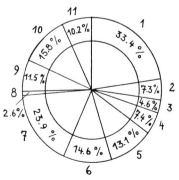

Due to overlapping the basic terms total more than 100%

BIBLIOGRAPHY

DIN Deutsches Institut für Normung, Berlin: Taschenbücher 106 und 123: Antriebstechnik;
   TB 109: Fertigungsverfahren; TB 4: Stahl und Eisen; TB 55: Mechanische Verbindungs-
   elemente. Beuth Verlag, Berlin.

BUDIG, P. KL.:
   Elektrotechnik – Elektronik, E.-D., 1975, VEB Verlag Technik, Berlin.

BUCKSCH, H.:
   Wörterbuch Bau, Ingenieurbau und Baumaschinen, D.-E., E.-D., 1981, Bauverlag GmbH,
   Wiesbaden.

BUCKSCH, H.:
   Getriebe-Wörterbuch, D.-E., E.-D., 1976, Bauverlag GmbH., Wiesbaden.

CARL-AMKREUTZ:
   Wörterbuch der Datenverarbeitung, 2 Bände E.-D.-F., 1981, Datakontext Verlag, Köln.

DE VRIES – KOLB:
   Wörterbuch der Chemie und der deutschen Verfahrentechnik, D.-E., 1978, Verlag
   Chemie, Weinheim.

CLASON, W. E.
   Elsevier's Automobile Dictionary in 8 languages, 1960, Elsevier's Publishing Co., Am-
   sterdam

EUROTRANS:
   Wörterbuch der Kraftübertragungselemente, Bd. 2: Zahnradgetriebe, in 8 languages,
   1983, Springer Verlag, Berlin.

FOUCHIER, J. and BICHET, F.:
   Chemical Dictionary, E.-F.-D., 1970, Netherlands University Press, Nijmegen

FREEMAN H. G.:
   Metal-Cutting Machine Tools, 3 Bände, E.-D.-E., 1973, Verlag W. Girardet, Essen

FREEMAN, H. G.:
Wörterbuch technischer Begriffe mit 4300 Definitionen nach DIN, D. und E., 1983, Beuth Verlag GmbH., Berlin.

FREEMAN, H. G.:
Taschenwörterbuch Kraftfahrzeugtechnik, D.-D., 1980, Max Hueber Verlag, München.

IBM:
Fachausdrücke der Text- und Datenverarbeitung, Wörterbuch und Glossar, E.-D., 1978, IBM, Deutschland.

KLEIBER, A. W.:
Welding Engineering, E.-D., D.-E., 1970, VEB Verlag Technik, Berlin.

MEINCK, F. und MÖHLE, H.:
Wörterbuch für das Wasser- und Abwasserfach, D.-E.-F. lt., 1963, R. Oldenbourg Verlag, München.

MÜLLER, W.:
Technical Dictionary of Automotive Engineering, 1964, Pergamon Press, Oxford.

RAAF, J. J.:
Paint and Varnish, H.-F.-E.-D., 1965, Van Goor Zonen, Den Haag.

RÖMER, TH.:
Fachwörterbuch der Schweißtechnik, D.-E., E.-D., 1970, Deutscher Verlag für Schweißtechnik, Düsseldorf.

STEPANEK, J.:
Industrieöfen und industrielle Wärmeanlagen, D.-E.-Sp.-F., 1975, Vulkan Verlag, Essen.

WERNICKE, H.:
Dictionary of Electronics, Communications and Electrical Engineering, Bd. II, D.-E., 1964, Verlag H. Wernicke, Deisenhofen.

The private card index of the Author with approx. 250.000 Technical Terms.

DISPOSITION

General Engineering   Machine Building · Transmission and Gearing Elements · Bearing Engineering · Machine Elements · Engineering Metrology · Machine Tools · Machine-Shop and Hand Tools

Automotive Engineering   Transport Industry · Power Trucks · Passenger Cars · Motorcycles · Bicycles

Metallurgy   Iron and Steel Manufacture · Shaping and Treating of Steel · Industrial Plant Equipment and Operating Facilities · Industrial Furnaces · Surface Treatment

Electrical Enginneering   Heavy Current Engineering · Telecommunication · Radio Engineering · Television Engineering · Electronics · Light Current Engineering

Data Systems Technology   Data Processing · Information Processing · Data Communication · Process Computer Systems

Building Trade   General Construction Engineering · Construction Machinery · Steel Construction · Concrete Construction · Road Building · Civil Engineering · Hydraulic Engineering · Railroad Engineering · Surveying

Workshop Practice   Welding Technology · Heat Treatment · Lubrication Technology · Painting · General Industrial Engineering

Material Technology   Materials · Testing of Materials

Physics   Acoustics · Dynamics · Kinetics · Hydraulics · Nucleonics

Engineering Economics   Quality Control · Work and Time Study

Abbreviations Used in the Vocabulary

a.	adjective	Adjektiv
accoust.	acoustics	Akustik
adv.	adverb	Adverb
auto.	automotive engineering	Kraftfahrwesen
ball.	ballistics	Ballistik
carp.	carpentry	Zimmerei
cf.	compare	vergleiche
chem.	chemistry	Chemie
civ.eng.	civil engineering	Tiefbau
com.	commercially	Handelswirtschaft
comp.	computer	Rechenanlage
cryst.	crystallography	Kristallehre
data proc.	data processing	Datenverarbeitung
data syst.	data systems	Datentechnik
data trans.	data transmission	Datenübertragung
electr.	electrical engineering	Elektrotechnik
electron.	electronics	Elektronik
f	feminine noun	weibl. Hauptwort
fig.	figuratively	bildlich
galv.	galvanoplastics	Galvanostegie
geol.	geology	Geologie
geom.	geometry	Geometrie
hydr.	hydraulics	Hydraulik
hydrodyn.	hydrodynamics	Hydrodynamik
incorr.	incorrectly	ungenau
inform. proc.	information processing	Informationsverarbeitung
m	masculine noun	männl. Hauptwort
mach.	machinery	Maschinenbau
magn.	magnetism	Magnetismus
mat.test.	materials testing	Werkstoffprüfung
math.	mathematics	Mathematik
mech.	mechanics	Mechanik
met.	metallurgy	Hüttenkunde
metallo.	metallography	Metallographie
metrol.	metrology	Meßtechnik
n	neuter noun	sächl. Hauptwort
nucl.	nucleonics	Kernphysik

opt.	optics	Optik
p.a.	participial adjective	Mittelwort
photo.	photography	Fotografie
phys.	physics	Physik
pl.	plural	Mehrzahl
p.p.	past participle	zweite Vergangenheit
progr.	programming	Programmierung
radiogr.	radiography	Röntgenographie
railw.	railways	Eisenbahnbau
s	substantive	Hauptwort
s.a.	see also	siehe auch
specif.	specifically	spezifisch
techn.	technology	Technologie
tel.	telephony	Fernsprechtechnik
telec.	telecommunication	Fernmeldewesen
telegr.	telegraphy	Telegrafie
telev.	television	Fernsehtechnik
UK	British English	Inselenglisch
US	American English	Anglo-amerikanisch
v.i.	intransitive verb	nichtzielendes Zeitwort
v.t.	transitive verb	zielendes Zeitwort
woodw.	woodworking	Holzbearbeitung

Keywords Explaining Entries

aerodynamics	Aerodynamik
automatic	Drehautomat
bearing	Lagertechnik
bicycle	Fahrrad
blast furnace	Hochofen
blasting	Strahlen
boiler	Kesselbau
boring	Aufbohren
boring mill	Bohrwerk
broaching	Räumen
building	Bautechnik
centerless grinding	spitzenloses Schleifen
cold work	Kaltarbeit
compressive molding	Formpressen
concrete	Betonbau
converter	Konverter
conveying	Förderwesen
copying	Nachformverfahren
cost accounting	Kostenrechnung
crank shaper	Waagerechtstoßmaschine
die-casting	Druckgießverfahren
drawing	Zeichnung
driller	Ständerbohrmaschine
drilling	Vollbohren
electroerosion	Elektroerosionsverfahren
engine	Kraftmaschine
explosive metal forming	Explosivumformung
extruding	Strangpressen
forging	Schmiedetechnik
founding	Gießereitechnik
foundry	Gießerei
gaging	Lehrenkontrolle
gear cutting	Verzahnungstechnik
gearing	Gebriebetechnik
gear planer	Zahnradhobelmaschine
grinding	Schleifen
heat treatment	Wärmebehandlung

hobbing	Wälzfräsen
hydraulics	Hydraulik
indexing	Teilen
injection molding	Spritzgießen
kinetics	Kinetik
ladle	Gießpfanne
lapping	Läppen
lathe	Drehmaschine
lubrication	Schmiertechnik
manipulation	Hantierung
metal cutting	Zerspantechnik
metalworking	Metallbearbeitung
miller	Fräsmaschine
molding	Formerei
motorcycle	Motorrad
operation	Arbeitsvorgang
optics	Optik
ore dressing	Erzaufbereitung
painting	Anstrichtechnik
planer	Hobelmaschine
planing	Hobeln
plastics	Kunststofftechnik
power press	Presse
product	Erzeugnis
profiler	Nachformfräsmaschine
programming	Programmsteuerung
radar	Funkmeß
radial	Auslegerbohrmaschine
radio	Funktechnik
reactor	Reaktor
result	Arbeitsergebnis
riveting	Nieten
road building	Straßenbau
rolling mill	Walzwerk
sawing	Sägen
scaffolding	Gerüstbau
screwcutting	Gewindeschneiden
shaper	Waagerechtstoßmaschine
shell molding	Formmaskenverfahren

slotter	Stoßmaschine
speeds	Drehzahlen
steelmaking	Stahlwerksbetrieb
surface finish	Oberflächenbeschaffenheit
surveying	Vermessungskunde
threading	Gewindeschneiden
time study	Zeitstudienwesen
tool	Werkzeug
traffic	Verkehrstechnik
turbine	Turbine
turret lathe	Revolverdrehmaschine
welding	Schweißtechnik
work feeding	Werkstoffzuführung
work study	Arbeitsstudium

Current Engineering Symbols and Abbreviations

abs	*(absolute)*, absolut	B	*(magnetic induction)*, magn. Induktion
a.c.	*(alternating current)*, Wechselstrom		
af	*(audio frequency)*, Tonfrequenz	B.A.	*(British Association screw thread)*, British Association Schraubengewinde
alk.	*(alkaline)*, alkalisch		
A.O.H.	*(acid open hearth)*, saures Siemens-Martin-Verfahren	b, B	*(breadth)*, Breite
A.P.	*(American Patent)*, amerikanisches Patent	BBC	*(British Broadcasting Corporation)*, Britische Rundfunkgesellschaft
aq.	*(aqueous)*, wäßrig	bc	*(broadcast)*, Rundfunk
at	*(atmosphere)*, technische Atmosphäre		
at	*(atomic)*, atomar	B.G.	*(Standard Birmingham Sheet and Hoop Gauge)*, Birmingham Normallehre für Feinblech und Bänder
at.wt.	*(atomic weight)*, Atomgewicht		
av.	*(average)*, Durchschnitt, Mittel		
A.W.G.	*(American Wire Gage)*, amerikanische Drahtlehre	B.H.N.	*(Brinell hardness number)*, Brinell Härtezahl

* Engineering practice is still to a high degree employing the 'Technical System of Measurement'. However, science makes use of the 'International System of Units'. Formerly the technical unit of force was denoted by the symbol kg in Germany, but since 1955 by kp for kilopond (other countries write kgf). Thus, 1 kp = 1 kgf.

B.H.P.	*(brake horsepower)*, effektive Pferdestärke	cim	*(cubic inches per minute)*, Kubikzoll je Minute
B/L	*(bill of lading)*, Konnossement	circ.	*(circumference)*, Umfang
B.O.H.	*(basic open hearth)*, basisches Siemens-Martin-Verfahren	conc.	*(concentrate)*, Konzentrat
bp	*(boiler pressure)*, Kesseldruck	cp	*(candle power)*, Kerzenstärke
b.p.	*(boiling point)*, Siedepunkt	c.p.	*(chemically pure)*, chemisch rein
B.S.	*(British Standard)*, britische Normenvorschrift	C.P.	*(calorific power)*, Heizkraft
B.S.F.	*(British Standard Fine [thread])*, Britisches Norm-Feingewinde	C.P.	*(circular pitch)*, Umfangsteilung
		cpd.	*(compound)*, Gemenge
B.S.I.	*(British Standards Institution)*, Britisches Normenbüro	cps	*(cycles per second)*, Hertz
		C.R.	*(cold rolled)*, kaltgewalzt
B.S.S.	*(British Standard Specification)*, britische Normvorschrift	C.S.	*(cast steel)*, Gußstahl
		CS	*(commercial standard)*, Handelsnorm
B.T.U.	*(Board of Trade Unit)*, elektrische Einheit (1 kWh)	csk.	*(countersunk)*, spitzversenkt
		cyl	*(cylinder)*, Zylinder
B.W.G.	*(Birmingham Wire Gauge)*, Birmingham Drahtlehre	d	*mech. (density, weight per unit volume)*, Dichte, spezifische Masse
c	*(calorie, gramme~)*, Grammkalorie		
		d	*(depth)*, Tiefe
c	*(specific heat)*, soezifische Wärme	*d*	*(thickness)*, Dicke, Stärke
		D	*(diameter)*, Durchmesser
cal	*(calorie)*, Kalorie	d.c.	*(direct current)*, Gleichstrom
Cal	*(calorie, kilo~)*, Kilokalorie	deg	*(degree)*, Grad
cal.val.	*(calorific value)*, Heizwert	dept.	*(department)*, Abteilung
cbr.	*(counterbored)*, zylindrisch versenkt	dil.	*(dilute)*, verdünnt
		doz	*(dozen)*, Dutzend
cc	*(continuous current)*, Gleichstrom	dp	*(double pole)*, zweipolig
		D.P.	*(diametral pitch)*, Durchmesserteilung
c.d.	*(current density)*, Stromdichte		
C.D.	*(cold drawn)*, kaltgezogen	Drg.	*(drawing)*, Zeichnung
cfs	*(cubic feet per second)*, engl. Kubikfuß je Sekunde	*E*	*(modulus of elasticity)*, Elastizitätsmodul
c.g.	*(center of gravity)*, Schwerpunkt	E.B.B.	*(extra best best)*, Gütebezeichnung für Drahtmaterial
chem.	*(chemical)*, chemisch		
C.I.	*(cast iron)*, Gußeisen	eff	*(efficiency)*, Leistung, Wirkungsgrad
cif.	*(cost, insurance, freight)*, Kosten, Versicherung, Fracht; cif.	e.g.	*(exempli gratia)*, zum Beispiel

ehf	*(extremely high frequency)*, Millimeterwellen	gnd	*(ground)* Masse
eht	*(extra high tension)*, Hochspannung	h	*(head)*, Zughöhe, Höhe, Gefälle
e.m.f.	*(electromotive force)*, elektromotorische Kraft	h	*(relative humidity)*, relative Luftfeuchtigkeit
eng	*(engine)*, Motor; Maschine	h, H	*(heat content)*, Wärmeinhalt
engr	*(engineer)*, Ingenieur	H	*(height)*, Bauhöhe, Höhe
eq	*(equation)*, Gleichung	H	*(magnetic field strength)*, magnetische Feldstärke
E.S.C.	*(Engineering Standards Committee)*, Industrie-Normenausschuß	hex.	*(hexagon)*, Sechskant
f	*(frequency)*, Frequenz	hf.	*(high frequency)*, HF im Bereich 3...30 Mhz
F	*(degree Fahrenheit)*, Fahrenheit	hifi	*(high fidelity)*, hohe Wiedergabegüte
F	*(force, total load)*, Kraft, Gewicht	hp., H.P.	*(horsepower)*, Pferdestärke
f.a.s.	*(free alongside)*, frei längsseite	h-p	*(high pressure)*, Hochdruck
fl	*(fluid)*, flüssig	hr	*(hour)*, Stunde
fl.pt.	*(flashpoint)*, Flammpunkt	HSS	*(high speed steel)*, Schnelldrehstahl
fnp	*(fusion point)*, Erweichungspunkt	H.T.S.	*(high tensile steel)*, hochfester Stahl
fob.	*(free on board)*, frei Bord; fob.	i	*(current intensity)*, elektrische Stromstärke
f.o.t.	*(free on truck)*, frei Waggon	i	*(moment of inertia)*, Trägheitsmoment
f.p.	*(freezing point)*, Gefrierpunkt		
fpm	*(feet per minute)*, engl. Fuß je Minute	i	*(luminous intensity)*, Lichtstärke
g	*(acceleration due to gravity)*, Fallbeschleunigung	id.	*(idem)*, der-, die-, dasselbe
G	*(conductance)*, Leitwert	I.D.	*(inside diameter)*, Innendurchmesser
gal	*(U.S. gallon)*, US Gallone (= 3,79 l)	i.e.	*(id est)*, das heißt
gal.	*(Imperial gallon)*, engl. Gallone (= 4.546 l)	I.H.P.	*(indicated horsepower)*, indizierte Pferdestärke
G.L.	*(ground level)*, Flurebene	ipm	*(inch par minute)*, engl. Zoll je Minute
G.M.V.	*(gram-molecular volume)*, Molvolumen	opr	*(inch per revolution)*, Zoll je Umdrehungen
G.M.W.	*(gram-molecular weight)*, Grammolekülgewicht	ips	*(inch per second)*, engl. Zoll je Sekunde
		ISA	*(International Federation of the*

	National Standardizing Associations)	min.	*(minimum)*, Minimum
ISO	*(International Organization for Standardization)*	min	*(minute)*, Minute
IT	*(Isa-tolerance)*, ISA- Grund- Toleranz	m.m.f.	*(magnetomotive force)*, magnetomotorische Kraft
J	*(intensity of magnetization)*, Magnetisierungsstärke	mol.	*(gram molecule)*, Mol
k	*(thermal conductivity)*, Wärmeleitfähigkeit	mol.wt.	*(molecular weight)*, Molekulargewicht
kgf	*(kilogramme-force)*, Gewichtskraft; 1 kp = 9,80665 N	mp, m.p.	*(melting point)*, Schmelzpunkt
kp	*(kilopond)*, Pond, Kilogramm-Kraft; 1 kp = ~,80665 N	M.S.	*(mild steel)*, niedriggekohlter Flußstahl
kva	*(kilovolt-ampere)*, Kilovoltampere *(kilowatt)*, Kilowatt	*n*	*(frequency)*, Frequenz
kw	*(kilowatt)*, Kilowatt	*n*	*electr. (speed of rotation)*, Drehzahl
l	*(length)*, Länge	*n*	*(number of mols)*, Molzahl
l	*(liter)*, Liter	NC	*(National Coarse [thread])*, Grobgewinde
L	*(heat of vaporization)*, Verdampfungswärme	N.E.F.	*(National Extra Fine [thread])*, Extrafeingewinde
L	*(quantity of light)*, Lichtmenge	NPS	*(National Pipe Straight)*, zylindrisches Rohrgewinde
lb.	*(pound)*, engl. Pfund (Gewicht)	NPT	*(National Pipe Taper [thread])*, kegeliges Rohrgewinde
lbf.	*(pound-force)*, Pond, engl. Gewichtspfund; 1 lbf = 0,456 kgf	N.T.P.	*(normal temperature and pressure)*, Normaltemperatur und -druck
L.H.	*(left-hand)*, linksgängig	N.T.S.	*(not to scale)*, nicht maßstabgerecht
ln	*(natural logarithm)*, natürlicher Logarithmus	oc	*(open circuit)*, offener Stromkreis
loc.cit.	*(loco citado)*, am angeführten Ort	o.d., O.D.	*(outside diameter)*, Außendurchmesser
L.T.	*(local time)*, Ortszeit	O.-H.~	*(open-hearth~)*, Siemens-Martin~
m	*(mass)*, Masse, Gewicht	org.	*(organic)*, organisch
M	*(molecular weight)*, Molekulargewicht	ow	*(order wire)*, Dienstleitung
M	*(mutual inductance)*, Gegeninduktivität	*p*	*(pressure)*, Druck
M.C.I.	*(malleable cast iron)*, Temperguß	*P*	*(electric power)*, elektrische Leistung
M/cy	*(machinery)*, Maschinenanlage	P	*(load)*, Gewicht, Belastung

P	*(power, work per unit time)*, Kraft, Arbeit je Zeiteinheit	*S*	*(entropy)*, Entropie
P.C.	*(pitch circle)*, Teilkreis	sat	*(saturated)*, gesättigt
P.C.D.	*(pitch circle diameter)*, Teilkreisdurchmesser	sec	chem. *(secondary)*, sekundär
		sfpm	*(surface feet per minute)*, Oberflächengeschwindigkeit in engl. Fuß je Minute
p.d.	*(potential difference)*, Spannungsunterschied		
P.D.	*(pitch diameter)*, Teilkreisdurchmesser	sh.i.	*(sheet iron)*, Stahlblech
		S.I.	*(Systeme International)*, S.I. Gewinde
P.I.V.	*(positive infinitely variable)*, stufenlos veränderlich		
		sol.	*(soluble)*, löslich
p.p.m.	*(parts per million)*, Millionstel	solu.	*(solution)*, Lösung
pp	*(push pull)*, Gegentakt	sp.gr.	*(specific gravity)*, Wichte; spezifisches Gewicht
psi	*(pound-force per square inch)*, engl. Pfund je Quadratzoll		
		s.p.m.	*(strokes per minute)*, Hübe je Minute
pt.	*(point)*, Punkt; Spitze		
pu	*(pick-up)*, Tonabnehmer	s.t.p.	(standard temperature and pressure), Normaltemperatur und -druck
q	*(thermal transmission)*, Wärmeübertragung		
Q	*(quantity, volume)*, Menge, Volumen	S.V.	*(saponification value)*, Verseifungszahl
Q	*(quantity by volume)*, Raummenge	S.W.G.	*(Imperial Standard Wire Gauge)*, britische Normaldrahtlehre
Q, q	*(quantity of electricity)*, Elektrizitätsmenge		
		t	*(ordinary temperature)*, gewöhnliche Temperatur
r	*(radius)*, Halbmesser	*t*	*(thickness)*, Dicke, Stärke
R	electr. *(resistance)*, Widerstand		
rad	*(radian)*, Radiant	*t*	*(time)*, Zeit
rd.	*(round)*, rund	*T*	*(absolute temperature)*, absolute Temperatur
r.h.	*(relative humidity)*, relative Luftfeuchtigkeit		
		T	electr. *(period)*, Periodendauer
R.H.	*(right-hand)*, rechtsgängig	*T*	*(torque)*, Torsionsmoment
rpm	*(revolutions per minute)*, Drehzahl	T.P.I.	*(threads per inch)*, Anzahl Gewindegänge je Zoll
rps	*(revolutions per second)*, Umdrehungen je Sekunde	T.S.	*(tensile strength)*, Zerreißfestigkeit
rms	*(root mean square)*, quadratischer Mittelwert	ult.	*(ultimate)*, äußerst
s	mech. *(linear distance)*, Weg	UNC	*(Unified Coarse [thread])*, vereinheitlichtes amerikanisches

	und britisches Grobgewinde, UNC-Gewinde
UNF	*(Unified Fine [thread])*, vereinheitlichtes amerikanisches und britisches Feingewinde, UNF-Gewinde
U.S.S.	*(United States Standard)*, amerikanische Norm
v	*(linear velocity)*, Geschwindigkeit
v, V	*(volume)*, Volumen, Menge
V	*(voltage, potential difference)*, elektrische Spannung
va	*(volt-ampere)*, Voltampere
vac.	*(vapour density)*, Dampfdichte
vel	*(velocity)*, Geschwindigkeit

vol.	*(volume)*, Volumen, Rauminhalt
v.p.	*(vapour pressure)*, Dampfdruck
W	*electr. (energy)* elektrische Arbeit
w.g.	*(pressure, water gauge)*, Druck WS
W.I.	*(wrought iron)*, Schweißstahl
wt	*(weight)*, Gewicht
X	*(force)*, Kraft
X	*(reactance)*, Blindwiderstand
Y	*(admittance)*, Scheinleitwert
yd	*(yard)*, 1 yd = 0,9144018 m
Y.P.	*(yield point)*, Fließgrenze, Streckgrenze
Z	*(impedance)*, Scheinwiderstand

Proper Stressing of Syllables

accuracy s Genauigkeit f
alkali s Alkali n
alternate a. abwechselnd
aluminum s Aluminium n
anode s Anode f
attribute v.t. zuschreiben
barometer s Barometer n
compound s Gemenge n
contact s Kontakt m
contract s Vertrag m
diagonal a. diagonal
diagram s Diagramm n
diameter s Durchmesser m
element s Element n
hygrometer s Hygrometer n
hexagonal a. sechseckig
instrument s Instrument n
interval s Intervall n
machinist s Maschinist m

metal s Metall n
metallographer s Metallograph m
methods s Methode f
micrometer s Mikrometer n
module s Modul m
octagonal a. achteckig
paragraph s Paragraph m
periphery s Umfang m
process s Prozeß m
profile s Profil n
program s Programm n
pyrometer s Pyrometer n
recess s Aussparung f
record v.t. anzeigen
stenographer s Stenograf m
symbol s Symbol n
system s System n
temperature s Temperatur f
tolerance s Toleranz f

Different Terms Used in UK and USA

UK	USA	
aerial	antenna	Antenne
bonnet	hood	Motorhaube
chucking automatic	chucker	Futterautomat
cogged ingot	bloom	Walzblock
connect through	put through	*(tel.)* durchschalten
connecting rod	pitman	*(auto.)* Pleuel
cotton rope	manila rope	Hanfseil
cross-roll	reel	friemeln
crown wheel	rim gear	Tellerrad
earth	ground	*(electr.)* Erde
effective diameter	pitch diameter	*(threading)* Flankendurchmesser
emery grinding machine	sander	Holzschleifmaschine
end-tipping lorry	end dump truck	Rückwärtskipper
entering angle	plan angle	(e. Drehmeißels:) Einstellwinkel
falling weight test	drop test	Fallprobe
folding press	press brake	Abkantpresse
front rake	back-rake angle	(e. Drehmeißels:) Neigungswinkel
gudgeon pin	piston pin	Kolbenbolzen
heating battery	A-battery	Heizbatterie
helical gear	spiral gear	Schrägzahnrad
jib	boom	Ausleger (e. Wendkranes)
lift	elevator	Fahrstuhl
light lorry	pick-up truck	Leichtlastwagen
lime-tree	basswood	Linde
lorry	truck	Lastkraftwagen
margin	heel	(e. Sprialbohrers:) Führungsfase
mixer	master control	*(telev.)* Mischpult
petrol	gasoline	Benzin
railway	railroad	Eisenbahn
railway wagon	freight car	Güterwagen

rosin	resin	Harz
saddle	carriage	*(lathe)* Haupt-schlitten
saloon car	sedan	Innenlenker
silencer	muffler	*(auto.)* Auspufftopf
silver steel	stub's steel	Silberstahl
sleeper	tie	*(railw.)* Schwelle
snap die	header	*(riveting)* Döpper
snap gauge	caliper gage	Rachenlehre
spanner	wrench	Schraubenschlüssel
sump	pan	(Öl:) Wanne
taper roller bearing	Timken bearing	Kegelrollenlager
Thomas steel	basic converter steel	Thomasstahl
trapezoidal thread	Acme thread	Trapezgewinde
trunk exchange	toll exchange	*(tel.)* Fernamt
trunk line	long-distance line	Fernleitung
valve	tube	*(electr.)* Röhre
wedge angle	lip angle	(e. Drehmeißels:) Keilwinkel
windscreen	windshield	*(auto.)* Windschutzscheibe

Hints on the Differences in English and American Spelling

UK	USA		UK	USA
our	– or		colour	– color
mme	– m		programme	– program
re	– er		centre, mitre	– center, miter

Further examples

UK	USA	
ageing	aging	Altern
aluminium	aluminum	Aluminium
carburetter	carburetor	Vergaser
catalogue	catalog	Katalog
caulk	calk	stemmen
convertor	converter	Stromrichter
disk	disc	Scheibe
draught	draft	Entwurf; Zug
gauge	gage	Lehre; Spur
mould	mold	Gießform
tyre	tire	Reifen
vice	vise	Schraubstock

Directions for Conversion

Until the British system of measurement is changed to the metric system, German and English engineers still have to convert the units of measurement of both systems. The required final values can, it is true, still be found in many handbooks, as well as in the conversion tables of DIN 4890–4893 and B. S. 350, but it is questionable if everyone always has these tables ready to hand. The engineer will, however, have his slide rule by him. Consequently, an alphabetically arranged list of all measurements encountered in the professional workday will fully suffice here.

A few remarks on accurate conversion seem appropriate.

Lengths

The legally determined value of 25.4 mm = 1 inch applies in industrial measurements.
Conversion of metric lengths to inches should on principle be stated in fractions, e.g. 49/64 in. For this purpose, the result must as necessary be rounded off up or down (e.g. 19 mm = 3/4 in.). Only in the case of conversions to the greatest accuray (e.g. very exact readings) is the decimal inch unavoidable.

This applies in particular to measurements in physics and metrology. The usual length units in building and transport are the centimeter and meter, foot and yard, respectively.

The micron (0.001 mm) is used in Germany as in Britain and America for measurements in surface refinement.

Lengths in the mechanical transport industry, relating to components, are measured in millimeters or inches; speeds are indicated in kilometers or miles.

Weights

The unit of weight is the kilogram (kg) or pound (lb) for large values, the gram (g) or ounce (oz.) for small ones. If when converting weight data in grams only a decimal value can at first be determined (e.g. 11.29 ozs.), this must be converted to a fraction by rounding off up or down, i.e. 11 1/4 ozs. This applies only for the weight range 15–800 g. Below 15 g, respectively 1/2 oz., the weight of the part is best calculated per dozen. Higher weights than 800 g should be stated in pounds.

A usual commercial weight is the hundredweight with the somewhat confusing symbol cwt., which is also incorrectly called centweight. A distinction must be made between the hundredweight in Britain and America, since I Imperial cwt. = 50.8 kg, 1 US cwt. = 45.4 kg.

Volumes

In the case of liquids, the liter as unit of measurement for industrial purposes is converted to gallons (gals.), smaller liter quantities to pints (pts.). The different British and American conversion values must be noted, for 1 Imperial gallon equals 4.5 l, 1 US gallon only 3.78 l. Correspondingly, 1 Imperial pint = 0.57 l, 1 US pint = 0.47 l.

Pipe Diameters and Sheet Thicknesses

The inside diameter of gas and water pipes, i.e. ordinary mains pipes, the outside diameter of high grade steel tubes, is always stated. The diameter of wire products and the thickness of sheet are not usually indicated in millimeters, or inches, but with the appropriate gauge No., e.g. steel wire BWG 10 (= 3.4 mm), or steel sheet U.S.S.G. 12 (=2.78 mm).

Pressures or Loads

In testing practice, the formerly usual specification of pressures or loads in pounds per square inch (psi) has recently been superseded by tons per square inch (t/sq.in.). In the metric system of measurement, the old unit, kilogram per square millimeter (kg/mm^2) has in conformity with standardization been replaced by kilopond per square millimeter (kp/mm^2).

Conversion Factors

Atmosphäre, technische (metrische) (at)
- 0.968 atmospheres
- 1 Kilogramm je Quadratzentimeter
- 10 Meter Wassersäule von + 4° C
- 735.5 Milimeter Quecksilbersäule von 0° C
- 14.2 pounds per square inch

Boiler horsepower (B. H. P.)
- 16.86 Kilogramm je Quadratzentimeter je Stunde
- 34.5 pounds per 10 square feet per hour
- 0.9 Quadratmeter Kesselheizfläche
- 10 square feet Kesselheizfläche

British thermal unit (B. t. u.)
- 778.0 foot-pounds
- 0.39 foot-ton
- 0.252 Kilokalorie
- 107.56 Meterkilogramm
- 1054.6 Wattsekunden

British thermal unit per second (B. t. u./sec.)
- 1.414 horsepower
- 778.0 foot-pounds per second
- 0.252 Kilokalorie je Sekunde
- 1.054 Kilowatt
- 1.433 Pferdestärken

Circular inch (cir. in.)
- 5.07 Quadratzentimeter
- 0.78 square inch

Cubic foot (cu. ft.)
- 1728 cubic inches
- 28.3 Liter
- 64.4 pounds

Cubic inch (cu. in.)
- 16.4 Kubikzentimeter
- 0.016 Liter

Cubic yard (cu. yd.)
- 27 cubic feet
- 46656 cubic inches
- 168.2 gallons (Imp.)
- 0.76 Kubikmeter
- 764.56 Liter

Foot (ft.)
- 12 inches
- 0.305 Meter
- 0.303 yard
- 30.48 Zentimeter

Foot per minute (ft./min.)
- 0.305 Meter je Minute
- 0.508 Zentimeter je Sekunde

Foot per second (ft./sec.)
- 60 feet per minute
- 1.1 Kilometer je Stunde
- 18.3 Meter je Minute
- 0.3 Meter je Sekunde
- 30.48 Zentimeter je Sekunde

Foot-pound (ft. lb.)
- 0.138 Meterkilogramm

Gallon (Imp.) (gal.)
- 4.546 Liter
- 8 pints

Gallon (US) (gal)
| 3.785 | Liter |
| 8 | pints |

Gramm (g)
15.43	grains
0.001	Kilogramm
0.035	ounce
0.002	pound
0.07	poundal

Gramm je Kubikzentimeter (g/cm^3)
| 62.43 | pounds per cubic foot |

Hektar (ha)
100	Ar
2.47	acres
10000	Quadratmeter

Horsepower (hp)
33000	foot-pounds per minute
550	foot-pounds per second
0.75	Kilowatt
76.0	Meterkilogramm je Sekunde
1.01	Pferdestärken
745.7	Watt

Horsepower-hour (hphr)
990	foot-tons
0.75	Kilowattstunde
1.01	Pferdestärkenstunde

Hundredweight (Imp.) (cwt.)
| 50.8 | Kilogramm |
| 112 | pounds |

Inch (in.)
0.08	foot
0.025	Meter
25.4	Millimeter
2.5	Zentimeter

Kilogramm (Gewicht) (kg) (s. a. Kilopond)
35.27	ounces
2.205	pounds
0.001	Tonne

Kilokalorie (kcal)
3.97	British thermal units
3086	foot-pounds
0.001	Kilowattstunde
426.9	Meterkilogramm

Kilometer (km)
3280.8	feet
0.62	mile
1093.6	yards

Kilometer je Stunde (km/h)
| 54.68 | feet per minute |
| 27.78 | Zentimeter je Sekunde |

Kilopond je Quadratmeter (kg/m^2)
1	Milimeter Wassersäule (+ 4° C)
0.001	pound per square inch
0.045	poundal per square inch

Kilopond je Quadratmillimeter (kg/cm^2)
| 0.635 | ton per square inch |

Kilopond je Quadratzentimeter (kg/mm^2)
1	Atmosphäre
0.97	atmosphere
32.84	feet of water
394	inches of water
10	Meter Wassersäule (+ 4° C)
735.58	Milimeter Quecksilbersäule
14.22	pounds per square inch

Kilowatt (kW)
| 737.4 | foot-pounds per second |
| 1.34 | horsepower |

102	Meterkilogramm je Sekunde
1.36	Pferdestärken
1000	Watt

Kilowattstunde (kWh)

1327	foot-tons
1.34	horsepower-hours
860.58	Kilokalorien
1.36	Pferdestärkenstunden
1000	Wattstunden

Kubikmeter (cbm, m³)

35.31	cubic feet
1.31	cubic yards

Kubikzentimeter (ccm, cm³)

0.061	cubic inch
0.001	Kilogramm
1000	Kubikmillimeter
0.035	ounce

Liter (l)

0.035	cubic foot
61.02	cubic inches
0.220	gallon (Imp.)
0.264	gallon (US)
1000	Kubikzentimeter
1.76	pints (Imp.)
2.205	pounds

Megapond (Mp)

1000	Kilopond

Meter (m)

3.28	feet
39.37	inches
1.09	yards

Meter je Minute (m/min)

0.05	feet per second

Meter je Sekunde (m/s)

196.85	feet per minute

3.28	feet per second
3.6	Kilometer je Stunde

Meterkilogramm (mkg)

7.23	foot-pounds

Mikron (μ)

0.001	Millimeter

Mil

0.001	inch
0.025	Milimeter

Mile (mi.)

5280	feet
1.609	Kilometer
1609	Meter
1760	yards

Mile per hour (mi./h)

1.609	Kilometer je Stunde
26.82	Meter je Minute

Milimeter (mm)

0.03937	inch
1000	Mikron

Milimeter Wassersäule (mm W. S.)

1	Kilogramm je Quadratmeter

Ounce (oz.)

437.5	grains
28.35	Gramm
0.062	pound

Pferdestärken (PS)

543.5	foot-pounds per second
0.986	horsepower
0.735	Kilowatt
75	Meterkilogramm
735.5	Watt

Pferdestärkenstunde (PSh)
0.986	horsepower-hour
632.9	Kilokalorien
0.735	Kilowattstunde

Pint (Imp.) (pt.)
0.473	Liter

Pound (lb.)
27.68	cubic inches
7000	grains
453.59	Gramm
0.453	Kilogramm
16	ounces

Pound per square inch (lb./sq. in.)
703.066	Kilogramm je Quadratmeter
0.070	Kilogramm je Quadratzentimeter
144	pounds per square foot

Poundal (pdl.)
14.10	Gramm
0.141	Kilogramm
0.031	pounds

Quadratkilometer (km²)
247	acres

Quadratmeter (m²)
10.76	square feet
1550	square inches

Quadratzentimeter (cm²)
0.155	square inch

Slug
32.17	pounds

Square foot (sq. ft.)
0.093	Quadratmeter
144	square inches

Square inch (sq. in.)
645.159	Quadratmillimeter
6.45	Quadratzentimeter

Square mil (sq. mil)
128	circular mils

Ton (t) (long ton, 2240 lbs.)
1016	Kilogramm
2240	pounds
1.016	Tonnen (metrische)
1.12	tons (of 2000 lbs.)

Ton (t) (short ton, 2000 lbs.)
907	Kilogramm
2000	pounds
0.89	ton (of 2240 lbs.)
0.907	Tonne (metrische)

Ton per square inch (t/sq. in.)
1.57	Kilogramm je Quadratmillimeter
2240	pounds per square inch
0.157	Tonne je Quadratzentimeter

Tonne (metrische) (t)
0.984	long ton
1.102	short tons

Umdrehungen je Minute (U/min)
0.105	radian per second

Winkelminute
0.296	angular mil

Yard
3	feet
36	inches
0.91	Meter
91.44	Zentimeter

Zentimeter
0.3937	inch
10	Millimeter

A

A-battery s Heizbatterie f
ability s Fähigkeit f, Vermögen n
abrade v.t. abschleifen; – v.i. verschleißen
abrasion s Verschleiß m, Abnutzung f; Abrieb m
abrasive a. schmirgelartig
abrasive s Schleifmittel n
abrasive action, Schleißwirkung f, Schleifwirkung f, Scheuerwirkung f
abrasive belt, Schleifband n
abrasive belt grinder, Bandschleifmaschine f
abrasive belt grinding, Bandschleifen n
abrasive belt tension, Bandspannung f
abrasive cloth, Schleifleinen n
abrasive compound, Schleifmittelpaste f
abrasive cutting, Trennschleifen n
abrasive cutting machine, Trennschleifmaschine f
abrasive cutting wheel, Trennscheibe f
abrasive grit, Schleifstaub m
abrasive lap, Läppscheibe f
abrasive paper, Sandpapier n
abrasive resistance, Verschleißwiderstand m
abrasive fool, Schleifwerkzeug n
abrasive wheel, Schmirgelscheibe f
absorb v.t. aufnehmen; dämpfen
absorption s Aufnahme f; Dämpfung f
ABSORPTION ~ (apparatus, capacity, coefficient, color, counter tube, curve, edge, factor, foil, law, liquid, loss, property, ratio, spectrum, transition) Absorptions~
absorption power s (chem.) Aufnahmefähigkeit f
absorptive a. saugfähig

abut v.t. bestoßen; – v.i. anstoßen, aneinanderstoßen
abutment s Widerlager n
abutting a. aneinanderstoßend
abutting edge of flange, Bördelstoßkante f
abutting face s (welding) Stoßfläche f
accelerate v.t. beschleunigen
accelerating power s (auto.) Beschleunigungsvermögen n
acceleration s Beschleunigung f
acceleration due to gravity, Schwerebeschleunigung f
accelerator s Beschleuniger m
accelerator pedal s (auto.) Gasfußhebel m
accelerometer s Beschleunigungsmesser m
acceptance s Abnahme f
acceptance test s Abnahmeversuch m, Abnahmeprüfung f
acceptance tolerance s Abnahmetoleranz f
access s Zutritt m, Zugang m (data com.) Zugriff m
accessibility s Zugänglichkeit f
accessible a. zugänglich
access time s, Zugriffszeit f
accident s Unfall m
accident ambulance s Unfallhilfskraftfahrzeug n
accident insurance s Unfallversicherung f
accident prevention s Unfallverhütung f
accident-proof a. unfallsicher
accessories pl. Zubehör n
accommodate v.t. unterbringen, aufnehmen; – v.i. enthalten
accompanying element s (met.) Begleitelement n

accretions pl. (steelmaking) Ofenansätze mpl.

accumulating counter s, Addierzähler m

accumulator s Akkumulator m, Sammler m

ACCUMULATOR ≈ (acid, battery, box, cell, charge, charging, container, plate, switchboard) Akkumulatoren~

accuracy s Genauigkeit f

accuracy to gage, Lehrengenauigkeit f

accuracy to size, Maßgenauigkeit f

accurate a. genau

accurate to gage, lehrengenau

accurate to size, maßhaltig

ac-dc set s Allstromgerät n

acetone s Aceton n

acetylene s Acetylen n

acetylene torch s Acetylenlampe f

acid a. sauer

acid lining, saures Futter

acid process, (met.) saures Verfahren

acid s Säure f

ACID ~ (brittleness, content, density, number, resistance, strength) Säure~

acidify v.t. säuern, ansäuern

acidity s Säuregehalt m

acid-proof a. säurebeständig, säurefest

acid-soluble a. säurelöslich

Acme thread s Trapezgewinde n

A.C. motor s Wechselstrommotor m

acoustics pl. Akustik f

acoustic signal, Schallsignal n

across corner dimension, Übereckmaß n

activate v.t. aktivieren

activation s Aktivierung f; (data process.) Anschaltung f

ACTIVATION ~ (analysis, energy, number) Aktivierungs~

active a. wirksam, aktiv; tatsächlich h; (data syst.) betriebsbereit

ACTIVE ~ (current, indicator, power, power meter, pressure, resistance, voltage) Wirk~

activity file s, Änderungskartei f

actual a. tatsächlich, wirklich

ACTUAL ~ (cost, diameter, dimension, quantity, reading, size, surface) Ist -~

actual load, Nutzlast f

actuate v.t. betätigen

actuating switch s Betätigungsschalter m

actuator s, Betätigungshebel m

acute a. (Winkel:) spitz

acute-angled a. spitzwinklig

adapt v.t. & v.i. anpassen

adaptability s Anpassungsfähigkeit f

adaptation s Anpassung f

adapter s (= adaptor) Paßstück n; auswechselbares Einsatzstück; (data syst.) Anpassungsgerät n

adapter arbor s Aufnahmedorn m

adapter bearing s Spannhülsenlager n

adapter flange s Aufnahmeflansch m

adapter sleeve s (e. Lagers:) Spannhülse f

adapter toolholder s Vorbaumeißelhalter m

adaptor s cf. adapter

A/D converter s, Analog-Digital-Wandler m

addendum s (threading, gearing) Zahnkopf m, Kopfhöhe f

ADDENDUM ~ (angle, circle, cone, line, shortening) Kopf~

adder s, Addiereinrichtung f, Addierer m

addition s Zusatz m, Zugabe f, Zuschlag m

additional a. Zusatz~, Neben~; zusätzlich

additional service, Nebenleistung f

additive s (Öl:) Zusatz m

add-punch machine s, Addiermaschine f

ADDRESS~ (allocation, assignment, blank, character, conversion, decoding, file, instruction, linkage, match, reference number, selector, track), Adreß~, Adressen~

addressable a., adressierbar

adequate a. gleichwertig

adhere v.i. haften, festhalten, anhaften

adherent electrode, Haftelektrode f

adhesive a. klebend, anhaftend, klebrig

adhesive label, Klebezettel m

adhesive property, Haftfähigkeit f

adhesive stress, Haftspannung f

adhesive tape, Klebestreifen m

adhesive wax, Klebwachs m

adhesive s Klebstoff m, Klebemittel n

adhesive for porcelain, Porzellankitt m

adhesiveness s Haftfähigkeit f, Klebekraft f

adjacent a. angrenzend, anliegend, anstoßend, benachbart

adjoining a. angrenzend

adjust v.t. nachstellen, einstellen, zustellen, verstellen; justieren; einpassen; fixieren; ausgleichen; anstellen

adjustability s Nachstellbarkeit f, Einstellbarkeit f; Regelbarkeit f

adjustable a. nachstellbar, verstellbar, einstellbar, regulierbar, regelbar

adjustable double end wrench, Doppelrollgabelschlüssel m

adjustable gib, (lathe) Keilleiste f, Führungsleiste f

adjustable lever, Stellhebel m

adjustable nut wrench, Rollgabelschlüssel m

ADJUSTING~ (collar, gib, handle, nut, screw, tool, wedge) Einstell~, Stell~

adjustment s Einstellung f, Verstellung, Nachstellung f, Zustellung f, Beistellung f; Regelung f

adjustment of rolls, Walzenanstellung f

admission s Zutritt m, Einlaß m

admission port s (auto.) Einlaßschlitz m

admittance s (electr.) Scheinleitwert m

admix v.t. beimischen, zumischen

admixture s Zusatz m

adulterate v.t. (Flüssigkeiten:) verschneiden, verfälschen

advance v.t. vorschieben, heranführen; – v.i. vorlaufen

advance s Anlauf m, Vorlauf m; Fortschritt m

advanced ignition, Frühzündung f

advance sign s (traffic) Richtungsschild n

advisory service, Beratungsdienst m

aerate v.t. lüften, durchlüften

aeration s Durchlüftung f, Belüftung f, Lüftung f

aerial s Antenne f, Strahler m; s. a. antenna

AERIAL ~ (booster, cable, capacitance, capacitor, current, excitation, inductance, insulation, output, rod, terminal, tuning) Antennen~

aerial line s (electr.) Oberleitung f

aerial ropeway s Hängebahn f

aerometer s Luftwaage f, Aerometer n

affinity s Verwandtschaft f, Affinität f

after blow s (steelmaking) Nachblasen n

after-hardening s (plastics) Nachhärten n

after-sales service s Kundendienst m

after-shrinkage s (plastics) Nachschwindung f

age v.t. & v.i. (met.) altern, aushärten;

(Leichtmetall:) vergüten, veredeln; (Öl:) altern; *s.a.* age-harden

age-harden *v.t.* & *v.i.* (Stahl:) aushärten, altern; (Leichtmetall:) vergüten, veredeln

age-hardenable *a.* (Stahl:) alterungsfähig, aushärtbar; (Leichtmetall:) vergütbar

age-hardening *s* Alterungshärtung *f*, Aushärtung *f*; (Leichtmetall:) Vergütung *f*, Veredelung *f*

age-hardening susceptibility *s* Alterungsneigung *f*

ageing *s cf.* aging

agent *s* Mittel *n*, Medium *n*, Organ *n*; (*Patentwesen*) Anwalt *m*

agglomerate *v.t.* & *v.i.* zusammenbacken, sintern, agglomerieren

agglomerate *s* Sintererzeugnis *n*, Agglomerat *n*

agglomerating plant *s* Sinteranlage *f*

aggregate *s*, Aggregat *n*

aging *s* Alterung, Aushärtung; (Leichtmetall:) Veredelung

agitate *v.t.* rühren, umrühren

agitator *s* Rührwerk *n*, Rührvorrichtung *f*, Rührer *m*; (*concrete*) Nachmischer *m*

aggressive *a.* angreifend

aid *s*, Hilfe *f*, Hilfsmittel *n*

air *v.t.* lüften, durchlüften

air *s* Luft *f*; Wind *m*

AIR~ (brake, bubble, capacitor, chuck, chucking, circulation, compressor, control, current, cushion, damper, density, driver, exhaust, flow, gap, hammer, hardening, heater, hoist, hose, injection, inlet, jack, jet, outlet, passage, preheater, pressure, pump, resistance, seal, separ-

ator, starter, starting valve, supply, traffic, valve, vortex) Druckluft~

air blast *s* Gebläsewind *m*

air blowing *s* Windfrischen *n*

air box *s* (Konverter:) Windkasten *m*

air brake pressure gage *s (auto.)* Bremsluftmanometer *m*

air brake pressurizer *s (auto.)* Luftpresser *m*

air-break contactor *s* Luftschütz *n*

air-break switch *s* Luftschalter *m*

air conditioning plant *s* Klimaanlage *f*

air-core choke *s* Luftdrossel *f*

air-cored coil, Luftspule *f*

air-core transformer *s* Lufttransformator *m*

aircraft engine *s* Flugmotor *m*

air-dry *a.* lufttrocken

air-drying varnish *s* Luftlack *m*

air-entrained concrete, belüfteter Beton

air-entraining compound *s (concrete)* Belüftungsmittel *n*

air furnace *s* Flammofen *m*

air-furnace slag *s* Flammofenschlacke *f*

air-hardening steel *s (met.)* Lufthärter *m*

air hose coupling *s (auto.)* Luftschlauchkupplung *f*

air inflation indicator *s (auto.)* Fülluftmesser *m*

airing *s* Lüftung *f*

air intake *s (auto.)* Ansaugkrümmer *m*

airless solid injection, kompressorlose Einspritzung

air-operated horn, Drucklufthorn *n*

air-operated pendulum-type screen wiper, Druckluftpendelwischer *m*

air-operated press, Luftpresse *f*

air-operated tipping gear, Druckluftkippvorrichtung *f*

air pressure gage s *(auto.)* Luftdruckprüfer m

air-refined steel, Windfrischstahl m

air refining s Windfrischen n

air refining process s *(met.)* Birnenprozeß m

air relief cock s Entlüftungshahn m

air-relief valve s Entlüftungsventil n

air-seasoned wood, luftgetrocknetes Holz

air tube s *(auto.)* Luftschlauch m

air vent s Abluftstutzen m

air vent screw s *(auto.)* Entlüftungsschraube f

alarm s (Feuer:) Meldung f

alarm box s (Feuer:) Melder m

alcohol s Spiritus m, Alkohol m

alert s, Warnsignal n, Alarmsignal n

align v.t. ausrichten, richten, abfluchten, ausfluchten, fluchten; – v.i. fluchten, sich einstellen

alignment s *(constr.)* Ausrichtung f, Ausfluchtung f, Abfluchtung f, Fluchtung f; *(radio)* Abgleich m

alitize v.t. kalorisieren

alizarine s Krapprot n

alkali s Alkali n

ALKALI ~ (atom, ion, metal, residue, solution, spectrum, vapors) Alkali~

alkali-earth s Erdalkali n

alkalimetry s Alkalimetrie f

alkaline earth s Erdalkali n

alkaline solution s Alkalilauge f

alkali-proof a. laugenbeständig

alkyd resin s Alkydharz n

all-black malleable cast iron, Schwarzguß m

all-eletric a. vollelektrisch

Allen key s Sechskantsteckschlüssel m

alligator hood s Alligatorhaube f

alligator shears pl. Hebelschere f

all-mains receiver, Allstromempfänger m

all-mains set, Allstromgerät n, Netzanschlußempfänger m

allocate v.t., zuweisen, zuordnen

allocated time, *(time study)* Sollzeit f

allocation s (Kosten:) Umlage f; *(data syst.)* Zuweisung f, Zuordnung f

allow v.t. gewähren; vergüten; *(work study)* vorgeben

allowance s *(mach.)* Zugabe f, Aufmaß n; Abmaß n; *(time study)* Verteilzeit f

alloy v.t. legieren

alloy s Legierung f

alloying constituent s Legierungsbestandteil m

alloying element s Legierungselement n

alloy-treated steel, niedriglegierter Stahl

all-position welding, beidseitiges Schweißen

all-purpose machine, Allzweckmaschine f

all-weather hood, Allwetterverdeck n

all-wheel drive, *(auto.)* Allradantrieb m

alphanumerical a., alphanumerisch

alternate instruction *(progr.),* Sprungbefehl m

alternate tape, Wechselband n

alternating current s Wechselstrom m

ALTERNATING-CURRENT ~ (amplifier, circuit, converter, generator, machine, motor, network, power, receiver, rectifier, resistance, transformer) Wechselstrom~

alternating stress s Dauerschwingbeanspruchung f

alternating stress test s Wechselversuch m

alternating voltage s Wechselspannung f

alternation s *(eletr.)* Wechsel m

alternator s *(electr.)* Wechselstromgenerator m, Wechselstromerzeuger m
altimeter s Höhenmesser m
altitude s Höhe f
alum s Alaun m
ALUM ~ (earth, mordant, powder, shale, smelting plant, solution, stone) Alaun~
alumetize v.t. alumetieren
alumina s Alaunerde f, Tonerde f
aluminium s cf. aluminum
aluminize v.t. alitieren
alumino-thermit pressure welding, alumino-thermisches Preßschweißen
aluminous a. tonhaltig
aluminium s Aluminium n
ALUMINUM ~ (alloy, bronze, cable, castings, coat, conductor, die-castings, enamel, metal, oxide, paint, sheet, solder, tube, wire) Aluminium~
aluminum-bearing a. (Legierung:) aluminiumhaltig
aluminum-coat v.t. aluminieren
aluminum-coating by spraying, Spritzalitieren n
alum liquor s, Alaunlauge f
amalgamate v.t. amalgamieren, verschmelzen
amateur receiver s Amateurempfänger m
amateur transmitter s Amateursender m
amber varnish s Bernsteinlack m
ambulance car s Sanitätskraftwagen m, Unfallwagen m
ambulance station s Unfallstation f
amend v.t., ändern
amendment s, Änderung f
ammeter s Strommesser m, Amperemeter n
ammonia s Ammoniak n
AMMONIA ~ (alum, gas, leaching, recovery, salt, scrubber, separation, water, yield) Ammoniak~
ammonium s Ammoniak n, Ammonium n
AMMONIUM ~ (bicarbonate, carbonate, chloride, molecule, nitrate, solution) Ammonium~
amount keyboard s, Betragstastatur f
ampere-hour meter s Amperestundenzähler m
amperemeter s Amperemeter n
amphibian vehicle s Amphibienfahrzeug n
amplification s *(radio, telec.)* Verstärkung f
amplifier s *(electr.)* Verstärker m
amplifier tube s Verstärkerröhre f
amplify v.t. *(radio)* verstärken
amplifying valve s Verstärkerröhre
amplitude s (electr., magn.) Amplitude f
amplitude of oscillation, Schwingungsweite f
AMPLITUDE ~ (control, distortion, factor, filter, limiter, modulation, resonance) Amplituden~
amyl alcohol s Amylalkohol m
analogue computer s Analogrechner m
analog-digital computer s, Analog-Digital-Rechner m
analysis s Analyse f
analytical balance, Analysenwaage f
anchor v.t. verankern
anchor s Anker m
anchorage s Verankerung f
anchor bolt s Ankerbolzen m, Ankerschraube f, Verankerungsbolzen m
anchor plate s Ankerplatte f
ancillary device, Zusatzgerät n
ancillary equipment, Hilfseinrichtung f
AND-circuit s, UND-Schaltung f
angle s Winkel m
angle of action, *(gearing)* Eingriffswinkel m

angle of approach, *(auto.)* Überhangwinkel *m*

angle of bevel, *(welding)* Flankenwinkel *m*, Auskreuzwinkel *m*

angle of contact, Greifwinkel *m*

angle of emergence, *(opt.)* Austrittswinkel *m*

angle of incidence, *(electr., opt.)* Auftreffwinkel *m*, Eintrittswinkel *m*

angle of parallax, Parallaxwinkel *m*

angle of rotation, Drehwinkel *m*

angle of sight, Visierwinkel *m*

angle to the normal, Normalwinkel *m*

angle cut *s* Gehrungsschnitt *m*

angle gage *s* Winkelendmaß *n*

angle grinder *s* Winkelschleifer *m*

angle milling cutter *s* Winkelfräser *m*

angle plate *s (tool)* Aufspannwinkel *m*

angle plate table *s* Winkelaufspanntisch *m*

angle steel *s* Winkelstahl *m*

angle valve *s* Eckventil *m*

angular *a.* winklig, schräg; kantig

ANGULAR ~ (acceleration, adjustment, deflection, degree, deviation, dimension, displacement, drive, frequency, milling, minute, motion, velocity) Winkel~

angular adjustable *a.* schrägstellbar

angular contact bearing, Schrägrollenlager *n*

angular-contact thrust ball bearing, Axial-Schrägkugellager *n*

angular frequency, *(phys.)* Kreisfrequenz *f*

angularity *s* Winkeligkeit *f*

angular momentum, *(phys.)* Drehimpuls *m*, Drall *m*

angular thread, Spitzgewinde *n*

aniline dye *s* Anilinfarbstoff *m*

animal glue *s* Tierleim *m*

anneal *v.t.* glühen, ausglühen; tempern

anneal *s* Glühung *f*; Temperung *f*

annealing *s* Glühung *f*; Temperung *f*

ANNEALING ~ (box, chamber, cycle, furnace, heat, operation, oven, pot, practice, time) Glüh~; Temper~

annotation *s*, Vermerk *m*, Anmerkung *f*, Erläuterung *f*

annular burner, Ringbrenner *m*

annular projection, *(welding)* Ringbuckel *m*

anode *s* Anode *f*

ANODE ~ (battery, circuit, copper, current, drop, modulation, mud, plug, reaction, reactive, effect, resistance, saturation, supply, tapping point, terminal, transformer, voltage) Anoden~

anode-band detection *s* Anodengleichrichtung *f*

anode-band detector *s* Anodengleichrichter *m*

anodic *a.* anodisch

anodic coating, Eloxalüberzug *m*

anodic oxidation, Eloxieren *n*

anodic treatment, *(surface treatment)* Eloxalverfahren *n*

anodization *s* Eloxierung *f*

anodize *v.t.* eloxieren

antenna *s* Antenne *f*; s. a. aerial

ANTENNA ~ (choke, coil, energy, feed, frame, power, socket, voltage) Antennen~

ANTI-~ (cathode, cathode atom, coincidence, neutrino, neutron, proton) Anti~

anti-dazzle screen, *(auto.)* Blendschutzscheibe *f*

anti-dazzle vizor, *(auto.)* Sonnenblende *f*

anti-drumming sheet, *(auto.)* Antidröhnpappe *f*

anti-freeze mixture, Frostschutzmittel *n*
anti-freeze pump, Frostschutzpumpe *f*
anti-freezer, Frostschutzmittel *n*
anti-freezing agent *s,* Gefrierschutzmittel *n*
anti-freezing property, Kältebeständigkeit *f*
anti-friction bearing, Wälzlager *n*
anti-hum condenser, Entbrummkondensator *m*
anti-interference capacitor, Störschutzkondensator *m*
anti-interference device, Entstörgerät *n*
anti-knock property, (Benzin:) Klopffestigkeit *f*
antinode *s (electr.)* Bauch *m*
anti-skid chain, *auto.)* Gleitschutzkette *f*
anti-skid protection, Gleitschutz *m*
anti-slip plate, Gleitschutzblech *n*
anvil *s* Amboß *m; (mat.test.)* Bär *m*
ANVIL ~ (base, beak, phase, stake, tool) Amboß~
anvil block *s* Schmiedeamboß *m*
aperture *s* Öffnung *f; (opt.)* Blende *f*
apex *s* Scheitelpunkt *m*
apparatus *s* Apparat *m,* Apparatur *f;* Instrument *n;* Gerät *n*
apparent density, Schüttdichte *f*
apparent power, *(electr.)* Scheinleistung *f*
appearance *s* [äußere] Beschaffenheit *f*
appliance *s* Gerät *n,* Vorrichtung *f,* Apparatur *f*
application *s* (e. Lagers:) Einbau *m;* (Patent:) Anmeldung *f*
applied economics, Betriebswirtschaft *f*
applied economics engineer, Betriebswirt *m*
approach *v.i.* sich nähern, vorlaufen

approach *s* Vorlauf *m,* Anlauf *m;* (e. Brükke:) Rampe *f,* Zufahrt *f*
apron *s (lathe)* Schloßkasten *m,* Räderkasten *m; (shaper)* Vortisch *m*
apron wall *s (lathe)* Räderplatte *f*
approximate formula, Näherungsformel *f*
approximate value, Annäherungswert *m,* Richtwert *m*
approximation *s (math.)* Näherung *f*
aqueous corrosion, Feuchtigkeitskorrosion *f*
arbor *s* Spanndorn *m,* Aufsteckdorn *m;* (Kreissäge:) Welle *f;* (≈ mandrel) Dorn *m*
ARBOR ~ (collar, hole, nut, press) Dorn~
arbor support *s* Gegenlager *n,* Stützlager *n,* Führungslager *n*
arbor wrench *s* Fräserdornschlüssel *m*
arbour *s cf.* arbor
arc *s* Kreisbogen *m,* Bogen *m;* Bahn *f; (electr.)* Lichtbogen *m*
ARC ~ (discharge, electrode, energy, excitation, flame, furnace, lamp, pressure welding, voltage, welder, welding, welding machine) Lichtbogen~
arch *s (building)* Bogen *m;* Gewölbe *n;* (e. Zinkdestillierofens:) Kappe *f*
arch bond *s (building)* Bogenverband *m*
arched *p.p.* bogenförmig, gewölbt
arched bridge, Bogenbrücke *f*
arched plate, Tonnenblech *n*
architectonic *a.* bautechnisch
architecture *s* Baukunde *f*
arcing *s* Lichtbogenbildung *f*
arc-machining *s* elektroerosive Metallbearbeitung
arc-shaped *a.* bogenförmig
arc welding converter *s* Schweißumformer *m*

area s Fläche f, Oberfläche f; Querschnittsfläche f; Flächeninhalt m; (data syst.) Bereich m

area contact s Flächenberührung f

area weight balance s Flächengewichtswaage f

argillaceous a. tonig

argon-arc welding s Argonschweißung f

arm s Arm m; Schenkel m; Zeiger m; (radial) Ausleger m; (e. Kurbel:) Schwinge f

armature s (electr., magn.) Anker m

ARMATURE ~ (bar, circuit, coil, conductor, core, current, lamination, reaction, resistance, shaft, sheet, slot, spider, spindle, voltage, winding, wire) Anker~

armature shifting motor s Verschiebeankermotor m

armor v.t. bewehren, armieren; panzern

armored hose, Panzerschlauch m

armoring s Panzerung f; Armierung f, Bewehrung f

armor plate s Panzerplatte f

armor plate planer s Panzerplattenhobelmaschine f

armor-plate rolling mill s Panzerplattenwalzwerk n

armour v.t. cf. armor

arm rest s Armstütze f

A-rocket s Atomrakete f

arrangement s Anordnung f; Plan m; Einbau m; (von Lagern:) Lagerung f

array s (progr.), Feld n

arrest v.t. arretieren, sperren; verriegeln

arrest s Arretierung f, Sperrung f; Verriegelung f

art bronze s Kunstbronze f

art casting s Kunstguß m

artery s (traffic) Ader f

articulated a. gelenkartig, gelenkig

articulated jack, (auto.) Scherenheber m

articulated machine lamp, Gelenkleuchte f

articulated pipe, (auto.) Gelenkrohrleitung f

articulated shaft, Gliederwelle f

articulated vehicle, Gelenkfahrzeug n

artificial leather, Kunstleder n

artificial light, künstliche Beleuchtung

artificial silk, Kunstseide f

asbestos s Asbest m

ASBESTOS ~ (apron, board, brake lining, cement, chord, clutch facing, fiber, gasket, glove, mill board, packing, pad, paper, plaster, powder, ribbon, twine, wire gauze, wool, yarn) Asbest~

ascension pipe s Steigleitung f

ash v.f. veraschen

ash s Asche f

ashlar s Quaderstein m, Werkstein m

ashpit s Aschengrube f

asphalt v.t. asphaltieren

asphalt s Asphalt m, Erdpech n

ASPHALT ~ (cement, coat, coating, concrete, flooring, lining, macadam, mastic, mattress, pavement, powder, slab, varnish) Asphalt~

asphalt-coated chips, Asphaltsplitt m, Bitumensplit m

asphalt finisher s Schwarzdeckenfertiger m

asphaltic bitumen, Naturbitumen n

asphaltic sandstone, Asphaltsandstein m

asphalt paving s Bitumen-Straßenbau m

asphaltum s Erdpech n, Asphalt m, Mineralpech n

aspirating engine s (auto.) Saugmotor m

assay v.t. (met.) probieren

assay *s* Metallprobe *f*
ASSAY ~ (balance, crucible, furnace, spoon, weight) Probier~
assemble *v.t.* zusammenbauen, zusammensetzen, zusammenfügen; einbauen; montieren
assembling scaffold *s* Montagegerüst *n*
assembly *s* Zusammenbau *m*; Montage *f*; Einbau *m*
assembly bench *s* Montagetisch *m*
assembly fixture *s* Montagevorrichtung *f*
assembly instructions *pl.* Einbauvorschrift *f*
assembly line *s* Montageband *n*
assembly shop *s* Montagehalle *f*
assembly tool *s* Montagewerkzeug *n*
assessment *s* Bewertung *f*
assignment *s,* Zuordnung *f,* Zuweisung *f*
assistant driver *s* (*auto.*) Beifahrer *m*
assort *v.t.* sortieren
astronautics *pl.* Raumluftschiffahrt *f*
asynchronous *a.* asynchron
asynchronous alternator, Asynchrongenerator *m*
atmosphere *s* Atmosphäre *f*
atmospheric corrosion, Wetterkorrosion *f*
atmospheric oxygen, Luftsauerstoff *m*
atmospheric pressure, Luftdruck *m*
atom *s* Atom *n*
ATOMIC ~ (binding, binding energy, binding power, bomb, bursting set, clock, crystal lattice, disintegration, energy, energy machine, energy plant, fragment, heat, iron, lattice, line spectrum, linkage, mass, mechanics, molecule, motion, nucleus, number, particle, physicist, physics, pile, power, quantum number, radius, raise, research, residue, science, shell, spectrum, state, structure, theory, transformation, valence, weapon, weight, weight scale) Atom~
atomic hydrogen welding, Arcatom-Schweißung *f*
atomicity *s* Atomistik *f*
atomistics *pl.* Atomistik *f*
atomize *v.t.* atomisieren; zerstäuben
atomizer *s* Zerstäuber *m*
atomizing carburetor *s* Spritzvergaser *m*
atom rocket *s* Atomrakete *f*
atom smasher *s* Atomzertrümmerungsapparat *m*
atom smashing *s* Atomzertrümmerung *f*
attach *v.t.* anbauen, anbringen, ansetzen; befestigen; montieren
attachment *s* Einrichtung *f,* Vorrichtung *f;* Anbaugerät *n;* (e. W.M.:) Ausstattung *f,* Ausrüstung *f,* Zusatzeinrichtung *f; (electron:)* Anlagerung *f*
attachment plug *s* Anschlußstecker *m*
attend *v.t.* (e. Maschine:) bedienen
attendance *s* Bedienung *f*
attendant *s* Bedienungsmann *m*; (Feuerung:) Wärter *m*
attenuate *v.t.* (*electr.*) dämpfen
attenuation *s* (*electr.*) Dämpfung *f*
attenuation coefficient *s* Dämpfungsfaktor *m*
attenuation compensation *s* Dämpfungsausgleich *m*; Entzerrung *f*
attenuation compensator *s* (*radio*) Entzerrer *m*
attorney *s* (Patent:) Anwalt *m*
attract *v.t.* (*magn.*) anziehen
attraction *s* Anziehung *f*
attractive force, (*magn.*) Anziehungskraft *f*
audibility *s* Hörbarkeit *f*
audible *a.* hörbar
audible frequency, Hörfrequenz *f*

audion amplifier s Tonfrequenzverstärker m

audio frequency s Hörfrequenz f, Tonfrequenz f

audio mixer s *(telev.)* Mischtafel f

audio s *(radio)* Audion n

audio range s *(radio)* Hörbereich m

audio reception s Hörempfang m

auger bit s Schlangenbohrer m, Schnekkenbohrer m

ausforming s Austenitformhärten n

austemper v.t. zwischenstufenvergüten

austempering s Vergüten auf Bainitstufe

austenitic manganese steel, Manganhartstahl m

austenitic steel, austenitischer Stahl

austenitize v.t. härten auf austenitisches Gefüge

authority s Behörde f

auto body s Karosserie f

auto body sheet s Karosserieblech n

autocycle s Moped n

autogenous welding, Autogenschweißen n

automate v.t. automatisieren

automatic a. selbsttätig

automatic s *(mach.)* Automat m

automatic bar machine, Stangenautomat m

automatic boring machine, Bohrautomat m

automatic calculator, Rechenautomat m

automatic circuit breaker, Selbstschalter m

automatic controller, *(electr.)* Stromwächter m

automatic control technology, Regelungstechnik f

automatic copying lathe, Kopierdrehautomat m

automatic cutout, *(electr.)* Sicherungsautomat m, Kleinautomat m

automatic drilling machine, Bohrautomat m

automatic flanging machine, Bördelautomat m

automatic forming machine, Fassonautomat m

automatic gain control, *(radio)* Fadingregelung f

automatic gear cutting machine, Räderfräsautomat m

automatic grinder, Schleifautomat m

automatic hobbing machine, Wälzfräsautomat m

automaticity s Automatik f

automatic lathe, Drehautomat m

automatic lathe for taper turning, Kegeldrehautomat m

automatic lathe operator, Automatendreher m

automatic machine, Automat m, Drehautomat m

automatic measuring system, Meßautomatik f

automatic mechanism, Automatik f

automatic milling machine, Fräsautomat m

automatic program control, Programmautomatik f

automatic punching machine, Stanzautomat m

automatic release, *(electr.)* Selbstauslöser m

automatic roughing lathe, Schruppautomat m

automatic sawing machine, Sägeautomat *m*

automatic screw machine, Schraubenautomat *m*

automatic screw steel, Automatenstahl *m*

automatic speed selector, Drehzahlwächter *m*

automatic stub lathe, Bolzenautomat *m*

automatic telephone, Selbstwähler *m*

automatic telephone system, Wähltelefonanlage *f*

automatic timing advance, *(auto.)* Zündversteller *m*

automatic tipper, Selbstentlader *m*

automatic toll exchange, Wählerfernamt *n*

automatic turning shop, Automatendreherei *f*

automatic welding, Maschinenschweißung *f*

automatic welding machine, Schweißautomat *m*

automation *s* Automatisierung *f*

automatize *v.t.* automatisieren

automobile *s* Automobil *n*, Kraftwagen *m*, Auto *n*; Kraftfahrzeug *n*

automobile body *s* Karosserie *f*

automobile body sheet *s* Karosserieblech *n*

automobile dealer s. Kraftfahrzeughändler *m*

automobile engine *s* Kraftfahrzeugmotor *m*

automobile gear transmission *s* Stufenschaltgetriebe *n*

automobile radio equipment *s* Autoradio *n*

automobile trade *s* Kraftfahrzeughandel *m*

automotive *a.* kraftfahrzeugtechnisch, kraftfahrtechnisch

automotive engine, Kraftfahrzeugmotor *m*

automotive engineer, Kraftfahrzeugingenieur *m*

automotive engineering, Kraftfahrzeugtechnik *f*, Kraftfahrzeugwesen *n*; Kraftfahrzeugbau *m*; Kraftfahrwesen *n*, Kraftfahrtechnik *f*

automotive industry, Automobilindustrie *f*

automotive wrench, Automobilschraubenschlüssel *m*

auto radio *s* Autoempfänger *m*

auxiliary *a.* Hilfs~

AUXILIARY ~ (anode, antenna, coil, contact, drive, driveshaft, equipment, grid, line, means, motor, pole, pump, scale, switch, tool, transformer, unit, voltage) Hilfs~

average *a.* durchschnittlich

average *s* Mittelwert *m*, Mittel *n*, Durchschnitt *m*

aviation gasoline *s* Flugbenzin *n*

A-weapon *s* Atomwaffe *f*

axe *s* Axt *f*, zweihändiges Beil

axial *a.* axial, längs

AXIAL ~ (adjustment, bearing, blower, displacement, load, movement, plane, play) Axial~

axial feed method, *(hobbing)* Axialverfahren *n*

axial flow impulse turbine, Gleichdruck-Axialturbine *f*

axial flow turbine, Axialturbine *f*

axially parallel *a.* achsparallel

axial position, Achslage *f*, Längslage *f*

axial pressure, Längsdruck *m*

axial rake angle, (Fräser:) Axialwinkel *m*

axial runout, Axialschlag *m*
axial section, Achsenschnitt *m*
axial thrust, Axialschub *m*
axis *s (math.)* Achse *f*, Mittellinie *f*
axis of coordinates, Ordinatenachse *f*
axis of rotation, Drehachse *f*

axle *s (mech.)* Tragachse *f*, Achse *f*, Welle *f*
AXLE ~ (bearing, box, casing, drive, lifting jack, load, load meter, nut, suspension) Achs~
axle journal *s* Achszapfen *m*
axle stub *s (auto.)* Achsschenkel *m*

B

babbitt *v.t.* (e. Lager:) ausgießen, ausbuchsen (mit Weißmetall)
babbitt metal *s* Lagerweißmetall *n*
baby converter *s* Kleinkonverter *m*
back *v.t.* (e. Gießform:) hinterfüllen
back off *v.t.* (*mach.*) freischneiden, hinterarbeiten
back out *v.t.* ausfahren, ausweichen
back up *v.t.* (*techn.*) hinterlegen; abstützen; (Modellplatte:) hinterschütten; (Niete:) vorhalten
back s Rückseite *f*, Rücken *m*; (e. Fräsers:) Freifläche *f*
back axle *s* (*auto.*) Hinterachse *f*
back-drill *v.t.* hinterbohren
back drilling attachment *s* Hinterbohreinrichtung *f*
back driving axle *s* Hinterachsbrücke *f*
back facing tool *s* Hinterstechwerkzeug *n*
backfire *v.i.* (*auto.*) knattern; (*welding*) zurückknallen
backfiring *s* (*auto.*) Rückschlag *m*; (*welding*) Flammenrückschlag *m*
back gear *s* (= backgear) Vorgelegerad *n*; – *pl.* Rädervorgelege *n*
back gear shaft *s* Vorlegewelle *f*
backhand welding *s* Rückwärtsschweißung *f*
backing *s* (e. Gießform:) Hinterfüllung *f*
backing memory *s* (*progr.*) Zusatzspeicher *m*
backing metal *s* (*met.*) Grundmetall *n*
backing off *s* (*mach.*) Hinterschliff *m*
backing pawl *s* (*power press*) Nachschlagsicherung *f*
backing roll *s* Stützwalze *f*
backing run *s* (*welding*) Kappnaht *f*

backing sand *s* (*Formerei*) Füllsand *m*
backing store *s*, Zusatzspeicher *m*
backlash *s* (*threading*) Totgang *m*, [unerwünschtes] Flankenspiel *n*
backlash eliminator *s* (*miller*) Totgangsausgleich *m*
back-pedalling brake *s* (*bicycle*) Freilaufbremse *f*
back-pressure turbine *s* Gegendruckturbine *f*
back pressure valve *s* Gegendruckventil *n*
back-rake angle *s* (e. Meißels:) Neigungswinkel *m*
back seat *s* (*auto.*) Rücksitz *m*
back spacer *s*, Rücktaste *f*
back square *s* Anschlagwinkel *m*
backstroke *s* Rückhub *m*
back-up frequency *s* (*radar*) Hilfsfrequenz *f*
back-up material *s* (*shell molding*) Hinterfüllmasse *f*
back-up roll *s* Stützwalze *f*
badge reader *s* Ausweisleser *m*
baffle plate *s* (*auto.*) Leitblech *n*
bail *s* (e. Gießpfanne:) Gehänge *n*
bainite *s* Bainit *n*
bake *v.t.* brennen, einbrennen; (Kerne:) trocknen; (*met.*) sintern
baking enamel *s* Einbrennemaille *f*, Ofenemaille *f*
baking-oven *s* Trockenofen *m*
balance *v.t.* auswuchten; ausgleichen; (*electr.*) abgleichen; (e. Ventil:) entlasten
balance *s* Waage *f*; Ausgleich *m*; Gleichgewicht *n*; (*electr.*) Abgleich *m*
balanced circuit, Symmetrieschaltung *f*

balance counter s Abgleichzähler m

balanced pressure torch, Gleichdruckbrenner m

balance handle s Schwungkurbel f

bale v.t. paketieren

baling press s Ballenpresse f

ball s Kugel f; (mel.) Luppe f

BALL ~ (bearing, cage, impression, indentation, joint, oiler, pressure test, thrust hardness, thrust hardness tester, tube grinder) Kugel~

ball and parallel roller bearings pl. Wälzlager npl.

ball and socket joint, Kugelgelenk n

ballast s (für Gleisanlagen:) Schotter m

ballast concrete s Schotterbeton m

ball joint vise s Kugelschraubstock m

balloon s Ballon m

balloon tire (or tyre) s (auto.) Ballonreifen m

ball thrust bearing s Kugeldrucklager n, Kugellängslager n, Druckkugellager n

ball-type turntable s (auto.) Kugellenkkranz m

banana jack s (radio) Bananenbuchse f

banana pin s (radio) Bananenstecker m

band s Band n; (e. Bandsäge:) Sägeblatt n; (radio) Band n; (metallo.) Streifen m

BAND ~ (brake, filter, saw, saw blade, width) Band~

banded structure, (metallo.) Zeilenstruktur f, Streifengefüge n

band-pass s Bandpaß f

band-pass filter circuit s Bandfilterkreis m

bandsaw mill s Blockbandsäge f

band spectrum s Bandenspektrum n

banjo-axle s Banjoachse f

bar s Stab m, Stange f; (met.) Barren m

bar automatic s Stangenautomat m

barbed wire, Stacheldraht m

bare a. (Draht:) blank

bare wire, Blankdraht m

bark s Rinde f

bar magnet s Stabmagnet m

bar mill s Stabstahlwalzwerk n

barometer s Luftdruckmesser m

bar pattern s (telev.) Strichraster m

barrage jamming s (telev.) Sperrstörung f

bar reinforcement s (concrete) Stabbewehrung f

barrel v.t. (Guß:) trommeln

barrel s Faß n; (Kette:) Buchse f, Hülse f; (Pumpe:) Stiefel m; (Reitstock:) Oberteil n; (Walze:) Ballen m

barrel cam s Trommelkurve f

barrel controller s Walzenschalter m

barrel converter s Trommelkonverter m

bar steel s Stabstahl m

bar stock s Stabmaterial n; (lathe) Werkstoffstange f

bar stop s (automatic) Stangenanschlag m

bar winding s Stabwicklung f

bar work s (mach.) Stangenarbeit f

bar-wound armature, (electr.) Stabanker m

basalt s Basalt m

bascule bridge s Klappbrücke f

base s (mach.) Sockel m; Fundament n; Grund m; Sohle f; Untersatz m, Unterteil n; Auflage f; (e. Schiene:) Fuß m; (comp. syst.) Bank f

base circle s (gearing) Grundkreis m

base-course s (road building) Binderschicht f

base frame s (e. Maschine:) Untergestell n

basement s Keller m

base metal s Grundmetall n

base pitch s *(gears)* Grundteilung f
baseplate s Grundplatte f, Bodenplatte f; Sohlplatte f
base rate s Grundlohn m
base rate earnings pl. Grundlohnsatz m
base stone s *(road building)* Setzpacklagestein m
base wage rate s Mindestlohnsatz m
basic a. basisch
basic Bessemer converter, Thomasbirne f
basic Bessemer pig iron, Thomasrohreisen n
basic Bessemer process, Thomasverfahren n
basic Bessemer steel, Thomasstahl m
basic circuit, Grundschaltung f
basic circuit arrangement, Prinzipschaltung f
basic construction unit, Baueinheit f
basic converter pig iron, Thomasrohreisen n
basic converter steel, Thomasstahl m
basic gearing, Grundgetriebe n
basic hole, Einheitungsbohrung f
basic lining, basische Zustellung
basic machine unit, Baukasteneinheit f
basic open-hearth furnace, basischer Siemens-Martin-Ofen
basic pig iron, Thomaseisen n
basic shaft, Einheitswelle f
basic size, Grundmaß n, Ausgangsmaß n
basic slag, Thomasschlacke f
basic speed, Grunddrehzahl f
basic standard, *(cost accounting)* Grundstandard m
basic unit assembly group, *(mach.)* Baugruppe f
basket s Korb m

basswood s Linde f
bast s Borke f
batch v.t. *(concrete)* dosieren
batch s Losgröße f; Serie f, Partie f
batch mixer s *(concrete)* Stoßmischer m
batch mode s *(progr.)* Stapelbetrieb m
batch patenting s Tauchpatentieren n
batch-type furnace s Ofen m mit satzweiser Beschickung
batten s Latte f
battery s Battie f
BATTERY ~ (acid, box, cell, cell tester, change-over switch, charger, clip, container, cutout, discharge, ignition, ignition switch, mud, operation, rack, receiver, set, terminal, tester, voltage) Batterie~
bay s *(tel.)* Gestell n; *(mat.test.)* Stand m
bayonet s Bajonett n
BAYONET ~ (cap, holder, lock, plate) Bajonell~
beach sand s Silbersand m
beacon s Bake f, Feuer n, Leuchtfeuer n
bead v.t. (Blech:) falzen, umlegen, sicken, bördeln, kannelieren
bead s *(mach.)* Sicke f, Falz m; *(welding)* Schweißraupe f
beaded edge, Wulstrand m
beaded flats, Flachwulststähle mpl.
beading machine s Sickenmaschine f, Bördelmaschine f
beard tire s *(auto.)* Wulstreifen m
beak s (Amboß:) Horn n
beam v.t. *(radio)* bündeln, richten
beam s *(constr.)* Träger m, Balken m; *(planer)* Querbalken m; *radar)* Strahl m; *(electron.)* Bündel n
beam bending press s Balkenbiegepresse f

beam centering s Balkenlehrgerüst n
beam rolling mill s Trägerwalzwerk n
beam scale s Hebelwaage f
bearing s lager n; Lagerung f; Auflage f; (gearing) Anlage f
BEARING ~ (application, bore, bushing, cage, cap, housing, metal, slackness, thrust) Lager~
bearing angle s Peilwinkel m
bearing direction s Peilungsrichtung f
bearing length s Traglänge f
bearing pedestal s Lagerbock m
bearing pile s Rammpfahl m
bearing pressure s Auflagedruck m
bearing surface s Auflagefläche f
beat s (wave mech.) Schwebung f
beater mill s Schlagkreuzmühle f
beat frequency s Schwebefrequenz f
beat receiver s Schwebungsempfänger m
becking mill s Aufweitewalzwerk n
bed s (e. Maschine:) Tisch m
BED ~ (cavity, design, distortion, extension, gap, lubrication, reservoir, shear, way) Bett~
bed coke s (founding) Füllkoks m
bedding s (building) Bettung f
bed plate s Sohlplatte f
beech s Rotbuche f
beech-wood s Buchenholz n
bell s (electr.) Klingel f; (Stumpfschweißung von Rohren:) Trichter m
bell-and-hopper arrangement, (e. Hochofengicht:) Gasverschluß m
bell operating gear s (blast furnace) Glockenwinde f
bellows pl. Blasebalg m
bell transformer s Klingeltransformator m
bell-type annealing furnace s Haubenglühofen m

bell-type distributing gear s (blast furnace) Glocke f
belly out v.t. ausbauchen
belly s (e. Konverters:) Bauch m
belly clearance s (auto) Bauchfreiheit f
belt s Riemen m; (blast furnace) Anker m; (conveying) Gurt m, Band n
BELT ~ (dressing, drive, drop hammer, guide pulley, joint. lacer pull, shifter, slip, tightener) Riemen~
belt conveyor s Förderband n, Gurtförderer m, Bandförderer m
belt molding s (auto.) Zierleiste f
bench s Werkbank f, Bank f; (auto.) Bankett n; (mat.test.) Stand m
BENCH ~ (anvil, hammer, shear, stone, vise, work) Bank~
bench drilling machine s Tischbohrmaschine f
bench lathe s Mechanikerdrehmaschine f
bench mark s (surveying) Abrißpunkt m
bench micrometer s Standschraublehre f
bench milling machine s Planfräsmaschine f
bench press s Tischexzenterpresse f
bench stone s Abziehstein m
bench tapping machine s Tischgewindebohrmaschine f
bench-type radial s Tischschwenkbohrmaschine f
bend v.t. biegen, verbiegen, durchbiegen
bend on edge v.t. hochkantbiegen
bend s Biegung f, Durchbiegung f; (Rohr:) Krümmer m, Knie n, Bogen m
BENDING ~ (machine, moment, plier, press, property, punch, stress, strength, test) Biege~
bending fatigue strength s Biegewechselfestigkeit f

bending impact test s Biegeschlagversuch m

bend-over test s Faltversuch m

benzene s Benzol n

benzine s Benzin n

BENZOL ~ (recovery, scrubber, still, vapor, wash oil) Benzol~

berm s (auto.) Bankett n

BESSEMER ~ (heat, pig iron, practice, process, steel) Bessemer~

bevel v.t. anschrägen, abfasen, anfasen; (woodw.) schrägschleifen

bevel s Fase f, Abschrägung f, Schräge f

bevel gear s Kegelrad n

bevel gear drive s Kegelgetriebe n

bevel gear generator s Kegelradhobelmaschine f, Kegelradwälzhobelmaschine f

bevel gear grinder s Kegelradschleifmaschine f

bevel gear hob s Kegelwälzfräser m

bevel gearing s Kegelgetriebe n

bevel gear planer s Kegelradhobelmaschine f

bevelled a. schräg, abgeschrägt; kegelig

bevelled edge square, Haarwinkel m

bevelled edge weld, Stirnfugennaht f

bevelled steel straight edge, Messerlineal n

bevel pinion s Antriebskegelrad n

bevel protractor s (metrol.) Winkelmaß n

bevel sawing s Gehrungssägen n

bevel steel square s (carp.) Winkelmaß n

bias v.t. (electron.) vorspannen

bias s (radio) Vorspannung f

biasing battery s Vorspannbatterie f

bicycle s Fahrrad n

BICYCLE ~ (chain, engine, frame, lighting set, magneto, rim) Fahrrad~

bicycle path s Radfahrweg m

bicyclist s Radfahrer m

bifurcate v.i. sich gabeln

bifurcated tube, (auto.) Gabelrohr n

bifurcation s Gabelung f, Verzweigung f

big-end bearing, (auto.) Pleuellager n

big-end-up ingot, (met.) verkehrt konischer Block

bilge pump s Lenzpumpe f

billet s (met.) Knüppel m

BILLET ~ (mill, reheating furnace, roll, rolling train, roll stand, shears) Knüppel~

bimetal s Zwiemetall n

bimetallic thermometer, Bimetallthermometer n

bin s Tasche f, Bunker m, Einwurftrichter m

BINARY ~ (adder, channel, character, code, conversion, digit, input, key, notation, recording, value) Binär~

binary alloy, Zweistofflegierung f

bind v.t. klemmen, verklemmen, arretieren, sichern; ~ v. i. sich festsetzen

binder s Bindemittel n, Binder m, Klebstoff m

binder course s (roadbuilding) Binderschicht f

binder filler s Bindersprachtel m

binding s Festklemmen n; (atom.) Bindung f

BINDING ~ (agent, chain, power, wire) Binde~

binding screw s Klemmschraube f; (für Kabel:) Klemme f

bipolar a. doppelpolig, zweipolig

bipolar plug, (electr.) Zweifachstecker m

bit s Drehzahn m, Drehling m, Einsatzmesser n; (data process.) Bit n, Binärziffer f

BIT~ (access, chain, code, pair, pattern) Bit~

bit brace s Bohrwinde f

bitumen s Bitumen n
bitumen coat s Bitumenanstrich m
bitumen lining s Bitumenauskleidung f
bitumen macadam s Asphaltmischmakadam m
bitumenized chips, Asphaltsplitt m
bituminous a. bituminös
bituminous coal, Steinkohle f
bituminous paint, Bitumenfarbe f
bituminous road, Asphaltstraße f
bituminous varnish, Bitumenlack m
black anneal v.t. schwarzglühen
black brittleness, Schwarzbruch m
black-finish v.t. schwarzfärben
black-heart malleable, Schwarzkerntemperguß m
black japan, (painting) Japanschwarz n
black pickling, (Weißblechfabrikation) Vorbeizen n
black sheet, Schwarzblech n
black-short a. schwarzbrüchig
black shortness, Schwarzbruch m
blacksmith s Schmied m
blacksmiths' hand hammer s Schmiedehammer m
blacksmiths' sledge hammer s Vorschlaghammer m
blacksmiths' swage s Rundgesenk n
blacksmiths' top swage s (als Schmiedegerät:) Obergesenk n
blackwash s (molding) Schwärze f, Schlichte f
blade s Klinge f, Schneide f, Messer n; (e. Gebläses:) Flügel m; (metrol.) Schiene f; (e. Messerkopfes:) Zahn m; (e. Säge:) Blatt n; (e. Turbine:) Schaufel f
blank a. leer
blank v.t. ausstanzen, ausschneiden
blank s (gears) Rohling m; (presswork)

Platine f; (punching) Zuschnitt m, Blechausschnitt m; (progr.) Leerstelle f
BLANK~ (address, card, character, command, tape) Leer~
blank cutting s Stanzen n
blanker s Vorschmiedegesenk n
blank flange, Blindflansch m
blankholder s Blechhalter m
blankholder slide s (power press) Blechhalterstößel m
blanking die s Stanzmatrize f, Schnittstempel m
blank test s Blindversuch m
blast v.t. blasen; (concrete) sprengen; (met.) erblasen; (mit Sand:) strahlen
blast s Gebläsewind m
blast box s (Konverter:) Windkasten m
blaster s Sprengmeister m
blast furnace s Hochofen m, Gebläseschachtofen m
BLAST FURNACE ~ (bosh, charging, foamed slag, hearth, hoist, jacket, practice, shaft, slag, slag cement, stack, throat) Hochofen~
blast furnace burden s Möller m
blast furnace coke s Hüttenkoks m
blast furnace gas s Gichtgas m
blast furnace gas main s Gichtgasleitung f
blast furnace gun s Stichlochstopfmaschine f
blast furnaceman s Hochöfner m
blast furnace plant s Hochofenanlage f, Hütte f
blast grit s Gebläsekies m
blasting cap s Sprengkapsel f
blasting fuse s Sprengzünder m
blasting machine s (civ.eng.) Zündmaschine f
blast-injection engine s Gebläsemotor m

blast main s Windleitung f
blast nozzle s (Sand:) Blasdüse f
blast pipe s Windleitung f
blast nozzle s (Sand:) Blasdüse f
blast pipe s Windleitung f
blast pressure s (met.) Winddruck m
blast roasting s Sinterröstung f
bleaching powder s Chlorkalk m
bled ingot, (met.) ausgelaufener Block
bleed c.t. (Bremse:) entlüften; (Dampf:)
  entnehmen, anzapfen; – v.i. (Farbe:)
  bluten; (road building) schwitzen
bleeder s Entlüfter m
bleeder screw s Entlüftungsschraube f
bleeder-type steam engine s Anzapf-
  dampfmaschine f
bleeder valve s Anzapfventil n; (e. Gichtgasleitung:) Explosionsklappe f
bleeding tube s (auto.) Entlüfterschlauch
  m
bleeding turbo-generator s Anzapfturbo-
  generator m
blend v.t. vermengen, verschneiden;
  (Kohlen:) melieren; (opt.) einblenden
blind flange, Blindflansch m
blind hole, Grundloch n, Sackloch n
blind pass, rolling mill) Blindstich m
blister s (Stahloberfläche:) Blase f
blister steel s Blasenstahl m
block v. t. blockieren, sperren; – v.i. sich
  verklemmen
block s (building) Block m, Klotz m; (Flaschenzug:) Kloben m
BLOCK ~ (building system, chain, chain
  hob, chain sprocket, diagram, rest, signal, tin, toolpost) Block~
blackboard s Tischlerplatte f
blocker s Vorschmiedegesenk n

blocking effect s (lubrication) Sperr-
  schichtwirkung f
blocking impression s Vorschmiedegravur f
blocking oscillator s (telev.) Sperrschwin-
  ger m
blackstone s (road bulding) Setzpacklagestein m
block terminal s (electr.) Endverteiler m
bloom v.t. (met.) vorwalzen, vorstrecken,
  vorblocken, blocken
bloom s Walzblock m, Vorblock m
bloomery steel Rennstahl m
blooming mill s Blockwalzwerk n, Grob-
  walzwerk n
blooming mill stand s Blockwalzgerüst n
blooming mill train s Blockstraße f
blooming pass s Blockkaliber n
blooming roll s Blockwalze f, Vorblockwalze f
blooming stand s Vorwalzgerüst n
blooming train s (rolling mill) Vorstraße f
bloom shears pl. Blockschere f
blow v.t. (steelmaking) windfrischen, frischen, verblasen; – v.i. (e. Sicherung:)
  durchbrennen
blow cold, kalt erblasen
blow full, (met.) fertigblasen
blow hot, blasen mit Heißwind
blow on (in), (blast furnace) anblasen
blow out, (e. Hochofen:) niederblasen;
  (e. Schmelzofen:) ausblasen; – v.i.
  (Sicherungen:) durchschlagen
blow s (mech.) Stoß m, Schlag m; (met.)
  Schmelze f
blower s Ventilator m; (auto.) Gebläse n;
  (steelmaking) Blasemeister m, Schmelzer m
blower engine s Gebläsemaschine f

blower-type supercharger *s (auto.)* Gebläsevordichter *m*

blowhole *s* (im Guß:) Gasblase *f*, Blase *f*, Lunker *m*

blowing engine *s* Gebläsemaschine *f*

blowing nozzle *s (converter)* Blasdüse *f*

blow-off valve *s* Abblaseventil *n*

blowout *s (auto.)* Reifenpanne *f*

blow-out fuse *s* Durchschlagsicherung *f*

blowpipe *s* Lötrohr *n; (welding)* Brenner *m*

blow torch *s* Gebläselampe *f*, Lötgebläse *n*

blue *v.t.* bläuen

blue annealing, Blauglühen *n*

blue-brittle *a.* blaubrüchig

blue-brittleness *s* Blaubrüchigkeit *f*

blueprint *s* Blaupause *f*

blunt *a.* Stumpf, abgestumpft

blur *v.t. (photo., telev.)* verwackeln

board *v.t.* verkleiden, verschalen

board *s* Brett *n*, Diele *f*, Tafel *f;* Pappe *f*

board drop hammer *s* Brettfallhammer *m*

boarding *s* Verschalung *f*, Schalung *f*

body *s* Körper *m;* (e. Axt:) Blatt *n;* (Öl:) Dichte *f;* (e. Schraube:) Schaft *m;* (e. Walze:) Ballen *m; (auto.)* Aufbau *m*

body-centered, *(cryst.)* raumzentriert

body-fit bolt *s* Paßschraube *f*

body-fit sleeve *s* Paßhülse *f*

body sand *s (founding)* Füllsand *m*

bogie *s* Drehgestell *n*

bogie hearth furnace *s* Herdwagenofen *m*

bog iron ore *s* Raseneisenerz *n*, Sumpferz *n*

boil *s (met.)* Frischreaktion *f*

boiler *s* Kessel *m*

BOILER ~ (bottom plate, cleaning, construction, efficiency, feed pump, firing, fittings, flue, grate, plant, plate, pressure, rating, riveting, room, scale, shell, tube) Kessel~

boiler maker *s* Kesselschmied *m*

boiling heat *s* Siedehitze *f*

boiling-point curve *s* Siedekurve *f*

boldface *s* Fettdruck *m*

bole *v.i. (radio)* brodeln

bolsterplate *s* (e. Presse:) Froschplatte *f*, Spannplatte *f*, Aufspannplatte *f*

bolt *v.t.* verbolzen, verschrauben, befestigen, aufspannen

bolt *s* Durchsteckschraube *f*, Durchgangsschraube *f;* Schraubenbolzen *m*

bolt clipper *s* Bolzenabschneider *m*

bolt dies *pl. (Schraubenherstellung)* Preßbacken *fpl.*

bolt driving gun *s* Bolzenschießgerät *n*

bolt shank *s* Schraubensaft *m*

bombardment *s* Beschuß *m*

bond *v.t.* binden; verkleben

bond *s* Bindung *f*, Haftung *f;* (Steine:) Verband *m*

bonderize *v.t.* phosphatieren, bondern

bond plastering *s (building)* Verbandputz *m*

bone black, Elfenbeinschwarz *n*

bone glue *s* Knochenleim *m*

bone oil *s* Knochenöl *m*

bonnet *s* Motorhaube *f*

bonus *s* Prämie *f*

boom *s* (e. Krans:) Ausleger *m*

boom swing *s* (e. Auslegers:) Schwenkbereich *m*

booster *s* Verstärker *m*

booster pump *s* Zusatzpumpe *f,* Hilfspumpe *f*

booster transformer *s* Zusatztransformator *m*

boot *s* Kofferraum *m*

boot lock s *(auto.)* Heckklappenschloß n

border v.t. säumen; umbördeln

border s Saum m, Rand m

bordering machine s Bördelmaschine f

border stone s Grenzstein m

bore v.t. *(mach.)* innenausdrehen, innendrehen, ausdrehen, aufbohren; *(woodw.)* bohren, lochen

borehole s Bohrung f, Bohrloch n, Aufbohrung f

boring s Innenausdrehen n; Bohren n, etc., s.a. bore

BORING ~ (attachment, bar, capacity, feed, head, jig, machine, mill, pattern, practice, quill, slide, spindle, steady, table, tool, tool bit, toolholder, unit, work) Bohr~

boring bit s Innendrehzahn m

boring chuck s Ausdrehfutter n

boring cutter s Ausdrehmeißel m

boring head s Kopf m

borings pl. Bohrspäne mpl.

boring slide s (Bohrmaschine:) Schlitten m

boring stay s Setzstock m, Gegenständer m

bosh s *(blast furnace)* Rast m, Kohlensack m

bosh angle s *(met.)* Rastwinkel m

boss s Radnabe f

bottleneck s Engpaß m

bottle top mold s Flaschenhalskokille f

bottling s (e. Probestabes:) Zusammenschnürung f

bottom s Boden m, Grund m; Sohle f

BOTTOM ~ (charging machine, contact, discharge, drying kiln, gate, heating) Boden~

bottom blown converter, Bodenwindkonverter m

bottom board s *(molding)* Lehrboden m

bottom boom s Untergurt m

bottom cast v.t. steigend gießen

bottom casting s Gießen n im Gespann

bottom chord s Untergurt m

bottom die s Untergesenk n

bottom hole s Sackloch n, Grundloch n

bottom layer [of a weld] s *(welding)* Grundraupe f

bottom plate s Bodenplatte f, Sohlplatte f; (e. Kokille:) Gespann n; (e. Kessels:) Boden m

bottom pour v.t. steigend gießen

bottom pouring plate s Gespannplatte f

bottom-pour ladle s Gießpfanne f mit Stopfenausguß

bottom roll s Matrizenwalze f

bottum run s *(welding)* Wurzellage f

bottom slide s *(lathe)* Unterschlitten m

boundary s *(metallo.)* Grenze f

BOUNDARY ~ (friction, layer, line, surface) Grenz~

bow s Bogen m; (Säge, Stromabnehmer:) Bügel m

bow compasses pl. Nullenzirkel m

Bowden control cable s *(auto.)* Bowdenzugkabel n

box s Kasten m; (e. Batterie, e. Ventils:) Gehäuse n; *(met.)* Mulde f (zum Chargieren; (aus Blech:) Büchse f; (aus Holz:) Dose f; *(gears)* Gehäuse n

BOX~ (annealing, annealing furnace, body, column, girder) Kasten~

box anneal v.t. kastenglühen

boxed cornice, Kastengesims n

boxless molding, *(founding)* kastenlose Formtechnik

box pass s *(rolling mill)* Flachkaliber n
box-section bed s (e. W. M.:) Kastenbett n
box-section leg s *(lathe)* Kastenfuß m
box spanner s Aufsteckschlüssel m
box tool s Vierkantmeißel m
box-type spirit level s Rahmenwasserwaage f
box-type table s Kastentisch m
box-type van body s *(auto.)* Kofferaufbau m
box wrench s Ringschlüssel m, Aufsteckschlüssel m
brace v.t. verstreben, absteifen, abstützen, verspannen
brace s Bohrleier f; *(miller)* Schere f; Strebe f
brace drill s Leierbohrer m
brace rim wrench s Felgenkurbel f
bracket s Halter m; Konsole f
bracket bearing s Konsollager n
brad s Drahtstift m, Stift m
braid v.t. (Schläuche:) umflechten
brake v.t. bremsen
brake s Bremse f
BRAKE ~ (adjustment, band, block, cone, control, controller, coupling, drum, dynamometer, effect, fluid, hub, lifter, line, linkage, load, pedal, piston, pressure gage, quadrant, resistance, spider, system, wheel) Brems~
brake actuating lever s Bremshebel m
brake cam spindle s Bremsschlüsselwelle f
brake collar s *(auto.)* Bremsring m
brake cross shaft s *(auto.)* Bremswelle f
brake expander cam s Bremsnocken n
brake expander mechanism s *(auto.)* Bremsschlüssel m

brake horsepower s Bremsleistung f, Nutzleistung f
brake lifting magnet s Magnetbremslüfter m
brake lining s Bremsbelag m
brake piston cup s Bremsmanschette f
brake pressure s Bremskraft f
brake shoe s Bremsbacke f, Bremsschuh m
brake shoe carrier s Bremsbackenhalter m
brake shoe ring s Bremsbackenring m
BRAKING ~ (distance, effect, gear, magnet, mechanism, power, torque) Brems~
branch s Abzweigung f; Fach n; (e. Rohrleitung:) Schenkel m; *(data process.)* Verzweigung f
BRANCH ~ (box, connection, joint, line, terminal) Abzweig~
branch extension s *(tel.)* Nebenanschluß m
branch point s *(telegr.)* Verzweiger m
branch switch s Dosenschalter m
branded gasoline, Markenbenzin n
branded lubricant, Markenschmierstoff m
brass s Gelbkupfer n; Lagerschale f
BRASS ~ (castings, foundry, terminal, wire) Messing~
brass and bronze s Buntmetall n, Gelbmetall n
brass and bronze foundry, Gelbgießerei f
brass pressure castings pl. Messingpreßgut m
brass-ware s Messingwaren fpl.
braze v.t. hartlöten
braze-welding s Schweißlöten n
brazing atmosphere s Löt-Schutzgas n
brazing solder s Hartlot n, Schlaglot n
brazing torch s *(welding)* Lötbrenner m

break v.t. & v.i. (mech.) brechen, reißen; (electr.) abschalten; zerreißen; knicken; (Lichtbogen:) abreißen

break down v.t. (rolling) vorstrecken, vorwalzen, strecken

break s Bruch m; Knick m; (electr.) Unterbrechung f; (progr.) Abbruch m

breakage s Bruch m

break contact s (electr.) Ruhekontakt m

breakdown s (auto.) Panne f; (electr.) Durchschlag m; (von Kosten:) Aufteilung f (mach.) Ausfall m

break-down roll s Vorwalze f

break-down stand s Streckgerüst n, Vorgerüst n

breakdown voltage s (electr.) Durchschlagspannung f

breaking s Bruch m, Reißen n; Zerkleinerung f; (e. Sicherungsstiftes:) Abscherung f; (electr.) Abschaltvorgang m

BREAKING ~ (load, strength, stress, test) Bruch~

breaking capacity s (electr.) Abschaltleistung f

breaking down pass s Streckkaliber n

breaking down roll s Streckwalze f

breaking down stand s Vorwalgerüst n

breaking down train s Vorstraße f

breakpoint s (progr.) Haltepunkt m

breakpoint switch s (progr.) Stoppschalter m

break-proof a. bruchsicher

breast drill s Brustleier f

breast transmitter s Brustmikrofon n

breath v.t. (auto.) (Kurbelwanne:) entlüften

breather s (Kurbelwanne:) Entlüfter m

breather tube s (auto.) Entlüftungsrohr n

breeder reactor s Brütreaktor m

breeze s Grus m

brick up, v.t. aufmauern, ausmauern

brick s Mauerziegel m

brick kiln s Ziegelofen m

bricklayer s Maurer m

brick lining s Ausmauerung f

brick paving s Ziegelpflaster n

brick trowel s Maurerkelle f

brickwork s Mauerwerk n

brickworkers' tool s Maurerwerkzeug n

brickworks pl. Ziegelei f

bridge s (building, electr., mach., tel.) Brücke f

BRIDGE ~ (approach, builder, building, circuit, crane, design, girder, railing) Brücken~

bridge spot weld s Laschenpunktschweißung f

bright a. blank; hell, glänzend

bright anneal v.t. blankglühen

bright cold rolled, blankgewalzt

bright drawn, blankgezogen

bright finish, Politur f

bright luster, Hochglanzpolitur f

brightness s Glanz m (opt.) Helligkeit f

brilliancy s Glanz m (opt.) Leuchtdichte f

brine s Salzlauge f

brinell v.t. brinellieren

Brinell ball hardness test s Brinell-Kugeldruckprobe f

Brinell hardness number s Brinell-Härtezahl f

Brinell hardness test s Brinell-Härtemeßverfahren n

briquette v.t. brikettieren, paketieren

briquetting press s Paketpresse f

brittle a. spröde, brüchig

brittleness s Brüchigkeit f, Sprödigkeit f

broach v.t. räumen

broach *s* Räumnadel *f*, Räumzeug *n*, Ziehnadel *f*

broach grinding machine *s* Räumzeugschleifmaschine *f*

broach head *s* Räumnadelschlitten *m*

broach holder *s* Räumnadelhalter *m*

BROACHING ~ (capacily, fixture, machine, stroke, tool) Räum~

broach pull head *s* Räumziehkopf *m*

broach push slide *s* Räumstoßschlitten *m*

broach slide *s* Räumzeugschlitten *m*

broach tooth *s* Räumzahn *m*

broad beam headlamp, *(auto.)* Breitstrahlscheinwerfer *m*

broadcast *v.t. (radio)* übertragen

broadcast *s (radio)* Sendung *f; s.a.* broadcasting

BROADCAST ~ (receiver, reception, studio, transmitter) Rundfunk~

broadcasting *s* Rundfunk *m*

broadcasting station *s* Rundfunkstation *f*, Sender *m*, Radiostation *f*

broadside aerial *s* Querstrahler *m*

broken bricks, Steinschlag *m*

broken hardening, unterbrochene Härtung

broken rock, Gesteinsschotter *m*

broken stone, Schlagschotter *m*, Steinschlag *m*, Splitt *m*

bronze *s* Bronze *f*

BRONZE ~ (bearing, casting, foundry, powder, wire) Bronze~

brown-finish *v.t.* brünieren

brown iron ore, Limonit *m*

brush *s* Pinsel *m; (electr.)* Bürste *f*

BRUSH ~ (adjustment, contact, current, friction loss, holder, pressure, resistance, ring, rocker, shifting, shifting motor, sparking, spring, switch, wheel) Bürsten~

brushability *s* Streichbarkeit *f*

brushing lacquer *s* Streichlack *m*

brush-shifting motor *s* Verstellmotor *m*

bucket *s* Eimer *m; (mach.)* Baggerlöffel *m*

bucket-charging *s* Kübelbegichtung *f*

bucket elevator *s* Kübelaufzug *m*, Becherwerk *n*

bucket hoist *s* Kippkübelaufzug *m*

buckle *v.t. & v.i.* knicken; sich stauchen

buckle *s (surface finish)* Erhebung *f*

buckled plate, Buckelblech *n*

buckling strength *s* Knickfestigkeit *f*

buckling stress *s* Knickspannung *f*

buckling test *s* Knickversuch *m*

buckstay *s* (e. S. M. Ofens:) Ankersäule *f*

budget determinant *s (cost accounting)* Vorgabebezeichnung *f*

buff *v.tl* schwabbeln

buffer *s (data process.)* Puffer *m; (mach.)* Schwabbelmaschine *f*

BUFFER ~ (battery, contact, effect, solution, spring) Puffer~

buffer memory *s (data syst.)* Zwischenspeicher Pufferspeicher *m*

buffing resistance *s* Dämpfungswiderstand *m*

build *v.t.* bauen; konstruieren; (Maschinen:) herstellen

build up *v.t. (welding)* auftragen; – *v.i. (acoust.)* einschwingen

builder *s (techn.)* Bauer *m*

building *s* Bauwerk *n*, Bau *m*

BUILDING ~ (authority, contractor, equipment, fence, firm, industry, inspector, lime, machine, material, mortar, pit, practice, project, regulation, site, slab, technician, trade, work) Bau~

building block system s *(data syst.)* Bausteinsystem n

building component s *(civil eng.)* Bauteil n

building construction s Bauwesen n; Hochbau m

building inspectorate s Baupolizei f

building log s Baurundholz n

building material dealer s Bauhändler m

building plant s Baugeräte npl.

building sand s Mauersand m, Bausand m

building steel lathing s Baustahlgewebe n

building system s Bauweise f

building trade joinery s Bautischlerei f

building trade worker s Bauhandwerker m

building unit s Bauteil n

building-up alloy s Aufschweißlegierung f

built-in engine, *(auto.)* Einbaumotor m

built-in jack, Einbauwagenheber m

built-in panel, Einbautafel f

built-up crossing, Schienenkreuzungsstück n

built-up edge, *(metal cutting)* Aufbauschneide f

built-up frog, Schienenherzstück n

bulb s Wulst m; *(electr.)* Glühbirne f; Lampenkolben m

bulb angle steel s Wulstwinkelstahl m

bulb socket s *(electr.)* Lampenfassung f

bulge (inward) v.t. einbeulen, ausbauchen

bulge out v.t. ausbauchen; (Rohre:) verdicken

bulge s Wulst m

bulging s Aufblähung f; Ausbauchung f

bulging test s (Rohre:) Aufweiteprobe f; Einbeulversuch m

bulk s Masse f, Umfang m, Gesamtvolumen n

bulk concrete s Massenbeton m

bulk density s Schüttdichte f

bulkhead s (S. M. Ofen:) Spiegel m

bulk material s Schüttgut n

bulkweight s Schüttgewicht n

bulky a. sperrig

'bull dog' wrench s Gasrohrschlüssel m

bulldozer s Fronträumer m, Räumer m; Horizontalbiegepresse f

bull gear s *(shaper)* Hubscheibenrad n

bullhead rail s Doppelkopfschiene f

bull ladle s *(founding)* Transportpfanne f

bumper s *(auto.)* Stoßstange f, Stoßfänger m

bumping tool s Ausbeulwerkzeug n

bunch s Bündel n

bundle v.t. bündeln

bundle s Bündel n

bung s (e. Flammofens:) Gewölbeteil n

bunker s Bunker m

Bunsen gas burner s Bunsenbrenner m

buoyancy s *(hydrodyn.)* Auftrieb m

burden v.t. *(met.)* möllern, begichten, beschicken

burden balance s *(blast furnace)* Gattierungswaage f

burdening s *(met.)* Begichtung f

burner s Brenner m

burner nozzle s Brennerdüse f

burner plier s Brennerzange f

burning s Verbrennung f

burning brand s Brennstempel m

burning point s Entzündungspunkt m, Brennpunkt m

burnish v.t. glätten, polieren, drücken; (gears) einrollen

burnishing s Polierstählen n

burr s Grat m, Preßgrat m, Schneidgrat m

burring reamer s Rohrfräser m

burst *v.t.* sprengen; – *v.i.* reißen, explodieren, zerspringen

bursting charge *s* Sprengladung *f*

bursting set *s* Sprengsatz *m*

bus *s* Omnibus *m*, Autobus *m*, Bus *m*; *(progr.)* Schiene *f*, Sammelleitung *f*, Bus *f*

bus-bar (= busbar) *s* Stromschiene *f*, Sammelschiene *f*

bus-bar line *s* Fahrleitung *f*

bus-driver *s* Omnibusfahrer *m*

bush *s* Buchse *f*, Büchse *f*

bush hammer *s* Scharrierhammer *m*

bushing *s* Hülse *f*; (e. Lager:) Buchse *f*

bushing current transformer *s* Durchführungswandler *m*

bushing insulator *s* Durchführungsisolator *m*

bushing transformer *s* Durchsteckwandler *m*

bus stop *s* Omnibushaltestelle *f*

bus terminal *s* Autobusbahnhof *m*

bustle pipe *a (blast furnace)* Ringleitung *f*

bus traffic *s* Autobusverkehr *m*

BUSY ~ (earth, flash signal, lamp, signal, lamp, signal, test) Besetzt~

butt *v.i.* anstoßen, angrenzen

butterfly valve *s* Wechselklappe

butt joint *s* Stoßnaht *f*, Stumpfstoß *m*, Stoß *m*

butt-joint riveting *s* Laschennietung *f*

button *s* Knopf *m*

button die *s* (Werkzeug:) Nuß *f*

button head *s* Halbrundkopf *m*

buttress *s* Strebepfeiler *m*

buttress thread *s* Sägengewinde *n*

butt seam *s (welding)* Stumpfnaht *f*

butt seam weld *s* Stumpfnahtschweißung *f*

butt strap *s (welding)* Stumpflasche *f*

butt weld *s* Stumpfnaht *f*

butt welding *s* Stumpfschweißung *f*

butyl acetate *s* Butylacelat *n*

buzz *v.i. (radio)* brummen

buzzer *s* Signalsummer *m*

buzzer signal *s (tel.)* Summton *m*, Brummzeichen *n*

by-pass *v.t. (electr.)* überbrücken

by-pass *s (electr.)* Umleitung *f*, Umführung *f*

BY-PASS ~ (capacitor, circuit, switch) Überbrückungs~

by-pass valve *s* Überströmventil *n*

by-product coke-oven plant *s* Destillationskokerei *f*

by-product coking practice *s* Nebenproduktenkokerei *f*

by-product gas *s* Destillationsgas *n*

by-product oven *s* Nebenproduktenofen *m*

by-product recovery *s* Nebenproduktengewinnung *f*

byte *s* Byte *n*, langes Datenwort (2–8 bits)

C

cabbaging press *s* Paketierpresse *f*
cabinet *s* Schrank *m*
cabinet clamp *s* Schraubknecht *m*
cabin scooter *s* Kabinenroller *m*
cable *s* Kabel *n*; Leitung *f*
CABLE ~ (armoring, connection, connector, core, crane, drum, fault, inlet, laying, line, network, plug, rope, scraper, sheath, socket, terminal, testing instrument, trench, tunnel, winch) Kabel~
cable distribution head *s* Kabelendverteiler *m*
cable joint *s (electr.)* Verbindungsmuffe *f*
cable jointing sleeve *s* Abzweigmuffe *f*
cable suspension bridge *s* Drahtseilbrücke *f*
cableway *s* Drahtseilbahn *f*
cabriolet *s* Cabriolet *n*
cadmium-plate *v.t.* verkadmieren
cage *s* Käfig *m*; *(lapping)* Läppkäfig *m*; *(rolling mill)* Kasten *m*
cage rotor *s* Kurzschlußkäfig *m*
caking coal *s* Backkohle *f*
calcination *s* Röstung *f*
calcine *v.t.* rösten, brennen
calcined lime, gebrannter Kalk
calcined ore, Rösterz *n*
calcining kiln *s* Kalzinierofen *m*
calcining method *s* Röstverfahren *n*
calculating machine *s* Rechenmaschine *f*, Rechner *m*
calculation factor *s* Rechengröße *f*
calculator *s* Rechengerät *n*
calibrate *v.t.* eichen, kalibrieren
calibrating standard *s* Eichnormale *f*
calibration capacitor *s* Eichkondensator *m*

calibration mark *s* Eichstrich *m*
calibration standard *s* Eichmaß *n*
caliper *v.t.* lehren, abmessen, abgreifen (mittels e. Lehre)
caliper (= calliper) *s* Maßlehre *f*
calipers *pl.* Greifzirkel *m*
caliper setting *s* Tastereinstellung *f*
calk *v.t.* stemmen, verstemmen
calked joint, Stemmverbindung *f*
calking chisel *s* Stemmeisen *n*
calking hammer *s* Stemmhammer *m*
calking mallet *s* Kalfaterhammer *m*
calking seam *s (welding)* Stemmnaht *f*
calking work *s* (mittels Stemmeißel:) Stemmarbeit *f*
calk weld *s* Stemmnaht *f*
call *v.t. (tel.)* anrufen
call *s* Ruf *m*, Anruf *m*, Gespräch *n*
CALL~ (command, control, frequency, program, sequence, signal) Ruf~
caller *s* Anrufer *m*
call-fee indicator *s (tel.)* Gebührenanzeiger *m*
CALLING ~ (drop, jack, lamp, relay) Anruf~
calling dial *s (tel.)* Wählscheibe *f*
calliper *s cf.* caliper
call-meter *s (tel.)* Gesprächszähler *m*
calorific power, Heizwert *m*
calorimeter *s* Wärmemengenmesser *m*
calorizing *s* Pulveralitieren *n*
cam *s* Steuerkurve *f*, Schaltkurve *f*, Nocken *m*, Knagge *f*; Schablone *f*
CAM ~ (action, circumference, contour, disc, drum, grinder, lift, locking, turning lathe) Nocken~
camber *v.t.* bombieren

camber s Überhöhung f, [seitliche] Krümmung f; (e. Walze:) Bombierung f, Balligkeit f; (auto.) Radsturz m

camber gage s (auto.) Sturzmesser m

cam calculation s (mach.) Kurvenberechnung f

cam control s Nockensteuerung f, Nokkenschaltung f

cam-controlled a. (mach.) kurvengesteuert, schablonengesteuert

camera s Kamera f

cam-grinding attachment s Kurvenschleifeinrichtung f

camlock spindle nose s Camlock-Spindelkopf m

cam mechanism s Kurvengetriebe n

cam-operated automatic lathe, Kurvenautomat m

cam-operated switch, Nockenschalter m

campaign s (e. Hochofens:) Reise f

camphor oil s Kampheröl n

camshaft s Steuerwelle f, Nockenwelle f

CAMSHAFT ~ (bearing, control, drive, grinder, lapping machine) Nockenwellen~

cam throw s Kurvenhub m

cam turning attachment s Kurvendreheinrichtung f

canalization s Kanalisation f

cant v.i. sich verkanten

cantilever v.i. auskragen

cantilever s Kragbalken m

canvas s Baumwollgewebe n, Segeltuch n

canvas top s (auto.) Segeltuchverdeck n

cap s Kappe f; Sockel m; (e. Lagers:) Deckel m

capacitance s (electr.) Kapazität f, kapazitiver Blindwiderstand

capacitance meter s Kapazitätsmesser m

capacitive reactance, kapazitiver Widerstand

capacitor s Kondensator m

capacitor loudspeaker s Kondensatorlautsprecher m

capacitor motor s Kondensatormotor m

capacity s Arbeitsleistung f; Leistungsfähigkeit f, Leistung f; (e. Maschine:) Arbeitsbereich m; (electr.) Kapazität f

capacity range s (Maschine:) Leistungsbereich m

cape chisel s Kreuzmeißel m

capital outlay s Investitionskosten pl.

cap nut s Überwurfmutter f

capstan handle s Drehkreuz n

capstan lathe s Sattelrevolverdrehmaschine f

capstan wheel s Handkreuz n, Sternrad n

capture v.t. (nucl.) einfangen

capture s (electron., nucl.) Einfang m, Auffang m

car s Wagen m, Auto n

caravan s Wohnwagen m

caravan trailer s Wohnwagenanhänger m

carbide s Karbid n

CARBIDE ~ (bit, blade, cutting edge, cutting tool, insert, milling cutter, tipped, tipping, tool, turning tool) Hartmetall~

carbide tip s Hartmetallplättchen n, Aufschweißplättchen n, HM-Platte f

car body s Aufbau m

carbon ∂ Kohlenstoff m; Kohle f

CARBON ~ (arc, electrode, filament, microphone) Kohle~

CARBON ~ (content, monoxide, pickup, steel, tetrachloride, tool steel) Kohlenstoff~

carbon brush s (auto.) Kontaktkohle f

carbonitride v.t. karbonitrieren

carbonize *v.t.* verkoken, verschwelen
carbonized *a.* (Koks:) gar
carborundum *s* Karborund *n*
car bottom furnace *s* Wagenherdofen *m*
carbuilding section *s* Wagenbauprofil *n*
carburet *v.t. (chem.)* karburieren
carbureter *s cf.* carburetor
carburetor (= carbureter, carburettor) *s (auto.)* Vergaser *m*
carburetor adjustment *s (auto.)* Vergasereinstellung *f*
carburetor air *s* Vergaserluft *f*
carburetor float *s* Vergaserschwimmer *m*
carburetor jet *s (auto.)* Vergaserdüse *f*
carburetor tickler *s (auto.)* Tupfer *m*
carburetor engine *s* Vergasermotor *m*
carburetter *s cf.* carburetor
carburization *s* Aufkohlung *f*
carburize *v.t. (met.)* aufkohlen, einsetzen, einsatzhärten
carburizer *s* Aufkohlungsmittel *n*, Einsatzmittel *n*, Kohlungsmittel *n*
carburizing pot *s* Einsatztopf *m*
carcase *s (building)* Rohbau *m*
CARD ~ (collator, ejection, file, perforator, printer, puncher, reader) Lochkarten~, Karten~
CARDAN ~ (casing, joint, shaft, suspension) Kardan~
cardanic suspension, Kardanaufhängung *f*
cardboard *s* Pappe *f*
car jack *s* Wagenwinde *f*
car owner *s* Kraftfahrzeughalter *m*
carpenter *s* Tischler *m*, Zimmerer *m*, Schreiner *m*
carpenters' axe *s* Bundaxt *f*
carpenters' bench *s* Hobelbank *f*

carpenters' bevel *s* Schmiege *f*, Stellwinkel *m*
carpenters' hatchet *s* Zimmermannsbeil *n*
carpenters' pincers *pl.* Kneifzange *f*
carpenters' try square *s* Schreinerwinkel *m*
carpentry *s* Zimmererhandwerk *n*
carriage *s (lathe)* Bettschlitten *m*, Hauptschlitten *m*; *(saw)* Schlitten *m*
carriage bolt *s* Wagenbauschraube *f*
carriage feed *s (lathe)* Schlittenvorschub *m*
carriage guideways *pl.* Schlittenführung *f*
carrier *s (chem.)* Träger *m*; *(mach.)* Mitnehmer *m*, Drehherz *n*; *(comp. syst.)* Träger *m*, Datenträger *m*, Trägersingal *n*
CARRIER ~ (control, frequency, power, telegraphy, voltage, wave) Träger~
carrying rope *s* Tragseil *n*
cartridge *s (electr.)* Patrone *f*; *(data syst.)* Magnetplatte *f*, Platte *f*; Kassette *f*
cartwheel antenna *s* Radantenne *f*
cartwright's shop *s* Stellmacherei *f*
carve *v.t.* schnitzen
car wheel lathe *s* Radsatzdrehmaschine *f*
cascade *s (electr.)* Kaskade *f*, Reihenschaltung *f*
CASCADE ~ (converter, motor starter, transformer) Kaskaden~
cascade connection *s (electr.)* Stufenschaltung *f*, Kaskadenschaltung *f*
case *v.t. (building)* verschalen, verkleiden
case *s* Kasten *m*; Etui *n*; Kiste *f*; *(auto.)* (e. Kurbel:) Gehäuse *n*; *(heat treatment)* Einsatzschicht *f*; *(gears)* Gehäuse *n*
case-harden *v.t.* einsatzhärten
case-hardening *s* Einsatzhärtung *f*, Einsatz *m*

CASE-HARDENING ~ (box, compound, furnace, steel) Einsatz~

casing s Gehäuse n; Verkleidung f; Panzer m

casing tube s Mantelrohr n

cast v.t. gießen, vergießen, abgießen

cast concrete v.t. betonieren

cast up-hill v.t. steigend gießen

cast s Abguß m

castability s (founding) Vergießbarkeit f

cast concrete s Schüttbeton m, Gußasphalt m

cast copper s Kupferguß m

castellated nut, Kronenmutter f

caster s Gießer m

cast glass s Gußglas n

casting s Gußstück n, Abguß m, Guß m

CASTING ~ (bay, bogie, ladle, pit) Gieß~

cast-iron a. gußeisern

cast iron s Gußeisen n, Guß m

cast iron pipe s Gußrohr n

cast iron scrap s Gußschrott m

cast iron surface plate s Tuschierplatte f

cast iron ware s Gußwaren fpl.

cast metal s Metallguß m

cast slab s (met.) Bramme f

cast steel s Gußstahl m, Stahlguß m

cast steel plant s Gußstahlwerk n

catalyst s Kontaktstoff m

catalyzer s Kontaktstoff m

catcher s (rolling) Hinterwalzer m

catcher's side s (Walzgerüst:) Austrittsseite f

catching belt s (auto.) Fanggurt m

catenary suspension s Fahrdrahtaufhängung f

caterpillar bulldozer s Planierraupe f

caterpillar tractor s Gleiskettenschlepper m

cathead s (lathe) Katzenkopf m

cathode s Kathode f

CATHODE ~ (circuit, current, deposit, drop, modulation, potential, ray, resistance, terminal) Kathoden~

cathode-ray oscillograph s Kathodenstrahloszillograph m

cathode-ray tube s Kathodenröhre f

cat's eye s (auto.) Katzenauge n

caulk v.t. cf. calk

caustic alkali metal, Ätzalkalimetall n

caustic lime, Ätzkalk m

caustic potash, Ätzkali n

caustic potash lye, Ätzkalilauge f

caustic potash solution, Ätzlösung f, Kalilauge f

caustic soda, Natronlauge f, Ätznatron n

caustic solution, Ätzlauge f

cavity s Hohlraum m, Vertiefung f, Loch n; Einsenkung f; (e. Gesenkes:) Gravur f, (mach.) Mulde f

C-battery s Gitterbatterie f

C-clamp s Schraubzwinge f

ceiling s (building) Decke f

ceiling lamp s Deckenleuchte f

ceiling light s Deckenbeleuchtung f

ceiling switch s Deckenschalter m

cell s Zelle f; (electr.) Element n

cell tester s (electr.) Zellenprüfer m

cellular-expanded concrete, Zellenbeton m

cellular structure, metallo.) Netzstruktur f

cellulose s Zellstoff m

cellulose varnish s Zelluloselack m

cellulose wadding s Zellstoffwatte f

cement v.t. (building) zementieren; verleimen; verkitten

cement s Zement m

cement adhesive s Zementkitt m

cement clinker s Zementklinker m

cement concrete s Zementbeton m

cemented carbide, Sinterkarbid n

cemented metal carbide, Hartmetall n

cement flooring s Zementestrich m

cement mortar s Zementmörtel m

center v.t. zentrieren, einmitten; ankörnen

center s Mittelpunkt m; Schwerpunkt m; (lathe) Körnerspitze f; (railw.) Knotenpunkt m; (Kosten:) Stelle f

center disc roll s Scheibenwalze f

center distance s Mittenabstand m, Mittenentfernung f, Achsabstand m

center drill s Zentrierbohrer m

center gage s Mittenlehre f

center grinding s Spitzenschleifen n

centering tool s Zentrierwerkzeug n

center lathe s Spitzendrehmaschine f

centerless grind v.t. spitzenlos schleifen

centerless grinder s spitzenlose Schleifmaschine

center line s Nullinie f, Achse f; (lathe) Drehmitte f

center mark s Körnermarke f

center-of-gravity axis s Schwergewichtsachse f

center punch s Ankörner m, Körner m

center sleeve s Reitnagel m, Pinole f

center square s (tool) Zentrierwinkel m

center web s Radscheibe f; (Spiralbohrer:) Seele f

central computer s Zentralrechner m

central control desk, (telev.) Mischpult n

central control panel, (e. W. M.: Bedienungszentrale f

central exchange, (tel.) Zentralamt n, Knotenamt n, Vermittlungsamt n

cental memory s Zentralspeicher m

central processor s zentrale Datenverarbeitungseinheit f

centralized lubrication, Zentralschmierung f

centralized oil shot system, Eindruckzentralschmierung f

central office, (tel., telegr.) Amt n

central pith, (Holz:) Kern m

central position, Mittellage f, Mittelstellung f

central telegraph office, Haupttelegrafenamt n

centre cf. center

CENTRIFUGAL ~ (action, clutch, force, governor, starter, switch) Fliehkraft~

centrifugal casting, Schleuderguß m

centrifugal casting machine, Schleudergießmaschine f

centrifugal casting process, Schleudergußverfahren n

centrifugal lubrication, Schleuderschmierung f

centrifugally cast concrete, Schleuderbeton m

centrifugally cast pipe, Schleudergußrohr n

centrifugal pump, Schleuderpumpe f, Kreiselpumpe f

centrifugal starting switch, Zentrifugalanlasser m

centrifuge v.t. schleudern, abschleudern

ceramic cutting tool, Keramikschneidwerkzeug n

certificate s Attest n, Bescheinigung f

cesspool s (building) Klärgrube f

C-frame press s Presse f mit C-förmigem Gestell

chadless tape, teilgelochtes Band

chain s (mech.) Kette f

CHAIN ~ (bridge, bucket, elevator, bushing, connection, conveyor, coupler, drive, drum, guide, pulley, hook, insulator, link, load, pinion, pitch, reaction, saw, side bar, strand, stud, swivel, tackle block, tightener, winch) Ketten~

chain block *s* Flaschenzug *m*

chain case *(auto.)* Kettenschutzkasten *m*

chain hob *s* Kettenwälzfräser *m*

chain pulley *s* Kettenrolle *f*

chain sprocket *s* Kettenrad *n*

chain track *s* Gleiskette *f*

chain wheel *s* Kettenrad *n*

chalk *s* Kreide *f*

chamber furnace *s* Kammerofen *m*

chamfer *v.t.* abschrägen, anschrägen, abkanten, abfasen

chamfer *s* Fase *f*, Schräge *f*

chamfered *p.a.* abgesetzt

chamfered end, Kegelkuppe *f*

chamfering station *s (automatic)* Anfasstation *f*

chamfering tool *s* Anfaswerkzeug *n*

change gears, *(auto.)* schalten

change over *v.t.* (e. Hebel:) umschalten, umstellen

change *s* Änderung *f*, Wechsel *m*; Umwandlung *f*; (Farben:) Umschlag *m*; *(electr.)* Umschaltung *f*

change gear *s* Wechselrad *n*, Aufsteckrad *n*

change gear drive *s* Wechselradantrieb *m*

change gear mechanism *s* Wechselgetriebe *n*

change gear quadrant *s* Wechselräderschere *f*

change-over switch *s* Wechselschalter *m*, Umschalter *m*

change-over valve *s* Umschaltventil *n*

changer *s (electr.)* Wechsler *m*; (Frequenzen:) Umsetzer *m*

change-speed gear *s* Mehrganggetriebe *n*

change-speed lever *s (auto.)* Schalthebel *m*

change-under-load transmission *s* Lastschaltgetriebe *n*

channel *v.t.* kehlen, auskehlen

channel *s* Rinne *f*, Kanal *m*; *(telev.)* Kanal *m*; – *pl.* U-Stahl *m*; *(progr.)* Kanal *m*, Spur *f*

channel selector *s (telev.)* Kanalwähler *m*

chaplet *s (founding)* Kernnagel *m*

character *s* Zeichen *f*

characteristic *s* Kennzeichen *n*, Eigenschaft *f*; Kennlinie *f*

characteristic feature, Eigenheit *f*

charcoal *s* Holzkohle *f*

charcoal hearth iron *s* Frischfeuereisen *n*

charcoal pig iron *s* Holzkohlenroheisen *n*

charge *v.t.* chargieren, einfüllen, einbringen, aufgeben, beschicken; *(met.)* einsetzen; (e. Batterie:) aufladen

charge *s* Charge *f*; Beschickung *f*; (Ofen:) Einsatz *m*; *(blast furnace)* Gicht *f*; *(electr.)* Ladung *f*

chargeable call, gebührenpflichtiger Anruf

charger *s (electr.)* Ladegerät *n*

charging *s (met.)* Aufgabe *f*, Beschickung *f*; Begichtung *f*

CHARGING ~ (bucket, unit) Begichtungs~

CHARGING ~ (box, door, end, platform) Beschickungs~

CHARGING ~ *(electr.)* (circuit, condenser, current, rectifier, resistance, voltage) Lade~

charging car *s (met.)* Begichtungswagen

m, Einsetzwagen *m*; Gattierungswagen *m*

charging crane *s* Chargierkran *m*

charging floor *s* Chargierbühne *f*

charging indicator lamp *s (auto.)* Ladeanzeigeleuchte *f*

charging scales *pl.* Gattierungswaage *f*

charging side *s* (e. Ofens:) Einsetzseite *f*

Charpy hammer *s (mat.test.)* Pendelhammer *m*

chart *s* Tabelle *f*, Tafel *f; (recording)* Papier *n*, Streifen *m*

chase *v.t.* strehlen

chaser *s* Strehler *m*

chassis *s (auto.)* Fahrgestell *n*, Chassis *n*

chassis frame *s (auto.)* Fahrgestellrahmen *m*

chassis grease *s (auto.)* Abschmierfett *n*

chatter *v.i.* rattern, schlagen

chatter mark *s* Rattermarke *f*

check *v.t.* nachprüfen, überprüfen, kontrollieren; – *v.i.* reißen

check *s* Nachprüfung *f*, Kontrolle *f; (chem.)* Kontrollprobe *f*

check clock *s* Kontrolluhr *f*

check-crack *s (founding)* Schrumpfungsriß *m*

check digit *s* Prüfziffer *f*, Kontrollziffer *f*

checker *s* (e. Regenerativkammer:) Gitter *n*

checker brick *s* Gitterstein *m*

checker chamber *s* (e. Ofens:) Gitterkammer *f*

checkered sheet, Riffelblech *n*

checkering *s* Fachwerksmauerung *f*

checker mill *s* Riffelblechwalzgerüst *n*

checker work *s* (e. Martinofens, Cowpers etc.:) Fachwerk *n*

check gage *s* Prüflehre *f*

check mark *s* Schleifriß *m*

check nut *s* Gegenmutter *f*

check plug *s* Paßdorn *m*

check rail *s (railw.)* Leitschiene *f*

checksum *s (data trans.)* Prüfsumme *f*

check valve *s* Rückschlagventil *n*

cheek *s* (e. Kurbelwelle:) Wange *f*

cheese head *s* (Schraube:) Zylinderkopf *m*

chemical milling, Formätzen *n*

chequer *s cf.* checker

chief engineer *s* Oberingenieur *m*

chill *v.t.* (Guß:) abschrecken; – *v.i.* (Leim:) erkalten

chill casting *s* Schalenhartguß *m*

chilled roll, Hartgußwalze *f*

chimney weathering *s* Schornsteineinfassung *f*

Chinese ink, Tusche *f*

chip *s (mach.)* Span *m*; (Diamant:) Splitter *m; (data process.)* Baustein *m*

CHIP ~ (breaker, collector, curl, formation, passage, removal tray) Span~

CHIP ~ (chute, clogging, compartment, conveyor, disposal, flow, guard, opening, pan, removal, separator, trough) Späne~

chipper *s* Putzmeißel *m; (road building)* Splittstreuer *m*

chipping *s* Splitt *m*

chipping hammer *s* Meißelhammer *m*

chip pocket *s* (e. Säge:) Zahnlücke *f*

chip spreader *s (road building)* Splittstreuer *m*

chisel *s* Beitel *m*; Meißel *m*

chlorinate *v.t.* chloren, chlorieren

chlorination *s* Chlorung *f*

chlorine *s* Chlor *n*

chlorobenzene *s* Chlorbenzol *n*

choke s *(auto.)* Vergaserluftklappe f, Vergaserklappe f, Starterklappe f
choke coil s Drosselspule f
choke impedance s Drosselwiderstand m
choke modulation s Drosselmodulation f
choke valve s *(auto.)* Luftklappenventil n
choking effect s *(electr.)* Drosselwirkung f
chopper s *(electr.)* Zerhacker m
chord s Kordel f; *(math.)* Sehne f; *(building)* Gurtung f
chordal measure, Sehnenmaß n
chord bracing s *(building)* Gurtungsversteifung f
chromatics pl. Farbenlehre f
chromatometer s Farbenmesser m
chrome s Chrom n
chrome-moly steel s Chrom-Molybdänstahl m
chrome-nickel steel s Chromnickelstahl m
chrome-plate v.t. [galvanisch] verchromen
chrome steel s Chromstahl m
chrome yellow, Chromgelb n
chromium s Chrom n
chromium plating s Verchromung f
chromize v.t. verchromen
chromoscope s Farbenmesser m
chronometer s Zeitmesser m
chuck v.t. (in e. Futter:) einspannen
chuck s Spannfutter n, Aufspannfutter n
chucking s Spannen n, Spannung f (in e. Futter)
chucking automatic s Futterautomat m
chucking reamer s Maschinenreibahle f
chuck lathe s Kopfdrehmaschine f
chuck wrench s Futterschlüssel m
chute s Rutsche f
cinder s Schlacke f, Sinter m, Asche f
cinder heat s *(met.)* Abschweißwärme f

circlip s Sprengring m, Ringsicherung f, Seegerring m
circuit s *(electr.)* Stromkreis m; Schaltung f; *(hydr.)* Kreislauf m
circuit-breaker s Ausschalter m, Stromauslöser m
circuit-breaking capacity s *(electr.)* Schaltleistung f
circuit diagram s Schaltschema n, Schaltbild n, Stromlaufbild n
circuit line s Stromleitung f
circuit opening s *(electr.)* Auslösung f
circuit resistance s *(electr.)* Kreiswiderstand m
circular a. kreisrund, kreisförmig
circular arc, Kreisbogen m
circular blank, Ronde f, Platine f
circular copying attachment, Rundkopiereinrichtung f
circular cut-off-saw, Trennkreissäge f
circular cutter head, *(woodw.)* Messerwelle f
circular friction saw, Reibtrennsäge f
circular grooving saw, Nutenkreissäge f
circular measure, Bogenmaß n
circular milling, Rundfräsen n
circular profiling, Rundkopieren n
circular projection, *(welding)* Rundbuckel m
circular rip saw, Spaltkreissäge f
circular saw, Kreissäge f; (für Metall:) Schlitzsäge f
circular saw bench, Tischkreissäge f
circular saw blade, Kreissägeblatt n
circular sawing machine, Kreissäge f
circular seam welding, Rundnahtschweißung f
circular shear, Kreisschere f
circular slitting saw, Nutkreissäge f

circular table, Rundtisch *m*
circulate *v.t.* umwälzen; – *v.i.* kreisen, umlaufen
circulating pump *s* Umwälzpumpe *f*
circulation *s* Kreislauf *m*, Umlauf *m*
cirulation oil *s* Umlauföl *n*
circulation oiling *s* Ölumlaufschmierung *f*
circulation pump *s* Umlaufpumpe *f*
circumference *s* Kreisumfang *m*
circumferential seam, Rundnaht *f*
civil engineer *s* Bauingenieur *m*
civil engineering *s* Bauwesen *n*
civil engineering contractor *s* Tiefbauunternehmer *m*
civil engineering works *pl.* Ingenieurbauten *mpl.*
clad *v.t.* plattieren
cladding material *s* Überzugsmetall *n*, Auflagemetall *n*
cladding process *s* Plattierverfahren *n*
clad sheet, plattiertes Blech
claim *s* (Patent:) Anspruch *m*
claim for indemnification, Schadenersatzanspruch *m*
clamp *v.t.* festspannen, aufspannen, spannen, befestigen, klemmen; sichern
clamp *s* Klemme *f*, Halter *m*; (Kabel:) Schelle *f*
clamp base vise *s* Parallel-Klebschraubstock *m*
clamp bolt *s* Klemmschraube *f*
clamp coupling *s* Schalenkupplung *f*
clamping bolt *s* Befestigungsschraube *f*
clamping chuck *s* Klemmfutter *n*
clamping device *s* Klemmvorrichtung *f*
clamping fixture *s* Spannzeug *n*, Spanner *m*; Halterung *f*
clamping jaw *s* Klemmbacke *f*; Spannklaue *f*

clamping sleeve *s* Spannmuffe *f*
clamping tool *s* Spannzeug *n*
clapper *s (shaper, planer)* Meißelklappe *f*
clapper box *s (planer, shaper)* Meißelklappenhalter *m*
clarification *s* (Abwasser:) Klärung *f*
classification *s (Aufbereitung)* Klassierung *f*
classification yard line *s* Rangiergleis *n*
classify *v.t.* einteilen; klassieren
classifying screen *s* Klassiersieb *n*
claw hatchet *s* Klauenbeil *n*
clay *s* Ton *m*
clayey *a.* tonig
clay mortar *s* Tonmörtel *m*
clay plug *s* Lehmstopfen *m*
clean *v.t.* reinigen, scheuern; spülen; (Guß:) verputzen
cleaning *s* Reinigung *f*
cleaning door *s* (e. Kupolofens:) Einsteigöffnung *f*
cleaning process *s* Waschprozeß *m*
cleaning room *s (founding)* Putzerei *f*
cleansing *s* Reinigung *f*
clear *v.t.* lüften, abheben *n*; (Speicher, Bildschirm:) löschen
clearance *s* Spielraum *m*, Spiel *n*; Luft *f*, freier Raum; Abstand *m*
clearance angle *s* Freiwinkel *m*, Hinterschliffwinkel *m*, Rückenwinkel *m*
clearance circle *s (auto.)* Wendekreis *m*
clearance fit *s* Spielpassung *f*
clearing key *s* Löschtaste *f*
clearness *s* (e. Bildes:) Schärfe *f*
clear varnish, Klarlack *m*, Blanklack *m*
clear varnish coat, Klarlackanstrich *m*
cleavage brittleness *s (cryst.)* Spaltbrüchigkeit *f*
cleavage plane *s (cryst.)* Grenzfläche *f*

click *v.i. (tel.)* knacken
climb-cut mill *v.t.* gleichauffräsen
climb-mill *v.t.* gleichlauffräsen
clinker *v.t. & v.i.* sintern
clinker *s* Sinterschlacke *f*; *(brick)* Klinkerstein *m*
clip *s* (Batterie:) Klemme *f*; (Kabel:) Frosch *m*; (Rohr:) Schelle *f*
clipper *s* *(data process.)* Begrenzer *m*
clockwise *adv.* rechtsgängig, rechtsläufig
clockwise rotation, Rechtslauf *m*
clog *v.i.* sich verstopfen, sich stauen, verschmieren
clogging *s* Verunreinigung *f*, Verstopfung *f*
close anneal *v.t.* kastenglühen
close fit, enge Fassung
close-grained *a.* feinkörnig
close joint brazing, Spaltlöten *n*
closeness *s* *(Sand:)* Dichte *f*
close-toleranced *p.a.* engtoleriert
close-up view *s* Nahansicht *f*; *(tel.)* Nahaufnahme *f*
closing head *s* (e. Niets:) Schließkopf *m*
closure *s* Verschluß *m*
cloth *s* (Draht:) Gewebe *n*, Geflecht *n*; (Schmirgel:) Leinen *n*; *(textile)* Stoff *m*
cloth wheel *s* *(polishing)* Stoffscheibe *f*
cluster *s* *(gearing)* Block *m*
cluster gear *s* Blockrad *n*, Stufenrad *n*
cluster mill *s* Vielwalzengerüst *n*
clutch *v.t.* (Kupplung:) schalten
clutch *s* Schaltkupplung *f*
CLUTCH ~ (bearing, brake, disc, drive, fork, lever, pedal, shifter, sleeve) Kupplungs~
clutch coupling *s* Kupplung *f*
clutch dog *s* (Kupplung:) Schaltklaue *f*
clutch facing *s* Kupplungsbelag *m*
coach varnish *s* Kutschenlack *m*

coachwork lacquer *s* Karosserielack *m*
coal *s* Kohle *f*
COAL ~ (bunker, deposit, dust, handling bridge, handling crane, mine, mining, preparation, scoop, tar, washer) Kohle~
coal dust firing *s* Staubfeuerung *f*
coal gas *s* Steinkohlengas *n*
coal-tar dye *s* Teerfarbstoff *m*
coal-tar pitch *s* Steinkohlenteerpech *n*
coarse *a.* (Gewinde:) steil
coarse adjustment, Grobeinstellung *f*
coarse crusher, Grobbrecher *m*, Schotterbrecher *m*
coarse fit, Grobpassung *f*; Grobsitz *m*
coarse grain, *(metallo.)* Grobkorn *n*
coarse grain annealing, Grobkornglühen *n*
coarse-grained *a.* grobkörnig
coarse gravel, Grobkies *m*
coarse sand, Grobsand *m*
coarse screw thread, Steilgewinde *n*
coarse stone chipping, Grobsplitt *m*
coarse thread, Grobgewinde *n*
coaster brake *s* *(bicycle)* Rücktrittbremse *f*
coat *v.t.* *(painting)* auftragen; *(Tauchveredelung)* überziehen; belegen
coat *s* (= coating) Überzug *m*, Decke *f*, Belag *m*; Anstrich *m*; Deckschicht *f*
coating time *s* *(shell molding)* Aufgabezeit *f*
coating varnish *s* Überzugslack *m*
coaxial *a.* gleichachsig
cobble stonepaving *s* Kopfsteinpflaster *n*
coconut matting *s* Kokosmatte *f*
code *v.t.* verschlüsseln, kodieren, verkoden
Code *s* Vorschrift *f*
code *s* Code *m*, Schlüssel *m*

CODE ~ (chain, character, check, conversion, converter, language, pattern, reader) Code~

coding s Verschlüsselung f, Codierung f

coefficient of expansion, Ausdehnungskoeffizient m

coercive force, Koerzitivkraft f

cofferdam s Fangdamm m

cog v.t. (met.) vorblocken, vorstrecken, blocken

cog down, v.t. (Blöcke:) herunterwalzen

cogged ingot, (met.) Vorblock m

cogging mill s Blockwalzwerk n

cogging mill train s Blockstraße f

cogging pass s Blockkaliber n

cogging roll s Vorblockwalze f, Vorwalze f

cogging stand s Vorwalzgerüst n, Blockgerüst n

cogging train s (rolling mill) Vorstraße f

cog wheel s Kammrad n

cohesion s Bindekraft f

cohesive soil, bindiger Boden

coil v.t. (e. Feder:) wickeln

coil s Wendel m; (e. Feder:) Windung f; (Draht:) Ring m; (electr.) Spule f; (cooling heating) Schlange f

coil annealing furnace s Ringglühofen m

coil chip s Wendelspan m

coil holder s Ringabwickelvorrichtung f

coil-loaded cable, Pupinkabel n

coil resistance s Spulenwiderstand m

coil spring s Schraubenfeder f

coil stripper s Ringabstreifvorrichtung f

coil winding s Spulenwicklung f

coin v.t. (cold work) (Münzen:) massivprägen

coinage alloy s Münzlegierung f

coin-box telephone s Münzfernsprecher m

coincidence gate s (data process.) UND-Tor n, UND-Schaltung f

coining die s Prägestanze f

coke v.t. verkoken, verkohlen, garen

coke s Koks m

coke per charge, Satzkoks m

coke breeze s Koksgrus m

coke charging car s Koksbegichtungswagen m

coke fork s Koksgabel f

coke-furnace s Koksofen m

coke-oven s Kokereiofen m

coke-oven battery s Koksofenbatterie f

coke-oven coke s Zechenkoks m

coke-oven gas s Koksofengas n, Kokereigas n

coke-oven plant s Kokszeche f, Kokerei f

coke pusher s Koksausdrückmaschine f

coke tar s Zechenteer m

coke watering car s Kokslöschwagen m

coking chamber s Verkokungskammer f

coking period s Garungszeit f

coking plant s Kokerei f

coking time s Garungszeit f

cold-blast pig iron, kalterblasenes Roheisen

cold brittleness, Kaltbruch m, Kaltsprödigkeit f

chold chisel, Kaltmeißel m

cold circular saw, Kaltkreissäge f

cold die, Kaltmatrize f

cold-draw v.t. kaltziehen

cold draw, Kaltzug m

cold drawing bench, Kaltziehbank f

cold drawing die, Kaltziehmatrize f

cold-extrude v.t. kaltfließpressen, kaltdrücken, fließpressen

cold extrusion, Kaltdrücken n, Fließpressen n

cold extrusion die, Fließpreßwerkzeug *n*

cold extrusion process, Fließpreßverfahren *n*

cold-finish *v.t.* (Bleche:) dressieren

cold-form *v.t.* kaltverformen

cold forming, Kaltverformung *f*

cold forming property, Kaltverformbarkeit *f*

cold-galvanize *v.t.* galvanisch verzinken

cold galvanizing, galvanische Verzinkung

cold glue, Kaltleim *m*

cold heading die, Kaltschlagmatrize *f*

cold heading tool, Kaltschlagwerkzeug *n*

cold pressed forging, Preßling *m*

cold pressure welding, Kalt-Preßschweißen *n*

cold redrawing, Kaltnachzug *m*

cold-reduce *v.t.* (Bandstahl:) kaltwalzen

cold-roll *v.t.* kaltwalzen

cold rolling mill, Kaltwalzwerk *n*

cold-short *a.* kaltbrüchig

cold-shortness, Kaltbruch *m*, Kaltbrüchigkeit *f*

cold shut, (im Guß:) Mattschweiße *f*, Kaltschweiße *f*; (Schmiedefehler:) Stich *m*

cold starting, Kaltstart *m*

cold-strain *v.t.* kaltrecken

cold straining, Kaltbeanspruchung *f*, Kaltreckung *f*

cold strength, (e. Formmaske:) Kaltfestigkeit *f*

cold-swage *v.t.* *(cold work)* anspitzen

cold swaging machine, Kaltgesenkdrückmaschine *f*

cold upsetting die, Kaltstauchmatrize *f*

cold water test pressure, Kaltwasserprüfdruck *m*

cold-work *v.t.* kaltbearbeiten, kaltverformen

cold work, Kaltformung *f*, Kaltbearbeitung *f*

cold-working property, Kaltbearbeitbarkeit *f*

cold work steel, Kaltarbeitsstahl *m*

collapsible *a.* zusammenklappbar

collar *s* Bund *m*; Schulter *f*; Manschette *f*; (e. Walze:) Rand *m*, Ring *m*

COLLAR ~ (nut, screw, shaft, stud) Bund~

collar thrust bearing *s* Kammlager *n*

collate *v.t.* einmischen, mischen (Daten)

collator *s (data syst.)* Lochkartenmischer *m*

collecting main *s* Sammelleitung *f*; (Gasreinigung:) Vorlage *f*

collecting tank *s* Sammelbehälter *m*

collection *s (comp.syst.)* Erfassung *f*

collective number, *(tel.)* Sammelnummer *f*

collector *s* Kollektor *m*

collector ring *s* Schleifring *m*

collet *s* (Spannzange:) Patrone *f*

collet bar chuck *s* Keilspannfutter *n*

collet chuck *s* Spannzange *f*

colliery *s* Kohlenzeche *f*

color *v.t.* färben

color *s* Farbe *f*, Farbton *m*

COLOR ~ (change, chart, chemistry, grading, photography, scale, spectrum) Farben~

colorable *a.* färbbar

coloration *s* Färbung *f*

colored glass, Farbglas *n*

colored pencil, Farbstift *m*

color grinding mill *s* Farbreibemaschine *f*

colorimeter *s* Farbenmesser *m*

colorimetry *s* Farbenmessung *f*

coloring agent *s* Färbungsmittel *n*

coloring matter *s* Farbstoff *m*

coloring power s Färbkraft f, Färbevermögen n

coloring substance s Farbstoff m

color sensitive a. farbenempfindlich

color television s Farbfernsehen n

color trace recorder s Farbschreiber m

column s (e. Maschine:) Ständer m; Pfeiler m; Säule f; (Destillation:) Kolonne f; (e. Tabelle:) Spalte f

column base s (e. Maschine:) Ständerfuß m

column grinder s Ständerschleifmaschine f

column screw press s Säulen-Friktionsspindelpresse f

column-ways pl. Ständerführung f

combination plier s Kombinationszange f

combination slitting shears and bar cutter s Blech-, Stab- und Formeisenschere f

combination toolholder s Mehrfachmeißelhalter m

combination turret lathe s Schlittenrevolverdrehmaschine f

comb-type burner s Kammbrenner m

combustibility s Verbrennbarkeit f

combustible a. verbrennbar

combustion s Verbrennung f

COMBUSTION ~ (air, chamber, formula, gases, pressure, space, tube, zone) Verbrennungs~

command s Kommando n, Befehl m

commanding s Kommandogabe f

command signal s Kommandosignal n

command unit s Befehlsanlage f

commercial light-gage sheet, Handelsfeinblech n

commercial structural steel, Handelsbaustahl m

commercial vehicle, Industriefahrzeug n

common try square, Werkstattwinkel m

communal aerial, Gemeinschaftsantenne f

communication s Nachricht f; Übertragung f; (railw.) Verbindung f

COMMUNICATION ~ (channel, circuit, engineer, line, signal) Nachrichten~

communication cable s Fernmeldekabel n, Schwachstromkabel n

communication engineering s Schwachstromtechnik f

commutating pole s Wendepol m

commutating pole winding s Wendepolwicklung f

commutation s (electr., radio, tel.) Umschaltung f

commutator s (electr.) Stromwender m, Kommutator m, Kollektor m

COMMUTATOR ~ (armature, motor, rectifier, segment) Kommutator~

commutator brush s Kollektorbürste f

compact v.t. (concrete) verdichten

compact a. gedrungen

compaction s (concrete) Verdichtung f

compactness s (Guß:) Dichte f

compandor s (radio) Dynamikregler m

companion part s Gegenstück n

comparative measuremement, Vergleichsmessung f

comparator gage s Mikrotastgerät n

comparison test s Vergleichsprüfung f

compartment s Gehäuse n; Raum m; Fach n; (für Späne:) Auffangraum m; (gears) Schrank m

compass s Kompaß m

compass saw s Lochsäge f

compatibility s Verträglichkeit f, Kompatibilität f

compensate v.t. ausgleichen
compensating coil s Ausgleichsspule f
compensating winding s Ausgleichswicklung f
compensation s Ausgleich m
compensator s Entzerrer m
competent a. sachkundig, fachkundig
compilation s (progr.) Übersetzen n
compiler s (progr.) Übersetzer(programm) n
complaint s Beanstandung f
complementary color, Ergänzungsfarbe f
component s (mach.) Element n, Teilstück n, Glied n, Bauteil n, Teil n
component drawing s Teilzeichnung f
component part s Einzelteil n
composite casting s Verbundguß m
composite metal s Verbundmetall n
composite steel s Verbundstahl m
compound s Gemenge n, Mischung f; Mittel n
COMPOUND ~ (dynamo, engine, excitation, girder, ingot, ingot mold, steam engine, transformer, turbine, winding) Verbund~
compound casting s Verbundguß m
compound leverage floor jack s Scherenwagenheber m
compound motion s (e. Tisches:) Kreuzbewegung f
compound plant s (met.) Verbundbetrieb m
compound rest s Kreuzsupport m
compound rest slide s Kreuzschieber m
compound-wound motor, Doppelschlußmotor m, Verbundmotor m
compress v.t. verdichten, zusammendrücken, pressen
COMPRESSED AIR ~ (cylinder, horn, hose, screen wiper, servo brake) Druckluft~
COMPRESSED AIR ~ (condenser, filter, line, tool) Preßluft~
compressed asphalt, Stampfasphalt m
compressed gas cylinder, (auto.) Speichergasflasche f
compression s Verdichtung f, Kompression f
COMPRESSION ~ (chamber, pressure, pump, ratio, stroke, wave) Kompressions~, Verdichtungs~
compression capacitor s Quetschkondensator m
compression ignition s (Diesel:) Eigenzündung f, Selbstzündung f, Verdichtungszündung f
compression-ignition engine s Selbstentzündungsmotor m
compression-mold v.t. (plastics) formpressen
compression mold s (plastics) Preßwerkzeug n
compression molded article, (plastics) Preßteil n
compression molding compound s (plastics) Formmasse f
compression molding process s (plastics) Preßverfahren n
compression riveter s Preßnietmaschine f
compression spring s Druckfeder f
compression strength s Druckfestigkeit f
compression stress s Druckspannung f
compressive load application, Druckbelastung f
compressive stress, Druckbeanspruchung
compressive yield point, (mat. test.) Quetschgrenze f

compressor s Verdichter m
computational mistake, Rechenfehler m
compute v.t. rechnen
computer s Rechenmaschine f, Rechner m
COMPUTER ~ (access time, backing store, channel, check, cycle, generation, input, output, memory, store, tape) Rechner~
computer-controlled machine, elektronisch gesteuerte Maschine
computing element s Baustein m
computing sequence s Rechenfolge f
concave fillet weld, Hohlkehlschweißung f
concealed p.a. verdeckt
concentrate v.t. anreichern; verdicken; sättigen
concentration s Anreicherung f; Verdichtung f; (electron.) Konzentration f; (e. Lösung:) Stärke f; (metallo.) Sättigung f
concentric a. konzentrisch, gleichachsig, mittig
concentricity s Umlaufgenauigkeit f, Rundlauf, m, Mittigkeit f
concentricity test s Rundlaufprüfung f
concentric running, Rundlauf m
concrete v.t. einbetonieren
concrete s Beton m
CONCRETE ~ (ashlar, block, breaker, column, compaction, construction, floor, foundation, grouter, hardening agent, machinery, mixer, mixture, mortar, pipe press, press, road, road construction, slab, spreading machine, structure, tamper) Beton~
concrete block press s Betonpresse f
concrete coring drill s Betonkernbohrgerät n

concrete finishing machine s Betondekkenfertiger m
concrete gun s Betonspritzmaschine f
concrete joist shaker s Balkenrüttler m
concrete mixing tower s (concrete) Mischturm m
concrete pavement s Zementbetondecke f
concrete road vibrating tamper s Betonrüttelstampfer m
concrete tile press s Betonplattenpresse f
concrete vibrating equipment s Betonrüttelgerät n
concreting plant s Betonieranlage f
condensate s Kondensat n
condensation s Verdichtung f
condensation water s Schwitzwasser n
condense v.t. verdichten
condenser s Kondensator m
conditioning treatment s (plastics) Vorbehandlung f
conductance s Wirkleitwert m
conduction s (Wärme:) Leitung f
conductive a. leitfähig
conductive silver, (electr.) Leitsilber n
conductivity s Leitfähigkeit f
conductivity meter s Leitfähigkeitsmesser m
conductor s (electr.) Leiter m, Stromleiter m; Ader f; Leitungsdraht m
conductor rail s (electr.) Leitschiene f
conduit s Kanal m, Leitung f
conduit wire s (electr.) Rohrdraht m
cone v.t. (Räder:) tiefziehen
cone s Kegel m, Konus m; (gears) Stufe f, Abstufung f; (Gichtverschluß:) Trichter m
cone antenna s Kegelantenne f
cone indentation test s Kegeldruckprobe f

cone point *s* (e. Schraube:) Spitze *f*
cone pulley *s* Stufenscheibe *f*
cone pulley drive *s* Stufenscheibentrieb *m*
cone-thrust test: *s* Kegeldruckversuch *m*
cone-type face milling cutter *s* Fräskopf *m*
conference circuit *s* Konferenzschaltung *f*
configuration *s* (e. Oberfläche:) Gestalt *f*; *(data syst.)* Darstellung *f*, Konfiguration *f*
congeal *v.i.* (Fett:) erstarren
congealing point *s* Erstarrungspunkt *m*
conical *a.* kegelig, kegelförmig, keilförmig
conical head lubricating nipple, Kegel-Schmiernippel *m*
conical spring, Kegelfeder *f*
conicity *s* Verjüngung *f*
coniferous wood, Nadelholz *n*
connect *v.t.* verbinden
connect in parallel, *(electr.)* parallelschalten
connect in series, *(electr.)* vorschalten
connect through, *(tel.)* durchschalten
connected load, *(electr.)* Anschlußleistung *f*
connected rests, *(lathe)* Doppelsupport *m*
connecting branch *s* Anschlußstutzen *m*
connecting rod *s* Pleuelstange *f*, Pleuel *m*
connecting rod bearing *s (auto.)* Pleuellager *n*
connecting rod bolt *s (auto.)* Pleuelbolzen *m*
connecting rod bush *s (auto.)* Pleuelbuchse *f*
connection *s* Verbindung *f*; *(electr.)* Schaltung *f*; (Erde:) Anschluß *m*
connection diagram *s (electr.)* Schaltbild *n*
connection line *s (electr.)* Verbindungsleitung *f*

connection piece *s* Stutzen *m*
connection plug *s (electr.)* Verbindungsstecker *m*
connector *s* (Kabel:) Verbinder *m*
conservation *s* Erhaltung *f*
consistency *s* Steife *f*, Dickflüssigkeit *f*
consistent *a.* einheitlich; zügig; *(concrete)* steif
constancy of volume, Raumbeständigkeit *f*
constant current, Dauerstrom *m*
constant load, Dauerbelastung *f*
constant power, (Motor:) Dauerleistung *f*
constant-pressure combustion, *(auto.)* Gleichdruckverbrennung *f*
constant-pressure welding, Gas-Wulstschweißen *n*
constant speed, *(auto.)* Dauergeschwindigkeit *f*
constant-temperature pressure welding, Gasbrennschweißen *n*, Abbrennschweißen *n*
constant voltage, *(electr.)* Dauerspannung *f*
constituent *s (metallo.)* Bestandteil *m*
construct *v.t.* bauen, gestalten, formen, aufbauen
construction *s* Bauwerk *n*, Konstruktion *f*, Bau *m*, Aufbau *m*
CONSTRUCTION ~ (drawing, element, engineer, engineering, machinery, machinery industry, tool) Bau~
constructional *a.* konstruktionstechnisch
constructional dimension, Baumaß *n*
constructional feature, Konstruktionsmerkmal *n*
consulting engineer *s* beratender Ingenieur
consumption *s* Verbrauch *m*

contact s Berührung f, Kontakt m, Anlage f; *(electr.)* Schluß m
CONTACT ~ (brush, fault, grinder, lever, line, noise, pressure gage, rail, resistance, screw, spring, thermometer, voltage, zone) Kontakt~
contact area s Berührungsfläche f
contact backlash s *(gearing)* Eingriffsflankenspiel n
contact bar s *(welding)* Dornelektrode f
contact breaker s *(electr.)* Unterbrecher m
contact diameter s Anlagedurchmesser m
contact electricity s Berührungselektrizität f
contact flange s Anlageflansch m
contact line s Berührungslinie f
contact maker s Kontaktgeber m
contactor s Schaltschütz n
contactor control s Schützensteuerung f
contact piece s Schaltstück n
contact potential s Berührungsspannung f
contact pressure s Anpreßdruck m
contact-print s *(photo.)* Abzug m
contact ratio s *(gears)* Eingriffsteilung f
contact series s Spannungsreihe f
contact surface s Anlagefläche f, Grenzfläche f
container s Behälter m, Gefäß n; Gebinde n; (e. Batterie:) Kasten m
contaminate *v.t.* verunreinigen, verschmutzen
contamination s Verunreinigung f, Verschmutzung f
continuous *a.* dauernd, ununterbrochen, pausenlos
continuous annealing furnace, Durchlaufglühofen m
continuous casting method, Stranggußverfahren n

continuous casting plant, Stranggießanlage f
continuous chip, Fließspan m; Scherspan m
continuous conveyor, Stetigförderer m
continuous copying, Durchlaufkopieren n
continuous cycle, Dauerlauf m
continuous earth, Dauererdschluß m
continuous heating furnace, Durchlaufofen m
continuous immersion test, Dauertauchversuch m
continuous milling machine, Durchlauffräsmaschine f
continuous mixer, *(concrete)* Durchlaufmischer m
continuous operation, Dauerbetrieb m
continuous rod mill, kontinuierliches Drahtwalzwerk
continuous rolling, Bandwalzen n
continuous running, Dauerlauf m
continuous stand furnace, Ofen m mit endlosem Band
continuous tinning line, Durchlaufverzinnungsanlage f
continuous traction, *(auto.)* Dauerzugkraft f
continuous-type furnace, Tunnelofen m
contour *v.t.* formen, profilieren; *(metal cutting)* nachformfräsen
contour s Umriß m, Gestalt f, Form f
contour electrode s Profilelektrode f
contour-grind *v.t.* profilschleifen
contour grinder s Profilschleifmaschine f
contouring s Umrißkopieren n
contouring operation s *(mach.)* Formarbeit f
contouring shaper s Kopierhobelmaschine f

contour line s Profillinie f
contour-mill v.t. nachformfräsen, kopierfräsen
contour milling machine s. Kopierfräsmaschine f, Formfräsmaschine f, Profilfräsmaschine f, Umrißfräsmaschine f
contour-saw v.t. formsägen
contract v.i. schrumpfen
contracting industry s Bauindustrie f
contraction s Schrumpfung f, Schwund m, Schwindung f
contraction crack s Schrumpfriß m
contractor s (building) Unternehmer m; Auftraggeber m
contractor's machinery s Baumaschinen fpl.
contractors' pump s Baupumpe f
contractor's tool s Baugewerbewerkzeug n
contractors' yard s Bauhof m
contract specifications pl. Leistungsbeschreibung f
contrast control s (radar) Dynamikregelung f
control v.t. beaufsichtigen, nachprüfen, überprüfen; (gears) schalten; (Maschinen:) steuern; (Schaltgeräte:) bedienen; regeln
control s Nachprüfung f, Kontrolle f; Schaltung f; Steuerung f; Bedienung f; Regelung f, etc.; s.a. control v.t.
CONTROL ~ (cable, desk, device, electrode, energy, grid, grid tube, grid voltage, impulse, knob, line, pulse, switch, transformer, valve, voltage) Steuer~
CONTROL ~ (data syst.) (block, bus, command, data, key, order, program, pulse, signal, type) Steuer~

control circuit s Steuerstromkreis m, Regelkreis m
control cubicle s (electr.) Schaltstation f
control gear s (Motor:) Schaltgetriebe n; (Regeltechnik:) Regelgerät n
controllability s Regelbarkeit f
controllable a. regelbar
controlled atmosphere, (heat treatment) Schutzgas n
controller s Regler m
control lever s Schalthebel m, Steuerhebel m
control mechanism s Schaltgetriebe n, Steuerung f
control member s Schaltorgan n
control panel s (e. Werkzeugmaschine:) Gerätetafel f, Steuertafel f, Bedienungstafel f, Schaltstation f
control pendant s Schaltpendel m
control slide s (lathe) Steuerschieber m
control station s Schaltpult n, Kommandotafel f, Kommandopult n
control system s Steuerung f
control wheel s (grinding) Regelscheibe f
conventional milling machine, Gegenlauffräsmaschine f
conversion s Umwandlung f; (electr.) Umformung f
convert v.t. umwandeln, verwandeln; (steel-making) windfrischen, frischen
converter s (met.) Konverter m, Birne f; (electr.) Umformer m; (data process.) Wandler m, Umwandler m, Umsetzer m
CONVERTER ~ (belly, charging platform, lining, mouth, plant, practice, trunnion) Konverter~
converter valve s Mischröhre f
convertible s Cabriolet n
convertible coupé s Sportkabriolett n

converting process s *(met.)* Birnenprozeß m

convex a. erhaben, konvex, ballig

convex fillet weld, Wölbnaht f

convex grinding attachment, Balligschleifeinrichtung f

convexity s Wölbung f, Balligkeit f

convex milling attachment, Balligfräseinrichtung f

convex tooth cutting, Balligverzahnen n

convex turning attachment, Balligdreheinrichtung f

convey v.t. leiten, fördern, befördern

conveyance s Transport m, Förderung f; Fortleitung f, Übertragung f

conveying appliance s Fördermittel n

conveying capacity s Förderleistung f

conveying machinery s Förderanlage f

conveyor s *(techn.)* Förderer m

conveyor belt s Transportband n, Fördergurt m, Förderband n

conveyor bucket s Förderkübel m

conveyor trough s Förderrinne f

conveyor-type furnace s Ofen m mit Förderband

conveyor worm s Transportschnecke f

cooking range s Kochherd m

coolant s Kühlmittel n

cooler s *(refrigeration)* Kühler m

COOLING ~ (agent, air, chamber, coil, oil, plant, pump, shell, tank, tower, water) Kühl~

cooling blower s Kühlluftgebläse n

COOLING WATER ~ (circulation, discharge, jacket, line, outlet, pipe, pump, supply, tank, thermometer) Kühlwasser~

coordinate a. sinnfällig; zugeordnet

coordinate v.t. gleichschalten

coordinate s Koordinate f

COORDINATE ~ (direction, grinding machine, jig boring machine, measurement, motion, plane, point, setting, system, table, value, worktable) Koordinaten~

coordinate axis s Nullachse f

coordinate system of axes, Achsenkreuz n

copal varnish s Kopallack m

cope flask s *(molding)* Oberkasten m

coping saw s Bogensäge f

copper v.t. verkupfern

copper s Kupfer n

COPPER ~ (alloy, cladding, coat, foil, mine, ore, pyrites, smelting, smelting plant, wire) Kupfer~

copper-bearing a. kupferhaltig

copper-clad metal, kupferplattiertes Blech

copper-coat v.t. feuerverkupfern

copper extraction s Entkupferung f

copper-plate v.t. galvanisch verkupfern

copper rust s Grünspan m

copy v.t. *(metal cutting)* nachformen, kopieren

COPY-~ (broach, drill, grind, mill, plane, shape, turn) nachform~

copy drilling machine s Nachformbohrmaschine f

copying s Nachformen n, Kopieren n, Umrißkopieren n

COPYING ~ (attachment, control, feed, grinder, lathe, range, shaper, slide, slide rest, stroke, template, tracer, work) Nachform~

copy-milling machine s Nachformfräsmaschine f

copy-turning lathe s Kopierdrehmaschine f

cord s Litze f; Schnur f

cord pulley s Schnurrolle f

core s *(electr.)* Ader f; *(founding, magn., heat treatment)* Kern m; (Elektrode, Kabel, Keil:) Seele f

core baking oven s *(founding)* Kerntrockenofen m

core binder s *(founding)* Kernbindemittel n

core blowing equipment s *(founding)* Kernblaseinrichtung f

core-blowing machine s Kernblasmaschine f

core box s Kernkasten m

cored hole cf. core hole

core drill s Kernbohrer m

core hole s vorgegossenes Loch, Kernloch n

coreless induction furnace, kernloser Induktionsofen

core memory s Kernspeicher m

core molding machine s Kernformmaschine f

core nail s *(founding)* Kernnagel m

core oven s *(founding)* Kernofen m

core sand s Kernsand m

core snap gage s Kernrachenlehre f

core strength s Kernfestigkeit f

cork oak s Korkeiche f

corner joint s Eckstoß m; *(welding)* Winkelnaht f, Winkelstoß m

corner radius s Eckenwinkel m

corner truss s *(building)* Eckaussteifung f

corner weld s Ecknahtschweißung f

cornice s Gesims n

cornice weathering s Gesimsabdeckung f

corona discharge s Sprühentladung f

corona discharge current s Sprühstrom m

corpuscle s Teilchen n

correction key s Korrekturtaste f

corrector s *(electr.)* Entzerrer m

corrode v.i. rosten, verrosten, korrodieren; – v.t. angreifen, anfressen, fressen, ätzen

corroding p.a. *(chem.)* angreifend

corrodible a. korrosionsempfindlich

corrosion s Rostanfressung f, Rostfraß m, Rostung f, Korrosion f

corrosion fatigue s Korrosionsermüdung f

corrosion pit s Rostnarbe f

corrosion resistance s Korrosionsbeständigkeit f, Korrosionsfestigkeit f

corrosion-resistant a. rostsicher, korrosionsbeständig

corrosive action, Ätzwirkung f

corrosive attack, Rostangriff m

corrugated safety glass, Welldrahtglas n

corrugated sheet steel, Wellblech n

corrugated tile, Wellziegel m

corrugated tube, Wellrohr n

corrugating rolling mill s Wellblechwalzwerk n

cosine-meter s Leistungsfaktormesser m

cosmic rays, kosmische Strahlen

cost pl. Kosten pl.

COST ~ (account, allocation, bearer, calculation, center, estimate, expenditure, finding, flow) Kosten~

cost center input s Kostenstelleneinsatz m

cost center output s Kostenstellenerzeugung f

cotter v.t. versplinten

cotter s Querkeil m, Vorsteckkeil m, Splint m

cotton s Baumwolle f

COTTON ~ (belting, fiber, packing, rope, yarn) Baumwoll~

cotton duck s Baumwollgewebe n

cotton waste s Putzwolle f

coumarone resin s Kumaronharz n

count s *(electron.)* Impulszahl f

counter s *(metrol.)* Zähler m

counteract v.t. gegenwirken

counterbalance v.t. ausgleichen

counter-blow hammer, *(forge)* Gegenschlaghammer m

counterbore v.t. aussenken, einsenken, [zylindrisch] versenken

counterbore s Kopfsenker m, Halssenker m, Stirnsenker m

counter-clockwise rotation, Linksdrehung f

counter current s Gegenstrom m

countercurrent principle s Gegenstromprinzip n

counter-electromotive force, gegenelektromotorische Kraft

counter-flange s Gegenflansch m

counterfloor s *(building)* Blindboden m

counter mechanism s Zählwerk n

counterpart s Gegenstück n

counter punching s Zählerlochung f

countershaft s Riemenvorgelege n, Vorgelegewelle f

countershaft pulley s Vorgelegescheibe f

countersink v.t. kegeligsenken, spitzsenken, versenken, senken, aussenken

countersink s Spitzsenker m

counterstay s *(miller)* Gegenhalter m, Gegenlager n

countersunk bolt, Senkschraube f

countersunk nut, Senkmutter f

countersunk screw, Senkschraube f

counterweight s Gegengewicht n

counting balance s Zählwaage f

counting tube s Zählrohr n

couple v.t. kuppeln, anlenken

couple back v.t. rückkoppeln

coupled switch, *(electr.)* Kupplungsschalter m

coupler link s Verbindungsglied n

coupler plug s *(electr.)* Kupplungsstecker m, Gerätestecker m

coupling s Wellenkupplung f, Kupplung f

COUPLING ~ (capacitor, coil, member, resistance, transformer) Kopplungs~

coupling box s (Kabel:) Muffe f

coupling sleeve s Kupplungsmuffe f

course s Weg m, Strecke f; Lauf m, Verlauf m; *(building)* Lage f, Schicht f

cover v.t. verdecken, abdecken, überdecken, deckeln

cover s Decke f; Deckel m; Abdeckung f

covering s Abdeckung f; *(road building)* Belag m; (Draht:) Umspinnung f

covering power s *(painting)* Deckfähigkeit f, Deckkraft f

cover plate s Lasche f

cowl s Abdeckung f

crack v.i. reißen

crack s Riß, m, Sprung m, Ritz m

cracket gasoline, Krackbenzin n

crackle v.i. *(tel.)* knacken

craftsman s Handwerker m

craftsmen trade s Gewerbe n

crane s Kran m

CRANE ~ (balance, chain, construction, frame, hook, installation, ladle, load, magnet, rail, rope, track, trolley) Kran~

crane-excavator s Kranbagger m

crane operator s Kranführer m

crane truck s *(auto.)* Kranwagen m

crank v.t. kurbeln, anwerfen; *(mach.)* kröpfen, verkröpfen

crank s *(auto.)* Kurbel f; *(mach.)* Kröpfung f

CRANK ~ (arm, cheek, drive, gear, handle,

press, shaft, starter, throw, web) Kurbel~

crank axle s gekröpfte Achse

crankcase s Kurbelgehäuse n, Kurbelkasten m; (engine) Motorgehäuse n; (auto.) Zylinderkurbelgehäuse n

crankcase sump s Motorwanne f, Kurbelwanne f

crank drive gear s (shaper) Kulissentrieb m

cranked p.a. gekröpft

crank mechanism s Schwingkurbelgetriebe n, Kurbelbetrieb m

crankpin s Kurbelzapfen m, Hubzapfen m, Hublager n

crankpin bearing s Kurbelzapfenlager n

crankpin grinder s Kurbelzapfenschleifmaschine f

crankshaft bearing s Kurbelwellenlager n

crankshaft turning lathe s Kurbelwellendrehmaschine f

crank start motor s Anwurfmotor m

crater v.i. (metal cutting) auskolken

crater s (metal cutting) Krater m, Kolk m, Verschleißmulde f

crawler s Gleiskette f

crawler drive s Gleiskettenantrieb m

crawler-tractor s Gleiskettenschlepper m, Zugraupe f

crawler-tractor crane s Gleiskettenschlepperkran m

crawler-type tractor s Raupenschlepper m

crawler-type vehicle s Gleiskettenfahrzeug n, Raupenfahrzeug n

crawling speed s (auto.) Schneckentempo n

creep v.i. kriechen

creep s Kriechdehnung f

creep characteristics pl. Dehnverhalten n, Dehnverlauf m

creeper track s Gleiskette f

creep lane s (traffic) Kriechspur f

creep limit s Dauerdehngrenze f

creep resistance s Dauerstandfestigkeit f; Kriechfestigkeit f

creep-resistant a. kriechfest

creep strength s Kriechfestigkeit f; Dauerstandfestigkeit f

creep strength at elevated temperatures, Dauerwarmfestigkeit f

creep strength depending on time, Zeitstandfestigkeit f

creep test s Dauerstandversuch m

creosote v.t. (Holz:) imprägnieren

crest s (threading) Zahnspitze f; (gears) Kopf m

crest clearance s (threading) Spitzenspiel n; (gears) Kopfspiel n

crimp over v.t. umfalzen

crimson s (painting) Karmesin n

crippling test s Knickversuch m

critical range, (heat treatment) Haltepunktsdauer f

critical resistance, Grenzwiderstand m

Croning molding process s (founding) Formmaskenverfahren n

crooked a. krumm

crop v.t. (rolling) abschopfen, schopfen

crop end s (met.) verlorener Blockkopf

crop end saw s (met.) Schopfsäge f

cross a. quer

cross v.t. (Riemen:) kreuzen; – v.i. sich kreuzen

cross beam s Querträger m, Strebe f, Traverse f, Querbalken m

cross brace s Querrippe f

cross-bubble s Kreuzlibelle f

cross-country car s geländegängiger Wagen

cross-country mill s Zickzacktrio n

cross-country mobility s *(auto.)* Geländegängigkeit f

cross-country truck s Geländelastwagen m

cross-country vehicle s Geländefahrzeug n

cross-cut v.t. quersägen, absägen

crosscut saw s Schrotsäge f

cross-draft carburetor s *(auto.)* Flachstromvergaser m, Gegenstromvergaser m

cross drilling attachment s Querbohreinrichtung f

crossed belt, geschränkter Riemen, gekreuzter Riemen

cross feed s *(metal cutting)* Quervorschub m, Planvorschub m

cross folding test s Querfaltversuch m

cross girder s Querträger m, Unterzug m

cross-hatch v.t. schraffieren

crosshead s Kreuzkopf m

crosshead slipper s (e. Zylinders:) Gleitschuh m

cross hole s Kreuzloch n

cross hole nut s Kreuzlochmutter f

crossing s Straßenkreuzung f; *(railw.)* Übergang m

crossing line s Kreuzungslinie f

crossing plane s Kreuzungsebene f

crossing point s Kreuzungspunkt m

cross lay s (e. Seils:) Kreuzschlag m

cross piece s Kreuzstück n

cross-plane v.t. querhobeln

crossrail s *(planer-miller)* Querbalken m

crossrail carriage s Querbalkensupport m

crossrail head s *(planer)* Hobelsupport m

crossrail slide s *(planer)* Querbalkenschieber m, Hobelschlitten m

cross road s Querstraße f;–pl. *(auto.)* Wegkreuzung f

cross-roll v.t. (Wellen, Rohre:) friemeln, richten

cross roll s Schrägwalze f

cross-section s Querschnitt m, Profil n

cross-sectional area, Querschnittsfläche f

cross slide s *(lathe)* Planschlitten m

cross slide rest s Plandrehsupport m

cross spiderline s Fadenkreuz n

cross stop s *(lathe)* Plananschlag m

cross traverse s *(metal cutting)* Plangang m

cross wires pl. Visierkreuz n

crosswise adv. kreuzweise

crowbar s Brecheisen n

crown s (Walze:) Balligkeit f; Wölbung f; *(hydr.eng.)* Krone f

crowned a. ballig, gewölbt

crown gear s Planrad n, Tellerrad n

crowning s Balligkeit f, Wölbung f

crucible s Schmelztiegel m

crucible cast steel s Tiegelgußstahl m

crucible furnace s Tiegelofen m

crucible melting furnace s Tiegelschmelzofen m

crucible steel s Tiegelgußstahl m

crude copper, Rohkupfer n

crude gas, Rohgas n

crude oil, Erdöl n, Rohpetroleum n, Petroleum n

cruising speed s *(auto.)* Dauergeschwindigkeit f

crumble v.i. bröckeln

crush v.t. zerkleinern, grobmahlen; (Erze:) pochen

crush-dress v.t. *(grinding)* einrollen

crushed brick concrete, Ziegelsplittbeton m

crushed stone, Schotter m

crushed stone sand, Brechsand m

crusher s Zerkleinerungsmaschine f, Brecher m

crushing and grinding equipment s Hartzerkleinerungsmaschinen fpl.

crushing mill s Grobzerkleinerungsmühle f

crushing plant s Zerkleinerungsanlage f

crystal s Kristall m

crystal axis s Kristallachse f

crystal grain s Kristallkorn n

crystal lattice s Gitterkristall n

crystalline a. kristallartig

crystalline grain, Kristallkorn n

crystalline growth, Kristallwachstum n

crystalline structure, Gefügeausbildung f

crystallization s Kornbildung f

crystallizing lacquer s Kristall-Lack m

crystallography s Kristallehre f

crystal pickup s Kristalltonabnehmer m

crystal plane s Kristallfläche f

crystal set s Detektorempfänger m

cube compression strength s (concrete) Würfelfestigkeit f

cubic a. räumlich

cubic capacity, Rauminhalt m; (auto.) Hubvolumen n

cubic measure, Raummaß n

culvert s Einsteigöffnung f

cumulative error, (gears, metrol.) Gesamtfehler m, Summenfehler m

cup v.t. (cold work) napfziehen

cup s Becher m, Schale f; (mat.test.) Kalotte f; (metal cutting) Kolk m; (Fett:) Büchse f

cupel v.t. (met.) treiben

cupelling furnace s Treibofen m

cup grease s Stauferfett n

cupola furnace s Kupolofen m

cupola hearth s Kupolofenherd m

cupola practice s Kupolofenbetrieb m

cupola shell s Kupolofenmantel m

cupping test s Tiefungsprobe f

cup point s (e. Schraube:) Ringschneide f

cup seal s Napfmanschette f

cup test s (founding) Löffelprobe f

cup wheel s Topfschleifscheibe f, Schleiftopf m, Schleiftasse f

cure v.t. (shell molding) aushärten

cure rate s (shell molding) Aushärtegeschwindigkeit f

curing oven s (shell molding) Aushärteofen m

curing vessel s (concrete) Härtekessel m

curl v.t. (sheet metal) einrollen

curl s (Span:) Locke f, Spirale f

curly chip, Spiralspan m

current s Zug m; Strömung f; (electr.) Strom m

CURRENT ~ (amplitude, antinode, coil, consumption, curve, demand density, distribution, feedback, flow fluctuation, heat, intensity, interruption, meter, modulation, node, overload, passage, path, phase, rectifier, regulator, strength, supply, surge, transformer, variation) Strom~

current-carrying a. stromführend

current circuit s Strompfad m

current collector s Stromabnehmer m

current converter s Umkehrstromrichter m

current detector s Stromprüfer m

current loop s Strombauch m

cursor s Schreibmarke f
curvature s Krümmung f, Wölbung f
curve v.t. (Holz:) schweifsägen
curve s Krümmung f; (geom.) Kurve f, Bogen m
curve switch s Bogenweiche f
curvilinear a. kurvenförmig
cushion v.t. (mech.) dämpfen; polstern
cushion s Puffer m; Polster n, Kissen n
customer s Abnehmer m; Auftragnehmer m
cut v.t. schneiden, spanen; scheren; schnitzen; – v.i. (Schlacke:) fressen
cut clear, freischneiden
cut free, freischneiden
cut fuller, (Außengewinde:) nachschneiden
cut gears, verzahnen
cut off, (Motor:) stillsetzen; (Werkstücke:) trennen, abtrennen, abschneiden, abstechen; abkürzen; (electr.) abschalten
cut out, ausschneiden
cut teeth, (gears) zahnen
cut to length, ablängen
cut to size, zuschneiden
cut s Schnitt m; Span m
cutlery s Messerschneidwaren fpl.
cut-off coupling s Schaltkupplung f
cutoff lens s (opt.) Verzögerungslinse f
cut-off saw s (woodworking) Ablängsäge f
cut-off tool s (metal cutting) Stechmeißel m
cut-out s (electr.) Ausschalter m
cut-out key s Abschalttaste f
cut stone, Quaderstein m
cutter s (Draht:) Zange f; (lathe) Drehzahn m; (= milling cutter) Fräser m; (von Feilen:) Hauer m

CUTTER ~ (adaptor, arbor, grinding machine, lift, setting gage, sharpening machine, testing fixture, tooth) Fräser~
cutter bit s (= Drehzahn:) Einsetzmeißel m
cutter chuck s Fräsfutter n
cutter grinding attachment s Meißelschleifvorrichtung f
cutter head s (e. Fräsmaschine:) Fräskopf m
cutter slide s Frässchlitten m
cutter spindle s Gravierspindel f
cutter spindle bearing s Fräslager n
cutting s Schneidarbeit f, Schnitt m, spanabhebende Bearbeitung
CUTTING ~ (cam, length, load, speed) Arbeits~
cutting action s (grinding) Schleifleistung f
cutting alloy s Schneidlegierung f, Hartmetall n
cutting angle s Brustwinkel m
cutting-away works (building) Stemmarbeit f
cutting capacity s (e. Maschine:) Spanleistung f
cutting die s Schnittplatte f, Schnitt m
cutting edge s Schneidkante f, Schneide f
cutting face s (e. Schneidwerkzeuges:) Spanfläche f, Brust f
cutting lubricant s Kühlöl n, Schneidöl n
cutting-off s Schneidarbeit f
CUTTING-OFF ~ (automatic, lathe, machine, operation, slide rest, tool) Abstech~
cutting oil s Schneidöl n
cutting plier s Drahtzange f
cutting power s Schnittleistung f
cutting press s Schnittpresse f
cutting property s Zerspanungseigenschaft f

cutting quality s Schneidfähigkeit f
cuttings pl. Schneidspäne mpl.
cutting solution s Bohremulsion f
cutting stroke s Schnitthub m
cutting thrust s Schnittkraft f
cutting time s (time study) Hauptzeit f
cutting tool s (metalcutting) Meißel m
cutting tool angle s (e. Meißels:) Schneidenwinkel m
cutting torch s Schneidbrenner m
cyaniding s Zyansalzbadhärtung f
cycle s (techn.) Takt m, Arbeitsgang m, Ablauf m; (electr.) Periode f; (data process.) Zyklus m, Phase f
cycle milling s Pendelfräsen n
cycles per second, Hertz n
cycle spanner s Fahrradschlüssel m
cycle time s Taktzeit f
cycle track s Radfahrweg m
cyclic a. periodisch
cyclic stress, Schwingungsbeanspruchung f
cycling s Pendelung f; Arbeitsablauf m; Kreislauf m
cyclist s Radfahrer m
cylinder s Zylinder m; (Gas:) Flasche f
cylinder block s (auto.) Motorblock m

cylinder block boring machine s Zylinderblockaufbohrmaschine f
cylinder capacity s (auto.) Hubvolumen n, Hubraum m
cylinder gas s Flaschengas n
cylinder-head gasket s Zylinderdichtungsring m
cylinder jacket s Zylindermantel m
cylinder liner s Zylinderlaufbuchse f
cylinder roller thrust bearing s Axial-Zylinderrollenlager n
cylindrical a. zylindrisch; (Bohrung:) kreisrund
cylindrical fit, Rundpassung f
cylindrical grinder, Rundschleifmaschine f
cylindrical grinding, Rundschleifen n
cylindrical lapping, Rundläppen n
cylindrical limit gage, Rundpassungslehre f
cylindrical roller bearing, Zylinderrollenlager n
cylindrical rotary kiln, Drehrohrofen m
cylindrical rotary valve, (hydr.eng.) Drehschieber m
cylindricity s Rundheit f; (Bohrung:) Kreisgenauigkeit f
cynometer s (electr.) Wellenmesser m

D

dabber *s (founding)* Kernhalterstift *m*
dado *v.t. (woordworking)* langlochen
dado plane *s* Langlochhobel *m*
dam *v.t. (building)* abdämmen
dam *s* Damm *m*
damage *v.t.* beschädigen
damage *s* Schaden *m*
dammar *s (painting)* Dammar *n*
damp *v.t. (acoust.)* dämpfen
damper *s* Dämpfer *m*
damping *s* (Schwingungen:) Dämpfung *f*
damping power *s* Dämpfungsvermögen *n*
damping winding *s* Dämpfungswicklung *f*
damp room *s* Feuchtraum *m*
darken *v.t. & v.i. (painting)* nachdunkeln
dark-room *s (photo.)* Dunkelkammer *f*
dashboard *s (auto.)* Schalttafel *f*
dashboard light *s (auto.)* Instrumentenleuchte *f*
dashpot *s* Stoßdämpfer *m; (power press)* Ausgleichzylinder *m*
DATA ~ (acceptance, access, area, base, bus, carrier, collection, communication, converter, entry, file, flow rate, input rate, key, logging, memory, output, program, reader, scanning, sequence, set, signal, storage, terminal, transmission) Daten~
data processing *s* Datenverarbeitung *f*
day parker *s (auto.)* Dauerparker *m*
dayshift *s* Tagesschicht *f*
dazzle *v.t.* blenden
d.c. *(abbr.)* (= direct current), Gleichstrom *m; s.a.* DIRECT-CURRENT~
d.c. motor, DC. motor, Gleichstrommotor *m*
dead *a.* (Gestein:) taub; (Schmelz-

bad:) beruhigt; *(painting)* matt; *(electr.)* spannungslos
dead-burned *a.* totgebrannt
dead center, *(lathe)* feste Körnerspitze, Reitstockspitze *f*
dead-center ignition, *(auto.)* Totpunktzündung *f*
dead-center position, Totlage *f*
dead earth, *(electr.)* Erdschluß *m*
deadened floor, *(building)* Fehlboden *m*
dead-eye, (e. Seiles:) Kausche *f*
dead time, *(time study)* Totzeit *f*
deadweight *s* Eigengewicht *n*
deaerate *v.t.* entlüften
deaeration *s* Entlüftung *f*
debenzolation *s* Benzolwäsche *f*
debug *v.t. (radio)* entstören; *(data process.)* Fehler suchen (in e. Programm)
debugging *s* Fehlerbeseitigung *f*
deburr *v.t.* entgraten, abgraten
deburring attachment *s* Entgrateinrichtung *f*
decarburization *s* Entkohlung *f*
decarburize *v.t. (met.)* entkohlen
decay *v.i.* sich zersetzen
decay *s (nucl.)* Zerfall *m,* Zerlegung *f*
decaying *a.* baufällig
decay time *s* Zerfallszeit *f*
decelerate *v.t. (speeds)* verzögern
deceleration *s* Verzögerung *f*
decimal balance, Dezimalwaage *f*
decimal fraction, Dezimalbruch *m*
deck *s (of a magnetic tape),* Laufwerk *n*
declutch *v.t.* auskuppeln
decoder *s (electron.)* Codewandler *m*
decoding *s* Entschlüsselung *f*
decolorize *v.i.* sich verfärben

decompose v.t. zerlegen, abbauen; – v.i. sich zersetzen, sich auflösen

decomposition s Zersetzung f, Auflösung f; (painting) Zerlegung f; (nucl.) Zerfall m

decorative lamp, Illuminationslampe f

decorative lighting, Effektbeleuchtung f

decrease v.t. verringern, verkleinern, herabsetzen

decrease s Verringerung f, Verkleinerung f, Abfall m, Abnahme f

dedendum s (gears) Zahnfuß m, Fußhöhe f

dedendum angle s (gears) Fußwinkel m

de-energize v.t. entmagnetisieren; (electr.) abschalten

deep cut digging, Tiefbaggerung f

deep-draw v.t. tiefziehen

deep drawing s Tiefzug m

DEEP-DRAWING ~ (quality, press, sheet steel, steel, tool) Tiefzieh~

deep-drawing test s Tiefungsversuch m

deep groove ball bearing s Rillenkugellager n

deep-hole boring s Tiefbohren n

deep-hole boring machine s Tieflochbohrmaschine f

deep-hole drilling s Tiefbohren n

deep-hole drilling machine s Tieflochbohrmaschine f

deep-loading trailer s Tiefladeanhänger m

defect s Fehler m; Mangel m; (im Guß:) Fehlstelle f

defective a. schadhaft, fehlerhaft

defective contact, Wackelkontakt m

definition s (opt., telev.) Schärfe f

deflect v.t. (mech.) durchbiegen; (opt.) ablenken; – v.i. (Zeiger:) ausschlagen

deflection s Ausschlag m; (electr.) Ablenkung f

deflection mirror s (opt.) Umlenkspiegel m

deflection potentiometer s (electr.) Stufenkompensator m

deflection test s Durchbiegeversuch m

deform v.t. verformen, deformieren, umformen, verbiegen

deformability s Verformbarkeit f

deformation s Verformung f, Umformung f, Formänderung f

deformation work s (forging) Umformarbeit f

deformed reinforcing steel, Betonformstahl m

degasify v.t. entgasen

degrease v.t. entfetten

degreasing agent s Entfettungsmittel n

degree s Grad m; Größe f; Ausmaß n

degree graduation s Gradeinteilung f

dehum v.t. entbrummen

deionization voltage s (electroerosion) Löschspannung f

deionize v.t. entionisieren

delay s Verzögerung f; (electr.) Verzug m

delay action firing s Zeitzündung f

delay action fuse s träge Sicherung

delay-action voltage s (electr.) Verzögerungsspannung f

delay allowance s (time study) Verteilzeit f

delay distortion s Laufzeitverzerrung f

delay equalizer s Laufzeitentzerrer m

delimiter s (data process.) Abgrenzungszeichen n, Begrenzungssymbol n

delipidated a. baufällig

delivery s Ablieferung f; Zuführung f

delivery car s Förderwagen m

delivery side s (rolling mill) Auslaufseite f

delivery speed s (Walzgut:) Austrittsgeschwindigkeit f

delivery table s *(rolling mill)* Ablaufrollgang m

delivery valve s Druckventil n

delivery van s *(auto.)* Lieferkraftwagen m

delta connection s Dreieckschaltung f

delta voltage s Dreieckspannung f

demagnetization s Entmagnetisierung f

demagnetize v.t. entmagnetisieren

demister screen s *(auto.)* Frostschutzscheibe f

demodulate v.t. entmodulieren

demolition s Abbruch m

demount v.t. abmontieren

denominator s *(math.)* Nenner m

densimeter s Dichtemesser m

densitometer s Schwärzungsmesser m

density s Dichte f

deoxidation s Desoxidation f

deoxidize v.t. desoxidieren

deoxidizing slag s Reduktionsschlacke f

dephosphorization s Entphosphorung f

dephosphorize v.t. *(met.)* entphosphern

deposit v.t. *(chem.)* niederschlagen, absetzen; ausscheiden; *(welding)* auftragen, aufschweißen; – v.i. sich absetzen

deposit s Ablagerung f, Satz m, Abscheidung f, Niederschlag m; *(welding)* Auftrag m; *(geol.)* Vorkommen n, Lagerstätte f, Lager n

deposition s Auftragung f; *(chem.)* Abscheidung f; *(galv.)* Niederschlag

deposition brazing s Auftraglöten n

deposition welding s Auftragschweißen n

depress v.t. niederdrücken

depression s Vertiefung f, Senkung f; *(surf.finish)* Mulde f

depth s Tiefe f; Höhe f; *(mining)* Teufe f

depth of abutting gap faces, *(welding)* Steghöhe f

depth of borehole, Bohrtiefe f

depth of case, *(Einsatzhärtung)* Härtetiefe f

depth of cut, Spantiefe f, Schnittiefe f

depth of draw, Ziehtiefe f

depth of drill hole, Bohrtiefe f

depth of hardening zone, *(heat treatment)* Härtetiefe f

depth of hole, Bohrungstiefe f

depth of indentation, Eindrucktiefe f

depth of penetration, *(welding)* Eindringtiefe f, Einbrandtiefe f

depth of tooth, Zahnhöhe f

depth gage s Höhenmaßstab m, Tiefenmaß n

depth-harden v.t. einhärten

depth measurement s Tiefenmessung f

de-rust v.t. entrosten

desalination plant s Entsalzungsanlage f

descale v.t. entzundern

descent s (e. Gicht:) Niedergang m

deseam v.t. flämmputzen

deseaming s Blockflämmen n

design v.t. gestalten, konstruieren, entwerfen, ausbilden, auslegen; bauen

design s Gestaltung f, Konstruktion f, Entwurf m, Ausbildung f, Bau m, Bauart f, Ausführung f, Auslegung f, Bauweise f

design cf jigs and fixtures, Vorrichtungsbau m

designer s Gestalter m, Konstrukteur m, Erbauer m; *(rolling mill)* Kalibreur m

design size s Nennmaß n

desk calculator s Tischrechner m

desulphurize v.t. entschwefeln

desulphurizing s Schwefelentfernung f

detach v.t. ausbauen, entfernen, abnehmen; löslösen; zerlegen

detachable a. abnehmbar, herausnehmbar; zerlegbar

detachable bottom, (e. Konverters:) Losboden *m*

detail drawing *s* Stückzeichnung *f*, Einzelzeichnung *f*, Teilzeichnung *f*

detarring *s* Teerabscheidung *f*

detector *s* (radar) Ortungsgerät *n*

detector circuit *s* Detektorkreis *m*

detonating fuze *s* Sprengzünder *m*

developer *s* (photo.) Entwickler *m*

deviation *s* Abweichung *f*

device *s* Vorrichtung *f*, Apparat *m*, Gerät *n*

dewatering *s* Wasserhaltung *f*

dewax *v.t.* (painting) entwachsen

dewpoint *s* Taupunkt *m*

dewpoint metering unit *s* Taupunktmeßanlage *f*

diagonal brace, Kreuzverband *m*

diagonal cut, Schrägschnitt *m*

diagonally braced, diagonalverrippt

diagonal strut, Kreuzstrebe *f*

diagram *s* Schaubild *n*, Schema *n*; (railw.) Tabelle *f*

dial *v.t.* (Wählscheibe:) drehen, wählen, einstellen

dial *s* Rundskala *f*, Zifferblatt *n*, Meßscheibe *f*

dial bench gage *s* Meßtisch *m*

dial collar *s* Skalenring *m*

dial depth gage *s* Meßuhrentiefenlehre *f*

dial feed press *s* Revolverpresse *f*

dial gage *s* Meßuhr *f*

dial gage caliper *s* Tastermeßuhr *f*

dial indicator *s* Tastuhr *f*, Gewindeuhr *f*

dial indicator micrometer *s* Mikrometermeßuhr *f*

dialling tone *s* Amtsfreizeichen *n*

dial signal *s* (tel.) Wählzeichen *n*

dial test indicator *s* Meßuhr *f*

dial tone *s* (tel.) Freizeichen *n*

diameter *s* Kreisdurchmesser *m*, Durchmesser *m*

diameter of bore, Kaliber *n*

diametral pitch, (gearing) Durchmesserleitung *f*

diamond *s* Diamant *m*; (rolling) Raute *f*

DIAMOND ~ (chip, cutoff wheel, dressing device, dust, holder, lapping wheel, mount, saw, tip, truing, device, wheel) Diamant~

diamond cutting tool *s* Diamantwerkzeug *n*

diamond-knurl *v.t.* kordeln

diamond-knurled nut, Kordelmutter *f*

diamond pass *s* Rautenkaliber *n*

diamond-shaped *a.* rautenförmig

diamond-tipped *a.* diamantbestückt

diaphanometer *s* Lichtdurchlässigkeitsmesser *m*

diaphragm *s* Membrane *f*; Lochblende *f*

diaphragm pump *s* Membranpumpe *f*

diatomic *a.* zweiatomig

die *s* (forging) Gesenk *n*, Matrize *f*; (die-casting) Gießform *f*; (threading) Schneidbacke *f*; (stamping) Schnitt *m*

DIE ~ (block, design, impression, milling cutter, steel, work) Gesenk~

dia-and mold-making, Formenbau *m*

die-burnish *v.t.* preßpolieren

die burnishing *s* Polierdrücken *n*

die-cast *v.t.* druckgießen

die-cast aluminium *s* Aluminiumdruckguß *m*

die-casting *s* Druckgußteil *n*, Druckguß *m*, Formgußteil *n*

die-casting alloy *s* Druckgußlegierung *f*

die-casting die *s* Druckgießmatrize *f*

die-casting machine *s* Druckgießmaschine *f*

die-casting process s Druckgießverfahren n

die cushion s *(power press)* Ziehkissen n

die-drawing s Gesenkziehen n; Formstanzen n *(obs.)*

die-form v.t. *(hot work)* pressen

die-formed part, Preßteil n, Preßling m

die head s (e. Niets:) Setzkopf m; Schneideisenkopf m

die-hob s Einsenkstempel m

dielectric s Dielektrikum n

dielectric constant s Dielektrizitätskonstante f

dielectric loss factor meter s Verlustfaktor-Meßgerät n

dielectric strength s *(electr.)* Durchschlagfestigkeit f, Spannungsfestigkeit f

die-line s (e. Gesenkes:) Teilfuge f

die lock s (e. Gesenkes:) Fangleiste f

die-maker s Gesenkschlosser m

die-making s Schnittbau m

die mark s *(surf.finish)* Stempeleinschlag m

die mold s Druckgußform f

die parting line s (e. Gesenkes:) Teilfuge f

die-press v.t. *(hot work)* pressen

die-pressed part, Gesenkpreßteil n

DIESEL ~ (engine, field, locomotive, fuel, oil, injection pipe, locomotive, wheeltype tractor) Diesel~

diesel-driven generating set, Dieselaggregat n

diesel engine cylinder head s Dieselzylinderkopf m

diesel-engined motive unit, Dieselzugmaschine f

diesel-engined pumping set, Dieselpumpenaggregat n

diesel-engined tractor, Dieselschlepper m

diesel engine oil s Dieselschmieröl n

diesel fuel oil filter s *(auto.)* Dieselkraftstoffilter m

die shift s (e. Gesenkes:) Versatz m

die shoe s *(power press)* Blechhalterrahmen m

die shop s Gesenkmacherei f

die-sink v.t. (Gesenke:) nachformen, kopierfräsen; einsenken

die-sinker s Gesenkformfräsmaschine f

die-sinking s Gesenkfräsen n, Gesenkbearbeitung f

die-sinking and engraving machine s Gesenkfräs- und Graviermaschine f

die-sinking attachment s (Gesenke:) Kopierfräseinrichtung f

die-sinking cutter s Gesenkfräser m

die-sinking machine s Gesenkfräsmaschine f

die-stamping s Preßling m

die-stamping press s Gesenkpresse f

die stock s Schneideisenhalter m

differential s *(math.)* Differential n; *(auto.)* Ausgleichgetriebe n; *(electr.)* Abweichung f

DIFFERENTIAL ~ (arc lamp, bevel gear, calculus, capacitor, chain block, change gear, equation, gear, gearing, housing, indexing, indexing attachment, indexing head, measuring instrument, pinion, pressure valve, resistance, shaft, thread, transformer, winding) Differential~

differential compound wound motor, Gegenverbundmotor m

differential drive s *(gearing)* Differential n

diffract v.t. *(opt.)* beugen

diffraction s *(opt.)* Beugung f

diffuse v.i. (chem.) diffundieren, wandern

digested sludge, Faulschlamm m

digit s Zahl f, Stelle f, Ziffer f

digital code, Zifferncode m

digital computer, Digitalrechenmaschine f

digital memory, Ziffernspeicher m

digital-to-analogue converter, Digital-Analog-Umsetzer m

digital transmitter, Digitalsender m, Digitalgeber m

digit punching s (progr.) numerische Lochung

dike s Damm m

dilatation s Wärmedehnung f

dilatometer s Wärmedehnungsmesser m

diluent s Verdünnungsmittel n

dilute v.t. verdünnen, strecken

diluted soluble oil, Bohrwasser n

diluting media s Verdünnungsmittel npl.

dilution s Verdünnung f

dim v.t. (Licht:) dämpfen

dimension v.t. bemessen, bemaßen, dimensionieren

dimension s Maß n, Abmessung f, Dimension f

dimensional a. maßlich

dimensional accuracy, Maßgenauigkeit f

dimensional change, Maßänderung f

dimensional error, Maßfehler m

dimensional stability, Formbeständigkeit f

dimension diagram s Maßzeichnung f

dimension-fitting a. paßgerecht

dimensioning s Maßgebung f

dimensioning and edging sawbench s (woodworking) Format- und Besäumkreissäge f

dimensionless a. dimensionslos

dimension sawing s (wordw.) Formatschnitt

dimension sketch s Maßskizze f

dimmed light, (auto.) Abblendlicht n

dimmer pedal s (auto.) Abblendfußschalter m

dimming s (Licht:) Dämpfung f

diode s Diodenröhre f

diode detector s Diodengleichrichter m

diode limiter s Diodenbegrenzer m

diopter telescope s Dioptriefernrohr n

dip s tauchen

dip braze v.t. tauchlöten

dip brazing s Tauchhartlötung f

dip-harden v.t. tauchhärten

dipped electrode, Tauchelektrode f

dipping enamel s Tauchemaillelack m

dipping varnish s Tauchlack m

dipstick s (Öl:) Meßstab m, Peilstab m

direct access (progr.), Direktzugriff m

direct casting, fallender Guß

direct current, (electr.) Gleichstrom m

DIRECT-CURRENT ~ (arc welding converter, arc welding generator, cable, converter, mains, motor, operation, receiver, resistance, transformer, transmission) Gleichstrom~

direct-current generator, Gleichstromerzeuger m, Dynamo f

direct-current voltage, Gleichspannung f

direct indexing, unmittelbares Teilen

direct indexing method, Direktteilverfahren n

direction of hand, (e. Schneidwerkzeuges:) Gangrichtung f

direction of thread, (e. Gewindes:) Gangrichtung f

directional antenna, Richtstrahler m

directional radio, Peilfunk m, Richtfunk m

directional receiver, Peilempfänger m

directional switch, Richtungsschalter m

directional transmitter, Peilsender m, Richtsender m

direction finder s Peilgerät n, Peiler m

direction finding s (radio) Ortung f, Peilung f

direction finding aerial s Peilantenne f

direction finding station s Peilstation f

direction indicator s (auto.) Fahrtrichtungsanzeiger m, Winker m

direction indicator switch s (auto.) Winkerschalter m

directive gain, Antennenverstärkung f

directive radiation, Richtstrahlung f

direct labor cost, Fertigungslohn m

direct process, (steelmaking) Erzfrischverfahren n

direct quenching, Direkthärten n

direct reading, Direktablesung f

direct-reading dial, Ableseskala f

direct-reading instrument, Skalenmeßgerät n

direct selection, Direktwahl f

director file s (data process.) Anweisungsdatei f

disappearing filament pyrometer s Glühfadenpyrometer n

dissamble v.t. zerlegen, demontieren, abmontieren, auseinandernehmen

disassembly s Ausbau m, Abbau m, Demontage f

disc s Scheibe f, Platte f; (e. Kreissäge:) Blatt n; (e. Kupplung:) Lamelle f; Schallplatte f; (e. Ventils:) Teller m; s.a. disk

discard s Gekrätz n

disc brake s (auto.) Scheibenbremse f

discharge s Entladung f; Abfluß m; Auswurf m; Ablauf m; Ableitung f; (electr.) Entladung f

discharge of chips (mach.) Spanabfluß m

DISCHARGE ~ (channel, circuit, delay, lamp, path, resistance, spark, surge, tube) Entladungs~

discharge chute s Ablaufrutsche f, Ablaufschurre f

discharge cock s Abflußhahn m, Ablaßhahn m

discharge conveyor s Austragband n

discharge current s Entladestrom m

discharge end s (e. Koksofens:) Ausstoßseite f

discharge gate s Ausflußöffnung f

discharge opening s Abflußöffnung f, Ablaßöffnung f, Auslaß m

discharge pipe s Ausflußrohr n, Abflußrohr n, Ablaufrohr n

discharge spout s Ablaufrinne f

discharge valve s Ausflußventil n

discharge velocity s Ausflußgeschwindigkeit f, Austrittsgeschwindigkeit f

discharge voltage s Entladespannung f

discolor v.t. entfärben

discoloration s Verfärbung f

disconnect v.t. trennen, ausschalten, stillsetzen; (e. Kupplung:) ausrücken; (electr.) abschalten, unterbrechen

disconnecting switch s Trennschalter m

disconnection s Trennung f, Abschaltung f; Unterbrechung f, etc.; s.a. disconnect.

disconnect switch s Nullspannungsschalter m

discontinuous chip, Reißspan m

disc recording s Schallplattenaufnahme f

discrete particle, (nucl.) Massenteilchen n

disc wheel s (auto.) Scheibenrad n

disengage *v.t.* abschalten, ausschalten, ausrücken; ausrasten

disengagement *s* Abschaltung *f*, Stillsetzung *f*; Ausschaltung *f*; Ausrückung *f*; Auslösung *f*

dish *v.t.* kümpeln; (Radscheiben:) pressen

dish *s* Schale *f*, Schüssel *f*

dish-drier *s* Geschirrtrockner *m*

dish-washer *s* Geschirrspüler *m*

disintegrate *v.i.* zerfallen

disintegrating slag *s* Zerfallschlacke *f*

disintegration *s* Zerfall *m*, Zersetzung *f*; Zertrümmerung *f*

desintegration product *s* Zerfallsprodukt *n*

disk *s s. a.* disc

DISK ~ (cartridge, control, file, memory, pack, swap, track) Platten~

dislocate *v.t.* verlagern

dislocation *s* Verlagerung *f*

dismantle *v.t.* abbauen, abbrechen, abmontieren, demontieren

dispersion *s (magn.)* Streuung *f*

displace *v.t.* verschieben, verlagern, verstellen, versetzen, verlegen

displaceable *a.* verschiebbar

displacement *s* Verstellung *f*, Verlagerung *f*; Verdrängung *f*

displacement of water, Wasserverdrängung *f*

DISPLAY ~ (file, instruction, unit) Anzeige~

display screen *s* Bildschirm *m*

display selector *s* Anzeige-Wählschalter *m*

disposal *s* Abfuhr *f*, Beseitigung *f*

disrupt *v.t. & v.i.* zerreißen

disruptive strenght, *(electr.)* Durchschlagfestigkeit *f*

disruptive voltage measuring apparatus, Durchschlagspannungsmeßgerät *n*

dissociate *v.i.* sich zersetzen

dissolve *v.t.* auflösen

distance *s* Abstand *m*, Entfernung *f*, Strecke *f*

distance between centers, *(lathe)* Spitzenentfernung *f*, Spitzenweite *f*, Drehlänge *f*

distance light *s (auto.)* Weitstrahler *m*

distance meter *s* Entfernungsmesser *m*

distemper *s* Leimfarbe *f*

distil *v.t.* destillieren; verkoken

distillate *s* Destillat *n*

distillation residue *s* Destillationsrückstand *m*

distort *v.t.* verbiegen, verzerren; verkrümmen; – *v. i.* sich verwerfen, sich verziehen, sich verspannen

distortion *s* Verzug *m*, Verwindung *f*, Verwerfung *f*, Verzerrung *f*

distortion factor *s (radio)* Klirrfaktor *m*

distributing mains *s* Hauptverteilungsleitung *f*

distributing network *s (telec.)* Verteilungsnetz *n*

distribution board *s* Verteilungsschalttafel *f*

distribution box *s (electr.)* Verteilerkasten *m*

distribution counter *s* Adressenzähler *m*

distribution frame *s (tel.)* Verteiler *m*

distribution panel *s* Verteilerfeld *n*

distributor *s (auto.)* Verteiler *m*; *(blast furnace)* Aufgabetrichter *m*

distributor drive *s (mach.)* Verteilergetriebe *n*

distributor head s *(auto.)* Zündverteiler-kopf *m*

district tandem office s Bezirksknotenamt *n*

disturbance s Störung *f*

disturbing current s Störstrom *m*

disturbing voltage s Störspannung *f*

ditch s Graben *m*

ditch digger s Grabenbagger *m*

diversion s Ablenkung *f*; Zweckentfrem-dung *f*; *(traffic)* Umleitung *f*; *(data syst.)* Umlenkung *f*

divider s (Frequenzen:) Teiler *m*

dividers *pl.* Spitzzirkel *m*

dividing s *(mach.)* Teilarbeit *f*, Teilung *f*

dividing attachment s Teilapparat *m*

diving key s Ziehkeil *m*

diving key transmission s Ziehkeilgetrie-be *n*

division s Maßeinteilung *f*; *(math.)* Teilung *f*; (Kosten:) Aufteilung *f*

division line s Teilstrich *m*

document s Beleg *m*, Unterlage *f*

DOCUMENT ~ (counter, feeding, handler, sorter) Beleg~

dog s Knagge *f*, Klaue *f*; Nocken *m*; *(lathe)* Mitnehmer *m*

dog clutch s Zahnkupplung *f*

dogging crane s *(met.)* Zangenkran *m*

dog plate s Mitnehmerscheibe *f*

dog spike s Schienennagel *m*

dog vise s *(woodw.)* Spannkluppe *f*

dolly s *(riveting)* Vorhalter *m*

dolly bar s *(riveting)* Gegenhalter *m*

dolomite calcining kiln s Dolomitbrenn-ofen *m*

dolomite lining s Dolomitzustellung *f*

dome s Kappe *f*; Wölbung *f*; Kuppel *f*

domestic fuel, Hausbrand *m*

domestic tariff s Haushalttarif *m*

door jamb s Türpfosten *m*

door lock s *(auto.)* Schloß *n*

door panel s Türfüllung *f*

door post s Türpfosten *m*

dose v.t. *(chem.)* dosieren

dose s Dosis *f*

dosing machine s Dosiermaschine *f*

dosing pump s Dosierpumpe *f*

dot v.t. stricheln

DOUBLE ~ (cam, chair, chaser, coyping lathe, curve switch, cylinder machine, delta connection, eccentric power press, feed screw, fillet weld, friction clutch, puddle furnace, push button, quenching, riveting, steadyrest, stop, stroke, switch, taper, template, tool rest) Dop-pel~

double-acting a. doppelwirkend

double-acting hammer, *(forge)* Ober-druckhammer *m*

double-action cam drawing press, Kur-belziehpresse *f*

double-action press, doppelwirkende Presse

double-angle milling cutter, Prismenfrä-ser *m*

double-bevel butt weld, *(welding)* K-Naht *f*

double-bevel butt weld with root face, *(welding)* K-Stegnaht *f*

double chamber type tunnel kiln, Dop-pelkammerofen *m*

double-column machine, Doppelständer-maschine *f*

double-column miller, Doppelständer-fräsmaschine *f*

double-column planer-miller, Portalfräs-maschine *f*

double-column vertical boring mill, Zweiständerkarusseldrehmaschine f

double-eccentric press, Doppellager-Exzenterpresse f

double-ended a. doppelseitig

double-ended box wrench, Doppelringschlüssel m

double-ended spanner, Doppelmaulschlüssel m

double-flanged butt joint, Bördelstoß m

double-flanged seam, (welding) Bördelnaht f

double four-spindle machine, Doppelvierspindler m

double-frame hobbing machine, Doppelrahmenwälzfräsmaschine f

double-head wrench, Doppelmaulschlüssel m

double-helical gear, Pfeilzahnrad n

double-housing planer, Zweiständerhobelmaschine f

double-I butt weld, Doppel-Naht f

double indexing, (automatic) Doppelschaltung f

double keyway broach, Doppelkeilnuträumwerkzeug n

double multiple disc clutch, Doppellamellenkupplung f

double-pole a. zweipolig

doubler s (Blech:) Doppler m

double refraction s Doppelbrechung f

double-row bearing, zweireihiges Lager

double-row spot welding, Ketten-Punktschweißung f

double-seam v.t. doppelbördeln, doppelfalzen

double squirrel-cage motor, Doppelnutmotor m

double stand planer, Doppelständerhobelmaschine f

double-tandem engine, Doppelreihenmotor m

double taper collet chuck, Doppelkegelspannzange f

double three-spindle machine, Doppeldreispindler m

double thrust ball bearing, Wechselkugellager f

double thrust bearing, Wechsellager n

double-track railway bridge, doppelgleisige Eisenbahnbrücke

double two-high rolling mill, Doppelduowalzwerk n

double-U-butt joint, (welding) Doppel-U-Stoß m

double-U butt weld, Doppel-Tulpennaht f

double Vee-guide, Doppelprismaführung f

double vee-out v.t. (welding) ausixen

double V-guide, (lathe) Doppelprismaführung f

doubling machine s (Blech:) Doppler m

doubling test s Faltversuch m

dovetail v.t. (woodw.) zinken, zinkenfräsen, schwalben, einschwalben

dovetail guide s Schwalbenschwanzführung f

dovetailing attachment s Zinkenfräseinrichtung f

dovetail saw s Zapfensäge f

dowel v.t. verstiften, verdübeln, dübeln

dowel s Dübel m; (e. Gesenkes:) Haltestein m

dowel pin s Paßstift m

downcomer s (blast furnace) Gichtgasabzugsrohr n

down-cut mill v.t. gleichlauffräsen

down-cut milling machine s Gleichlauf-fräsmaschine f

downdraft s Fallstrom m; Unterwind m

downdraft carburetor s (auto.) Fallstrom-vergaser m

downfeed s (metal cutting) Tiefenvorschub m

downfeed milling machine s Gleichlauf-fräsmaschine f

down-gate s Gießtrichter m

downhand welding s Flachschweißung f

down-hill casting s fallender Guß

down sprue s (founding) Steigrohr n

downstroke s (e. Kolbens, Stößels:) Niedergang m

downtime s (work study) Totzeit f, Brach-zeit f; Nebenzeit f; Verlustzeit f; (data syst.) Ausfallzeit f

downward movement, Abwärtsbewe-gung f

downward stroke, Abwärtshub m

downward swing, Abwärtsschwenkung f

downward travel, (e. Aufzugkübels:) Niedergang m

dozzle s (met.) (e. Blockes:) Haube f

draft v.t. zeichnen, aufzeichnen, skizzieren

draft s Entwurf m, Abriß m, Skizze f; Luft-strom m; (e. Gesenkes:) Gesenk-schräge f; (rolling) Abnahme f

draft angle s (e. Gesenkschräge:) Schrägungswinkel m

draftsman s Zeichner m

drag v.i. (e. Werkzeuges:) drücken, schleifen

drag s (founding) untere Formhälfte; (e. Drehmeißels:) Reibung f

drag-chain conveyor s Kratzerförderer m

drag links (auto.) Lenkspurhebel m

drag mark s (surf.finish) Druckstelle f

drag roll s (rolling mill) Schleppwalze f

drag table s (rolling mill) Schlepptisch m

drain v.t. entwässern, drainieren; (Öl:) ab-lassen; – v.i. abtropfen

drain s Ablassen n; Abfluß m; Ablaßöffnung f

drainage s Entwässerung f

drainage trench s Entwässerungsgraben m

drain board s Tropfbrett n

drain cock s Ablaßhahn m

drain pipe s Dränrohr n

drain plug s Ablaßschraube f

drain table s Abtropftisch m

drain valve s Ablaßventil n

draught s cf. draft

draw v.t. (Draht:) ziehen; strecken; zeich-nen; anreißen

draw back v.t. zurückziehen

draw in v.t. einziehen

draw off v.t. (Flüssigkeiten:) abziehen, abzapfen, absaugen

draw s Abzug m; (cold work) Zug m

drawbar s Zugstange f

draw bench s Ziehbank f

draw bridge s Zugbrücke f

draw-hook s (auto.) Zughaken m

draw-in s (Spindel:) Anzug m

draw-in arbor s Spanndorn m

draw-in bolt s Zugschraube f

draw-in collet s Spannzangeneinsatz m, Spannpatrone f

draw-in collet chuck s Spannzangenfutter n

drawing s Zeichnung f; Riß m; Plan m

drawing bench s Ziehbank f

drawing block s (Draht:) Ziehring m, Zug m

drawing board s Zeichenbrett n, Reißbrett
n
drawing curve s Kurvenlineal n
drawing device s Zeichengerät n
drawing die s Ziehmatrize f
drawing goniometer s Zeichenwinkel-
messer m
drawing ink s Zeichentusche f
drawing instruments pl. Reißzeug n
drawing materials pl. Zeichenutensilien
pl.
drawing mill s Zieherei f
drawing office s Zeichenbüro n, Konstruktionsbüro n
drawing pen s Reißfeder f
drawing press s Ziehpresse f
drawing quality s Ziehfähigkeit f
draw plate s Zieheisen n
draw punch s (power press) Ziehstempel
m
dredge v.t. ausbaggern, baggern
dredger s Naßbagger m
dredging ladder s (hydr.eng.) Eimerleiter f
dress v.t. (Erz:) aufbereiten; (Guß:) putzen; (Leder:) einfetten; (Schleifscheiben:) abrichten; (Werkzeuge:)
aufarbeiten; (metalworking) [spanlos]
schlichten, nachbearbeiten, dressieren
dressing s Aufbereitung f; Verputzen n;
Wiederaufbereitung f; Abrichten n; (Riemen:) Fett n, etc.; s.a. dress
dressing and straightening machine,
Adjustagemaschine f
dressing device s Abrichtgerät n
dressing plant s (Erz:) Aufbereitungsanlage f
dressing room s (founding) Verputzerei f
dressing shop s Zurichterei f
drier s Trockner m; Sikkativ n

drifting force s (metal cutting) Abdräng-
kraft f
drift key s Treibkeil m
drift punch s (tool) Durchschlag m
drift test s (Rohre:) Aufweiteprüfung f
drill v.t. vollbohren, ausbohren, bohren
drill s Spiralbohrer m, Bohrer m; (als Maschine:) Säulenbohrmaschine f, Bohrmaschine f
drill chuck s Bohrfutter n
drill head s (driller) Spindelstock m
drill hole s Bohrloch n, Bohrung f, Ausboh-
rung f
drilling s Vollbohren n, Bohren n, Ausbohren n, Lochbohren n
DRILLING ~ (attachment, capacity, electrode, feed, fixture, head, machine, motor, pattern, position, range, saddle,
slide, slide rest, spindle, table, tailstock,
thrust, tool, unit, work) Bohr~
drilling pl. Bohrspäne mpl.
drill jig s Bohrlehre f
drill point gage s Spiralbohrerschleiflehre f
drill point grinder s Spiralbohrerspitzen-
schleifmaschine f
drill press vise s Maschinenschraubstock m
drill socket s Bohrerfutterkegel m
drill tang s Bohrerzapfen m
drinking water s Trinkwasser n
drip oiler s Tropföler m
drip oil lubrication s Tropfschmierung f
drip pan s Abtropfblech n
drip plate s Abtropfblech n
drip-proof enclosure, Tropfwasserschutz
m
drip table s Abtropftisch m
drive v.t. treiben, antreiben; (auto.) fahren;
(civ.eng.) rammen; (riveting) einschlagen

drive s Antrieb m; Getriebe n, Trieb m; (auto.) Steuerung f

drive fit s Treibsitz m

drive mechanism s Getriebe n

drive motor s Antriebsmotor m

driver s (auto.) Kraftfahrer m, Fahrer m; (mach.) Mitnehmer m; (civ.eng.) Ramme f

driver's cab s (auto.) Fahrerhaus n

driver's seat s (auto.) Fahrersitz m

drive screw s Schlagschraube f, Nagelschraube f

drive shaft s Antriebswelle f

driveway s Fahrbahn f

driving s (auto.) Fahren n; (civ.eng.) Vortrieb m; (mach.) Mitnahme f

DRIVING ~ (belt, clutch, flange, force, gear, member, motor, pinion, power, pulley, shaft pulley, sleeve, spindle, torque) Antriebs~

driving axle s Triebachse f

driving cap s (building) Rammhaube f

driving experience s (auto.) Fahrpraxis f

driving key s Mitnehmerkeil m

driving mechanism s Triebwerk n

driving mirror s (auto.) Rückblickspiegel m

driving plate s Mitnehmerscheibe f

driving slot s Mitnahmenut f, Mitnehmer m

drop s Abfall m; Belastung f; Fall m; (tel.) Klappe f

drop-base rim s (auto.) Tiefbettfelge f

drop-forge v.t. gesenkschmieden

drop forge s Gesenkschmiede f

drop forger s Gesenkschmied m

drop forging s (operation:) Fallhammerschmieden n; (result:) Gesenkschmiedestück n

drop forging press s Gesenkschmiedepresse f

drop hammer s Fallhammer m

drop hammer die s Warmschmiedegesenk n

drop hanger s Hängelager n

drop hardness test s Fallhärteprüfung f

drop-in s (data syst.) Störsignal n

drop point s Tropfpunkt m

drop point tester s Tropfpunktmeßgerät m

drop selector s (tel.) Fallwähler m

drop test s Fallprobe f, Schlagversuch m

drop-type switchboard s (telegr.) Klappenschrank m

drop weight s Fallgewicht n

drop worm s (mach.) Fallschnecke f

drop worm bearing s Fallschneckenlager n

drop worm housing s Fallschneckengehäuse n

drop worm lever s Fallschneckenhebel m

drop worm release s Fallschneckenauslösung f

drop worm shaft s Fallschneckenwelle f

dross s (met.) Abstrich m, Schlicker m, Schaum m, Trübe f; Schlacke f

dross slag s Gekrätz n

drum s Trommel f, Walze f

drum barrel s Trommelmantel m

drum controller s (electr.) Steuerwalze f

drum magazine s Trommelmagazin n

drum memory s (data process.) Trommelspeicher m

drum miller s Drehtrommelfräsmaschine f

drum pump s (auto.) Faßpumpe f

drum screen s Siebtrommel f

drum switch s Walzenschalter m

drum turret s Trommelrevolverkopf m

drum-type boring machine s Trommelbohrwerk n

drum-type cam s Kurventrommel f

drum-type lubricating pump s (auto.) Faßabschmiergerät n

drunkenness s (threading) Taumelfehler m

dry cell, (electr.) Trockenelement n

dry cell battery, Trockenbatterie f

dry cleaning, chemische Reinigung

dry copper, übergares Kupfer

dry disc rectifier, Trockengleichrichter m

dryer s (painting) cf. drier

dry galvanizing, Staubverzinkung f

dry grinding, Trockenmahlung f

drying chamber s Trockenkammer f

drying furnace Trockenofen m

drying kiln s Rostöfen m, Darre f

drying rack s Trockengestell n

dry nitriding, (heat treatment) Gasnitrieren n

dry pile, Stabbatterie f

dry-plate clutch, Trockenscheibenkupplung f

dry-plate rectifier, Trockengleichrichter m

dry sand casting, Trockenguß m

dry sand mold, (founding) Masseform f

dry sand molding, Masseformerei f

dry scrubbing, Trockenwäsche f

dual capacitor, Doppelkondensator m

dual crank, Doppelkurbel f

dual-ram broaching machine, Zwillingsräummaschine f

dual tire, (auto.) Zwillingsreifen m

dual tires, Zwillingsbereifung f

dual-tone horn, (auto.) Zweiklanghorn n

duct s (Kabel:) Tunnel m, Kanal m, Schacht m; Leitungsrohr n; (auto.) Leitung f

ductile a. bildsam, dehnbar, geschmeidig, zäh

ductility s Kaltbildsamkeit f

ductility test s Dehnbarkeitsprüfung f

dull v.t. abstumpfen

dull a. matt, stumpf

dull finish, Mattglanz m

dummy data, Blinddaten npl.

dummy pass s (rolling mill) Blindstich m, totes Kaliber

dummy roll s (rolling mill) Blindwalze f, Schleppwalze f

dump v.t. & v.i. ausschütten, umkippen, entleeren

dump s (met.) Halde f; (of a tape) Auszug m

dump-barrow s Kippkarren m

dump box s (shell molding) Aufgabegefäß n, Sandkasten m, Kippgefäß n

dump bucket s Kippkübel m

dump car s Kippwagen m

dumper s Kipper m

dump slag s Haldenschlacke f

dump truck s Muldenkipper m, Kippwagen m, Selbstentlader m

duodiode s Doppeldiode f

duplex fixed-bed miller s Doppelplanfräsmaschine f

duplexing process s (met.) Duplexverfahren n, Verbundverfahren n

duplex milling machine s Doppelfräsmaschine f

duplex operation s (tel.) Gegensprechbetrieb m, Doppelbetrieb m

duplex plano-miller s Doppellangfräsmaschine f

duplex telephony s Gegensprechtelefonie f

duplicate *v.t. (mach.)* nachformen, kopieren

duplicating lathe *s* Kopierdrehmaschine *f*

duplicating punch *s* Wiederholungslocher *m*

duplicator *s* Nachformfräsmaschine *f*, Gesenkfräsmaschine *f*

dust *s* Staub *m*, Mehl *n*, Pulver *n*

dust arrester *s* Entstaubungsanlage *f*, Staubfänger *m*

dust catcher *s (blast furnace)* Staubsack *m*

dust-coal *s* Staubkohle *f*

dust collection *s* Entstaubung *f*, Staubabsaugung *f*

dust collection equipment *s* Entstaubungsanlage *f*

dust collector *s* Staubfänger *m*

dust-exhaust *s* Entstaubung *f*, Staubabsaugung *f*

dust-laden *a.* staubgeschwängert

dust removal *s* Entstaubung *f*

dust separation *s* Staubabscheidung *f*

dwell *v.i.* verweilen, verharren

dwell *s* Haltezeit *f*, Pause *f*; Ruhelage *f*

dwell idling time *s* (Maschinentisch:) Verweilzeit *f*

dwelling house *s* Wohnhaus *n*

dye *v.t.* (Textilien:) färben

dye *s* Farbstoff *m*

dyer *s* Färber *m*

dyestuff *s* Farbstoff *m*

dye vat *s* Farbbottich *m*

dynamic *a.* dynamisch, schwingungstechnisch

dynamic expander, *(radar)* Dynamikdehner *m*

dynamics *pl.* Dynamik *f*

dynamic strength, Schwingungsfestigkeit *f*

dynamite *s* Dynamit *n*

dynamo *s (electr.)* Gleichstromerzeuger *m*, Dynamo *m; (auto.)* Lichtmaschine *f*

dynamo armature *s (electr.)* Dynamoanker *m*

dynamo-battery ignition unit *s (auto.)* Lichtbatteriezünder *m*

dynamo-magneto *s (auto.)* Lichtmagnetzünder *m*

dynamometer *s* Kraftmesser *m*

dynamo sheet *s* Dynamoblech *n*

E

earth *v.t. (electr.)* erden

earth *s (civ.eng.)* Erde *f*; *(electr.)* Erdung *f*, Erde *f*

EARTH ~ (boring, machine, connection, current, curvature, direction finder, lead, potential, return, wire, work) Erd~

earthenware *s* Steingut *n*

earth excavating *s (road building)* Ausschachtung *f*, Baggerung *f*

earth fault *s (magn.)* Erdfehler *m*

earthing *s (electr.)* Erdung *f*, Erdanschluß *m*, Masseanschluß *m*

EARTHING ~ (clip, conductor, isolator, lead, plug, point, resistance, switch) Erdungs~

earthing strap *s* Masseband *n*

earth-leakage indicator *s* Erdschlußprüfer *m*

earthmoving *s (civ.eng.)* Erdbewegung *f*

earth resistance meter *s* Erdungsmesser *m*

earth's attraction *s* Erdanziehung *f*

earth terminal *s* Masseklemme *f*

eaves sheet *s* Traufblech *n*

eccentric *a.* außermittig

eccentric *s.* Exzenter *m*

ECCENTRIC ~ *(adjustment, drawing press, drive, lever, motion, pin, power press, shaft)* Exzenter~

eccentric cam *s* Hubnocken *m*

eccentric disc *s* Hubscheibe *f*

eccentricity *s* Außermittigkeit *f*

echo depth sounder *s* Echolot *n*

echo sounding *s* Echolotung *f*

echo suppression *s* Echounterdrückung *f*

economizer *s* Vorwärmer *m*

economy factor *s (auto.)* Nutzungsfaktor *m*

eddy current *s (electr.)* Wirbelstrom *m*

eddy current loss *s* Wirbelstromverlust *m*

edge. *v.t.* (Fugen, Kanten:) abkanten, bestoßen; (Holz:) besäumen, säumen; (Walzgut:) abkanten

edge *s* Kante *f*, Saum *m*, Rand *m*; (e. Werkzeuges:) Schneide *f*

edge fillet weld *s* Stirnkehlnaht *f*

edge filter *s (lubrication)* Spaltfilter *m*

edge-holding quality *s* Schneidhaltigkeit *f*

edge mill *s* Kollergang *m*

edge molder *s* Kantenkehlmaschine *f*

edge preparation *s (welding)* Fugenvorbereitung *f*

edge pressure *s* Kantenpressung *f*

edger *s (forging)* Verteilgesenk *n*; *(rolling mill)* Kanter *m*

edge-raise *v.t.* (Bleche:) hochkanten

edge weld *s (welding)* Randnaht *f*

edge welding *s (welding)* Randschweißen *n*

edge zone *s* Randgebiet *n*

edging pass *s (rolling mill)* Stauchkaliber *n*; Stauchstich *m*

edging stand *s* Stauchgerüst *n*

edging strip *s (civ.eng.)* Vorstoßschiene *f*

Edison screw cap *s (electr.)* Edisonsockel *m*

effective capacity, Nutzleistung *f*

effective diameter, *(threading)* Flankendurchmesser *m*

effective output, *(auto.)* Nutzleistung *f*

effective power, *(electr.)* Wirkleistung *f*

effective throat, *(welding)* Nahtdicke *f*

effervesce *v.i.* schäumen

efficiency *s* Wirkungsgrad *m*, Leistungsfähigkeit *f*; Nutzungsgrad *m*

efficiency variance *s (cost accounting)* Maschinenzeitabweichung *f*

eight-cylinder engine, Achtzylindermotor *m*

eight-speed gear drive, achtstufiges Getriebe

eight-spindle automatic machine, Achtspindelautomat *m*

eject *v.i.* auswerfen, ausstoßen

ejection *s* Auswurf *m*

ejector *s* Auswerfer *m*, Ausstoßer *m*

elastic *a.* elastisch, dehnbar, federnd

elasticity *s* Federung *f*, Dehnbarkeit *f*

elastic limit, *(mat.test.)* Elastizitätsgrenze *f*

elastic limit-tensile strength ratio, Streckgrenzenverhältnis *n*

elastometer *s* Elastizitätsprüfer *m*

elbow *s* Krümmer *m*, Rohrknie *n*, Knierohr *n*

electric (= electrical) *a.* elektrisch; Elektro~

ELECTRIC ~ (brake, bulb, clock, current, discharge, field, field strength, flux, gas lighter, intensity, lamp, lighting, line, potential, power, railway, shock, torch, train) elektrische~

ELECTRIC ~ (bench, drill, bench grinder, crane truck, drill, drive, fork lift truck, freight truck, furnace, hand drilling machine, hearth furnace, hoist, motor, pig iron, pulley block, saw, screwdriver, shaft furnace, steel, steel plant, steel production, supply meter, tapper, tool chest, tractor, vehicle, vibrating tamper, welding) Elektro~

ELECTRICAL ~ (appliance, energy, engineer, engineering, equipment, industry, installation, machine, switch gear cabinet) Elektro~

electrically operated chuck, Elektrospannfutter *n*

electric arc, Lichtbogen *m*

electrician *s* Elektriker *m*, Elektroinstallateur *m*

electricity *s* Elektrizität *f*

electric pad, Heizkissen *n*

electrification *s* Elektrifizierung *f*

electrify *v.t.* elektrifizieren; elektrisieren

electrise *v.t* & *v.t.* elektrisieren

electrode *s* Elektrode *f*

electrode holder *s* Schweißzange *f*

electrodeposition *s* Galvanisierung *f*, Galvanotechnik *f*

electrodynamic loudspeaker, elektrodynamischer Lautsprecher

electro-erosion machining *s* elektro-erosive Metallbearbeitung

electro-erosion process *s* elektroerosives Verfahren

electroerosive *a.* funkenerosiv

electro-galvanize *v.t.* galvanisch verzinken

electrolysis *s* Elektrolyse *f*

eletrolyte *s* Elektrolyt *m; (electroerosion)* Arbeitsflüssigkeit *f*

electrolytic *a.* elektrolytisch; anoden-mechanisch

electrolytic capacitor, Elektrolyt-kondensator *m*

electrolytic copper, Elektrolytkupfer *n*

electrolytic deposition, galvanische Metallisierung

electrolytic iron, Elektrolyteisen *n*

eletrolytic oxidation process, Eloxalverfahren *n*

electrolytic rectifier, Elektrolytgleichrichter *m*

electrolytic silver refining, Silberelektrolyse *f*

electrolytic zinc process, Zinkelektrolyse *f*

electromagnet *s* Elektromagnet *m*

electromagnetic coupling, elektromagnetische Kupplung

electromagnetic relay, *(auto.)* Magnetschalter *m*

electrometallurgy *s* Elektrometallurgie *f*

electromotive force, elektromotorische Kraft

electron *s* Elektron *n*

ELECTRON ~ (accelerator, attachment, beam, camera, capture, charge, concentration, diffraction, discharge, emission, flow, gun, impact, jump, mass, microscope, multiplier, orbit, pair, particle, ray, recoil, shell, shower, spin, transition, tube, volt) Elektronen~

electronic *a.* elektronisch, röhrengesteuert

electronic control, Elektronenröhrensteuerung *f*, elektronische Steuerung

electronic data processing, elektronische Datenverarbeitung

electronic equipment, Elektronik *f*

electronic instrument, elektronisches Meßgerät

electronics *pl.* Elektronenröhrentechnik *f*, Elektronik *f*, Elektronenlehre *f*

electronics module *s (data syst.)* Elektronikbaugruppe *f*

electronic switch, Elektronenschalter *m*

electro-physics *pl.* Elektrophysik *f*

electroplate *v.t.* galvanisieren; galvanisch verzinken, elektroplattieren

electroplating shop *s* Galvanisierwerkstatt *f*

electro-spark process *s* elektroerosives Verfahren

elektrostatic *a.* elektrostatisch

elektrotechnics *pl.* Elektrotechik *f*

element *s (chem. phys.)* Element *n;* *(mach.)* Körper *m*, Glied *n*, Organ *n; (data syst.)* Glied *n*

elementary particle, Elementarteilchen *n*

elevate *v.t.* hochstellen, erhöhen; heben

elevated antenna, Hochantenne *f*

elevating chain *s* Lasthebekette *f*

elevating gear *s* Hubgetriebe *n*, Hubwerk *n*, Höhenverstellgetriebe *n*

elevating motor *s* Hubmotor *m*

elevating screw *s* Hubspindel *f; (miller)* Konsolspindel *f*

elevation *s* Erhöhung *f; (drawing)* Aufriß *m*

elevator *s* Fahrstuhl *m*, Elevator *m*, Aufzug *m*

elevator belt *s* Elevatorgurt *m*

elevator boot *s* Elevatorbehälter *m*

elevator bucket *s* Elevatorbecher *m*, Förderkübel *m*

elevator casing *s* Elevatorgehäuse *n*

elevator rope *s* Aufzugseil *n*

elongate *v.t.* längen, verlängern, strecken, dehnen, recken

elongation *s* Verlängerung *f*, Dehnung *f* Längung *f; (mat.test.)* Bruchdehnung *f*

elutriate *v.t. (chem.)* schlämmen

embanking *s* Dammbau *m*

embankment *s* Damm *m*

embed *v.t.* einbetten

emboss *v.t. (cold work)* hohlprägen

embossing die *s* Prägestanze *f*, Prägeform *f*

embrittlement by aging, Alterungssprödigkeit *f*

emergency *s* Notfall *m*, Not~

EMERGENCY ~ (antenna, brake, brake equipment, call, exit, lamp, lighting, measure, operation, push button, repair, switch, valve) Not~

emergency generator-set *s (electr.)* Notstromaggregat *n*

emery *s* Schmirgel *m*

EMERY ~ (cloth, dust, paper, powder, wheel) Schmirgel~

emission *s (eletron.)* Emission *f*; Austritt *m*

EMISSION ~ (constant, current, spectrum, temperature) Emissions~

emissivity *s* Emissionsfähigkeit *f*

emit *v.t.* & *v.i. (opt., phys.)* ausstoßen *n*, ausstrahlen

employee *s* Arbeitnehmer *m*

employer *s* Arbeitgeber *m*

employers' liability insurance company *s* Berufsgenossenschaft *f*

empty load, *(auto.)* Leergewicht *n*

emulsifiable *a.* emulsionsfähig

emulsifiable grease, Emulsionsfett *n*

emulsification *s* Emulsionsbildung *f*

emulsifier *s* Emulgator *m*

emulsion *s* Emulsion *f*

emulsion lubricant *s* Emulsionsschmiermittel *n*

emulsion paint *s* Binderfarbe *f*

enable switch *s (data syst.)* Freigabeschalter *m*

enamel *v.t.* emaillieren

enamel *s* farbiger Lack; Emaille *f*

enamel coat *s* Emailleüberzug *m*

enamelled wire, Lackdraht *m*

enamelling oven *s* Emaillierofen *m*

enamel varnish *s* Emaillelack *m*

encase *v.t.* einkapseln; *(building)* verschalen

encase in concrete, einbetonieren

encasing *s* Ummantelung *f*; Verschalung *f*

encoder *s* Codiereinrichtung *f*, Codierer *m*

end bearing *s* Endlager *n*

end block *s* Meßblock *m*

end cutting plier *s* Vorschneidezange *f*

end dump truck *s* Rückwärtskipper *m*

end face *s* Stirnfläche *f*

ending tool *s* Kuppenwerkzeug *n*

end journal *s* Endlager *n*

endless *a.* (Kette, Riemen, Seil:) endlos

end measure *s* Endmaß *n*

end-mill *v.t. (mach.)* stirnen

end milling cutter *s* Schaftfräser *m*

endothermic *a.* wärmeaufnehmend

end play *s* Endspiel *n*, Längsspiel *n*

end position *s* Endlage *f*

end shears *pl. (rolling mill)* Schopfschere *f*

end shield *s* Lagerschild *n*

end stop *s (mach.)* Endanschlag *m*

end support *s* Gegenlagerständer *m*

end support column *s (boring mill)* Setzstockständer *m*

end surface *s* Endfläche *f*

end thrust *s* Enddruck *m*

end tipper *s* Rückwärtskipper *m*, Hinterkipper *m*

endurance crack *s* Ermüdungsriß *m*

endurance impact test *s* Schlagdauerversuch *m*

endurance strength *s* Dauerschwingfestigkeit *f*

endurance stress *s* Dauerbeanspruchung *f*, Wechselfestigkeit *f*

endurance tension test *s* Dauerzugversuch *m*

endurance test *s* Dauerprüfung *f*, Dauerstandversuch *m*, Ermüdungsversuch *m*

endurance testing maching *s* Dauerversuchsmaschine *f*

endurance torsion test *s* Dauerverdrehversuch *m*

endwise *adv.* achsgerecht

energize *v.t. (electr.)* betätigen; speisen; erregen

energy *s* Energie *f*, Kraft *f; (electr.)* Leistung *f*

ENERGY ~ (conservation, consumption, converter, density, drop, equation, expenditure, gain, intake, level, loss, radiation, spectrum, transmission) Energie~

energy machine *s* Kraftmaschine *f*

energy plant *s* Kraftwerk *n*

engage *v.t. (gears)* einschalten, einrücken; *(indexing)* einrasten; – *v.i.* eingreifen

engagement *s (gears)* Eingriff *m*, Einrückung *f*, etc.; *s.a.* engage

engagement factor *s (gears)* Überdeckungsgrad *m*

engaging lever *s* Einrückhebel *m*

engine *s* Kraftbrennmaschine *f*, Kraftmaschine *f*, Verbrennungsmotor *m*; Motor *m*

engine with horizontally opposed cylinders, *(auto.)* Boxermotor *m*

engine block *s (auto.)* Motorblock *m*

engine drag *s (e. Motors:)* Reibungswiderstand *m*

engine dynamometer *s (auto.)* Motorbremse *f*

engineering *s* Technik *f*

engineering drawing *s* Konstruktionszeichnung *f*

engineering material *s* Baustoff *m*, Werkstoff *m*

engineering measurement *s* technische Messung

engineering office *s* Ingenieurbüro *n*; Konstruktionsbüro *n*

engineering steel *s* Maschinenbaustahl *m*

engineering works *pl.* Maschinenfabrik *f*

engineering workshop *s* Betriebswerkstatt *f*

engineers' hammer *s* Schlosserhammer *m*

engineers' wrench *s* Maulschlüssel *m*, Gabelschlüssel *m*

engine failure *s* Motorpanne *f*

engine lathe *s* Leit- und Zugspindeldrehmaschine *f*

engine mounting *s (auto.)* Motoraufhängung *f*

engine oil *s (auto.)* Motorenöl *n*

engine performance *s (auto.)* Motorleistung *f*

engine power *s* Motorleistung *f*

engine rating *s (auto.)* Motorleistung *f*

engine stand *s (auto.)* Motormontagebock *m*

engine testing stand *s* Motorprüfstand *m*

English system, (Maßsystem:) Zollmaß *n*

English thread, Zollgewinde *n*

engrave *v.t.* gravieren, gravierfräsen, eingravieren

engraving *s* (operation:) Gravur *f*

ENGRAVING ~ (cutter, job, machine, shop, template, tool) Gravier~

enlarge *v.t.* vergrößern; (Löcher:) erweitern, aufweiten

enrich *v.t.* anreichern

enter *v.t.* eintragen, einsetzen, einführen; *(data syst.)* einspeisen, eingeben – *v.i.* eindringen

entering angle *s (cutting tool)* Eintrittswinkel *m*, Einstellwinkel *m*

entering side *s (rolling mill)* Einstichseite *f*

entering trough *s (rolling mill)* Einführungsrinne *f*

entry *s* Eintritt *m*; *(auto.)* Einfahrt *f*; *(comp. syst.)* Eingabe *f*

entry side *s* Eintrittsseite *f*

envelop *v.t.* einhüllen

epicyclic transmission, Umlaufgetriebe *n*

equal angles, gleichschenkliges Winkeleisen

equalize *v.t.* ausgleichen

equalizer *s* Entzerrer *m*

equal-sided angle steel, gleichschenkliger Winkelstahl

equation *s* Gleichung *f*

equiangular *a.* gleichwinklig

equilateral *a. (geom.)* gleichseitig

equilibrium *s* Gleichgewicht *n*

equip *v.t.* ausrüsten, ausstatten, einrichten

equipment *s* Einrichtung *f*, Ausstattung *f*, Ausrüstung *f*; Apparatur *f*; Anlage *f*

equivalent circuit, Ersatzschaltung *f*

erase *v.t. (data syst.)* löschen

erect *v.t.* errichten, montieren, aufstellen; aufbauen

erecting supervisor *s* Montagemeister *m*

erection *s* Montage *f*, Aufstellung *f*, Aufbau *m*

erection crane *s* Montagekran *m*

erode *v.t.* anfressen; − *v.i.* verschleißen, fressen

erosion *s* Erosion *f*; (Ofenfutter:) Ausfressung *f*; Verschleiß *m*

erosion crater *s* Erosionskrater *m*

erosion electrode *s* Erosionselektrode *f*

erosion rate *s* Erosionsgeschwindigkeit *f*

erratic block, Findling *m*

erratic value, Streuwert *m*

error propagation *s* Fehlerfortpflanzung *f*

escalator *s* Rolltreppe *f*

escape *v.i.* ablaufen, entweichen; (Gase:) abziehen

escape of chips, *(mach.)* Spanabfluß *m*

escort vehicle *s* Geleitfahrzeug *n*

estimate *s* Voranschlag *m*, Überschlagsrechnung *f*, Kostenanschlag *m*

etch *v.t. (metallo.)* ätzen

evaporate *v.i.* verdampfen, verdunsten

evaporation *s* Verdunstung *f*, Verdampfung *f*; *(chem.)* Abdampf *m*

evolution of heat, Wärmetönung *f*

excavate *v.t.* baggern, ausschachten, ausbaggern

excavated well, Schachtbrunnen *m*

excavation *s* Aushub *m*

excavator *s* Trockenbagger *m*

exceed *v.t.* überschreiten

excess *s (electron.)* Überschuß *m*

excess length *s* Überstand *m*

excess meter *s (electr.)* Überverbrauchszähler *m*

excess pressure *s* Überdruck *m*

exchange *s* Auswechslung *f*, Tausch *m*; *(tel.)* Vermittlung *f*, Zentrale

exchange battery *s* Amtsbatterie *f*

exchange call *s* Amtsanruf *m*

exchange engine *s* Austauschmotor *m*

exchange line *s* Amtsleitung *f*

exchange selector *s* Amtswähler *m*

excitation *s (atom,)* Anregung *f*; *(electr.)* Erregung *f*

exciter *s (electr.)* Erreger *m*

EXCITING ~ (circuit, current, field, generator, voltage, winding) Erreger~

exhaust *v.t.* (Dampf:) ausblasen; (Gase, Staub:) absaugen

exhaust *s* Abzug *m*; Auspuff *m*; Absau-

gung f; Auslaß m; Absaug~; Abgas~;
Auslaß~; Auspuff~

EXHAUST ~ (chamber, connection, fan,
pipe, plant) Absaug~

EXHAUST ~ (cam, gear, manifold, pasga-
ge, port, stroke, valve, valve housing)
Ausfluß ~

EXHAUST ~ (deflector, manifold, manifold
gasket, muffler, noise, pipe, silencer)
Auspuff~

exhaust air s Abluft f

exhaust gas s Abgas n

EXHAUST GAS ~ (flue, heating, outlet,
pipe, utilization) Abgas~

exhaust steam s Abdampf m

exhaust system s (auto.) Auspuffanlage f

exit point s (Autobahn:) Ausfahrt f; Aus-
gang m (bei Lochstreifen)

exothermic a. wärmeabgebend

expand v.t. aufweiten, erweitern, aus-
dehnen

expanded lathing wall, Rabitzwand f

expanded material, Schaumstoff m

expanded metal, Streckmetall n

expanded slag, Hüttenbims m

expander s (data syst.) Vervielfacher m

expanding band s (e. Bremse:) Spreizband n

expanding-ring clutch s Spreizringkupp-
lung f

expansion s Ausdehnung f, Erweiterung f,
Dehnung f

expansion crack s Dehnungsriß m

expansion joint s Dehnfuge f

expense code s (cost accounting) Auf-
wandschlüssel m

exploded view, Teilmontagezeichnung f

exploit v.t. ausbeuten

exploitation s Ausbeutung f

explosion s Explosion f

explosion hazard s Explosionsgefahr f

explosion-proof a. explosionsgeschützt

explosive s Sprengstoff m

explosive energy s Explosionsenergie f

explosive force s Sprengkraft f

explosive forming s Explosivumformung f

explosive rivet s Sprengniet m

expose v.t. aussetzen; (opt.) belichten

expose to rays, (radiogr.) bestrahlen

exposed concrete, Sichtbeton m

exposure s (photo.) Belichtung f

exposure meter s Belichtungsmesser m

exposure time s Belichtungszeit f

express scales pl. Schnellwaage f

extend v.t. verlängern, längen, strecken,
recken, längsdehnen; erweitern

extender s Streckmittel m

extending ladder s Ausziehleiter f

extension s Verlängerung f, Dehnung f,
Längung f, Ausdehnung f

extension telephone s (tel.) Nebenstelle
f

extensometer s Dehnungsmesser m

exterior varnish, Außenlack m

external a. außen

external broach, Außenräumzeug m

external gear, Außenzahnkranz m

external thread, Außengewinde n, Bolzengewinde n

extinction s (welding) Auslöschung f

extinction voltage s (telev.) Löschspannung f

extinguish v.t. (Feuer:) löschen; (welding) auslöschen; – v.i. (Lichtbogen:)
erlöschen

extinguisher s (Feuer:) Löscher m

extract v.t. herausziehen, ausziehen, abziehen; (Dampf:) entnehmen, abzapfen

extract copper, (Bleiraffination) entkupfern

extraction s Auszug m; Abscheidung f; Gewinnung f; (Dampf:) Entnahme f

extraction of copper, Kupfergewinnung f

extraction point s (Turbine:) Anzapfstelle f

extractor s Abzieheinrichtung f; (Schrauben:) Auszieher m

extra equipment s (e. Maschine:) Sonderzubehör n

extreme position, Endstellung f

extrude v.t. strangpressen, extrudieren

extruded article, (plastics) Strangpreßteil n

extruded electrode, (welding) Preßmantelelektrode f

extruded section, Strangpreßprofil n

extruder s Strangpresse f

extrusion die s Preßform f, Preßstempel m, Preßmatrize f; (plastics) Strangpreßform f

extrusion press s Strangpresse f, Fließpresse f

extrusion process s Strangpreßverfahren n

eye s (techn.) Auge n, Öse f

eye bolt s Augenbolzen m

eye hook s Ösenhaken m

eyelet plier s Ösenzange f

eyepiece s (opt.) Okular n

F

fabric s Stoff m, Gewebe n; Erzeugnis n
fabricate v.t. herstellen, fertigen
fabricating shop s Verarbeitungsbetrieb m
fabrication s Verarbeitung f; Herstellung f
fabric-base laminate, Hartgewebe n
fabric belt s Geweberiemen m
fabric reinforcement s Stahlmatte f
fabroid gear s Hartgewebezahnrad n
façade s (building) Fassade f
façade board s Stirnbrett n
face v.t. abflächen; belegen; (building) verblenden; (mach.) planarbeiten, planen
FACE-~ (copy, dress, grind, lap, mill) plan~
face s Stirnfläche f, Stirnseite f, Endfläche f; (Amboß, Hammer:) Bahn f; (e. Radscheibe:) Kranz m; (e. Werkzeugschneide:) Brust f, Spanfläche f
face cam s Plankurve f
face grinder s Planschleifmaschine f
face-milling cutter s Planfräser m
faceplate s (lathe) Planscheibe f
face-plate lathe s Drehwerk n
faceplate starter s Flachbahnanlasser m
face runout s (Lager:) Axialseitenschlag m
face shield s (welding) Gesichtsmaske f
face spanner s Doppelzapfenschlüssel m
facing s (building) Verschalung f, Verkleidung f; (cutting tool) Auflage f; (metal cutting) Planarbeit f; (welding) Auflage f
FACING ~ (attachment, head, slide, slide rest, tool, toolholder) Plandreh~
facing brick s Verblendstein m Vormauerziegel m

facing lathe s Kopfdrehmaschine f, Plandrehmaschine f
facing sand s (founding) Modellsand m
factory s Fabrik f, Betrieb m; Werk n
fade v.t. (pointing) ausbleichen; – v.i. (radio) schwinden; verblassen
fade in v.t. (radio) einblenden
fading s (painting) Verblassen n; (radio) Schwund m
fading control s (radio) Schwundregelung f
faggoting s (met.) Paketierung f; Paketierverfahren n
fail v.i. versagen, ausfallen; (mech.) reißen; brechen; (Motor:) aussetzen; (cutting tool) erliegen
failure s Ausfall m
fair-faced plaster, (building) Glattputz m
falling dart test s Pfeilfallversuch m
falling speed s Fallgeschwindigkeit f
falling weight test s Schlagversuch m; Fallprobe f
fallout s Atomasche f
fan s Ventilator m, Lüfter m; (auto.) Gebläse n, Kühlgebläse n
fan belt s Ventilatorriemen m
fan blade s Ventilatorflügel m
fan cooling s (Motor:) Fremdbelüftung f
fan cowling s (auto.) Lüfterhaube f
fan ventilation s (Motor:) Eigenlüftung f
farm tractor s Ackerschlepper m
fast-dyed a. farbecht
fasten v.t. befestigen, festspannen, verspannen
fastener s Verbindungsklemme f; (building) Setzer m; (Riemen:) Verbinder m

fastening s Befestigung f; *(building)* Verband m

fastening bolt (or **screw**) s Befestigungsschraube f

fastness to light, Lichtbeständigkeit f

fat s Fett n

fatigue v.i. ermüden

fatigue s *(techn.)* Ermüdung f

fatigue of material, Materialermüdung f

fatigue bending machine s Dauerbiegemaschine f

fatigue bending test s Dauerbiegeversuch m

fatigue crack s Ermüdungsriß m

fatigue failure s Ermüdungsbruch m, Dauerbruch m

fatigue limit s Ermüdungsgrenze f, Dauerfestigkeit f

fatigue strength s Dauerschwingfestigkeit f, Wechselfestigkeit f

fatigue test s Ermüdungsversuch m, Dauerprüfung f

fatigue testing machine s Dauerversuchsmaschine f

fatty acid, Fettsäure f

faucet s Zapfhahn m

fault s Fehler m; Schaden m; *(electr.)* Erdfehler m, Fehler m; (im Guß:) Fehlstelle f

fault current s Fehlerstrom m

fault detector s *(electr.)* Fehlersuchgerät n

fault localization apparatus s *(electr.)* Ortungsgerät n

fault report s *(data system.)* Fehlermeldung f

fault time s Ausfallzeit f

faulty connection, *(electr.)* Verschaltung f

faulty design, Konstruktionsfehler m

faulty engagement, *(mech.)* Fehlschaltung f

faulty manipulation, Fehlgriff m

faulty operation, *(mech.)* Fehlschaltung f

faulty switching, *(electr.)* Fehlschaltung f

feather s *(founding)* Gußnaht f

feather key s Paßfeder f

feature s Merkmal n, Kennzeichen n

feed v.t. zuführen, beschicken; speisen; chargieren, aufgeben; *(radio)* einspeisen, eingeben

feed back v.t. *(radio)* rückkoppeln

feed in v.t. *(centerless grinding)* einstechen

feed into v.t. einführen

feed s Zufuhr f, Zuführung f; *(electr.)* Speisung f; *(mach.)* Vorschub m, Zuschub m

FEED ~ *(hydr., radio) (pipe, point, system, valve, water, water heater)* Speise~

FEED ~ *(mach.)* (adjustment, cam, change, change gear, control, drive, gear, gearbox, index plate, lever, motion, motor, power, pre-selector, pressure, setting, shaft, slide, stop, switch, thrust, tube) Vorschub~

feedback s (= feed-back) *(radio)* Rückkopplung f, Rückführung f

FEEDBACK ~ (amplifier, capacitor, circuit, coil, control, network, transformer) Rückkopplungs~

feed-back loop s *(programming)* Regelkreis m

feedbox s *(lathe)* Schaltgetriebe n

feeder s *(founding)* Saugmassel f, Einguß m; *(met.)* (e. Blockform:) Haube f; *(radio)* Zuleitung f

feeder head s *(met.)* verlorener Kopf, Blockaufsatz m

feeder line s *(electr.)* Speiseleitung f

feed finger s Vorschubpatrone f, Vorschubzange f

feed-gear quadrant s Vorschubräderplatte f

feed hopper s Aufgabetrichter m, Einwurftrichter m, Einlauftrichter m, Schütttrichter m

feeding s (von Werkstoffen:) Aufgabe f, Zuführung f; (electr.) Speisung f

feeding attachment s Zuführeinrichtung f, Ladevorrichtung f

feed pump s Speisepumpe f, Förderpumpe f

feed range s Vorschubbereich m; Vorschubreihe f

feed rate s Vorschubgeschwindigkeit f, Vorschubgröße f

feed rod s (lathe) Zugspindel f

feed roller s (rolling mill) Führungsrolle f

feeler s Taster m, Führerlehre f; (copying) Fühler m

feeler pin s (e. Meßuhr:) Meßstift m

felt s Filz m

FELT ~ (polishing wheel, seal, strainer, washer) Filz~

felt wiper s Filzabstreifer m, Filzwischer m

female gage, Lehrring m

female spline, Keilnabe f

female thread, Innengewinde n, Muttergewinde n

fence v.t. einzäunen

fence s Zaun m, Gitter n, Schutzgitter n; (sawing) Anschlagleiste f, Führungsleiste f; Längslineal n

fender s (auto.) Kotflügel m

ferritic a. ferritisch

FERRO- ~ (alloy, chromium, manganese, nickel, silicon) Ferro~

ferrous metallurgy, Eisenhüttenkunde f

festoon lamp s (auto.) Soffittenlampe f

fetch s (comp.) Abruf m

fettle v.t. (met.) (Guß:) putzen; (Herd:) ausfüttern

fiber s Faser f

fibering s (metallo.) Faserung f, Faserstruktur f

fibrous a. faserig

fibrous asbestos, Faserasbest m

fibrous fracture, Schieferbruch m

fibrous structure, (metallo.) Faserstruktur f

fidelity s (radio, telev.) Wiedergabetreue f, Übertragungsgüte f

field s (electr., magn.) Feld n

FIELD ~ (change, coil, control, excitation, magnet, strength, telephone, winding) Feld~

field of view, Sichtfeld n, Sehfeld n

field intensity meter s Feldstärkemesser m

field locomotive s Feldbahnlokomotive f

field regulator s Magnetregler m

filament s (electr.) Glühfaden m, Heizfaden m, Faden m

FILAMENT ~ (battery, current, resistance, rheostat, terminal, transformer, voltage) Heiz~

filament lamp s Glühlampe f

file v.t. ablegen, einordnen, einspeisen

file s Ablage f, Kartei f, Datei f, Akte f

file s Feile f

FILE ~ (brush; cutter, handle, hardness, steel, tang, tooth) Feilen~

filing machine s Feilmaschine f

fill v.t. füllen, ausfüllen; (road building) aufschütten

filler s Füllstoff m; Lot n; (painting) Spachtel m

filler cap s (auto.) Einfüllstutzen m

filler hole s (auto.) Einfüllöffnung f

filler metal s *(welding)* Zusatzwerkstoff m
filler pipe s Einfüllstutzen m
filler plug s Einfüllschraube f, Einfüllstopfen m
filler rod s *(welding)* Schweißdraht m, Schweißstab m
filler wire s *(welding)* Schweißdraht m, Zusatzdraht m
fillet s Hohlkehle f; *(gears)* Zahnfußausrundung f
fillet weld s Hohlkehlnaht f
fillet welding s Kehlnahtschweißung f
filling s *(road building)* Aufschüttung f
filling station s *(auto.)* Tankstelle f, Zapfstelle f
fillister head cap screw s Zylinderschraube f
filter v.t. filtern; *(radio)* sieben, aussieben
filter s Filter m; *(radio)* Sieb n
FILTER ~ (choke, cloth, insert, packing, paper, press, screen) Filter~
FILTER ~ (action, capacitor, circuit, coil, reactor) Sieb~
filtering s *(radio)* Siebung f, Glättung f
filtrate v.t. filtern
fin s Gußnaht f, Gußgrat m
final cut, Fertigschnitt m
final drive, *(auto.)* Hinterachsantrieb m
final position, Endlage f, Endstellung f
final temperature, Endtemperatur f
final term, *(math.)* Endglied n
financial accounts department, Finanzbuchhaltung f
FINE ~ (adjustment, boring, boring machine, crushing, feed, finishing, gravel, grinding machine, honing, machining, mechanics, sand, setting, steel, structure, thread, turning) Fein~
fine finish sanding *(woodw.)* Feinschliff m

fine-grained a. feinkörnig
fine-mechanical industry, feinmechanische Industrie
fine-pitch screw, feingängige Schraube
fine-wire fuse, *(electr.)* Feinsicherung f
finish v.t. *(met.)* (e. Schmelze:) fertigmachen; *(mach.)* fertigbearbeiten, feinbearbeiten, schlichten; *(woodw.)* glatthobeln
FINISH-~ (broach, copy, cut, face, grind, hone, lap, mill, plane, shave, turn) fertig~
finish s [äußere] Beschaffenheit f; (e. Oberfläche:) Ausführung f
finish bright v.t. hochglanzpolieren
finish boring tool s Innenschlichtmeißel m
finish-drill v.t. nachbohren
finished part, Fertigteil n
finished product, Fertigerzeugnis n
finished size, Fertigmaß n
finisher s *(forge)* Fertiggesenk n
finish-forge v.t. formschlichten
finish honing s Feinziehschleifen n
finishing s Nachbearbeitung f, Feinbearbeitung f, Endbearbeitung f; Schlichten n
FINISHING ~ (groove, lathe, mill train, operation, reamer, slag, stand of rolls, train) Fertig~
finishing block s (e. Ziehbank:) Feinzug m
finishing coat s Deckanstrich m
finishing department s *(rolling mill)* Adjustage f
finishing pass s *(drawing)* Fertigzug m, Feinzug m; *(rolling mill)* Fertigstich m, Fertigschlichtkaliber n
finish-machine v.t. nacharbeiten, endbearbeiten, schlichten
finish-ream v.t. nachreiben
finish-roll v.t. nachwalzen

finite number, endliche Zahl

finned tube, *(auto.)* Rippenrohr *n*

fire *s* Feuer *n*; Feuerung *f*; Brand *m*

FIRE ~ (alarm, alarm system, door, extinguishing hydrant, grate, tube) Feuer~

firebox *s* (als Anlage:) Feuerung *f*

firebox-copper *s* Feuerbuchskupfer *n*

firebrick *s* feuerfester Ziegel, Schamottestein *m*

fire-clay *s* gebrannter Ton, Schamotte *f*

fire-clay brick *s* Schamottestein *m*

fire-clay mortar *s* Schamottemörtel *m*

fire-crack *s* Brandriß *m*

firecracker welding *s* Unterschienenschweißung *f*, US-Schweißung *f*

fire engine *s* Feuerlöschkraftfahrzeug *n*

fire escape *s* Feuerwehrleiter *f*

fire escape trailer *s* Feuerwehrleiter-Anhänger *m*

fire extinguisher *s* Handfeuerlöscher *m*

fire-fighting vehicle *s* Feuerwehrwagen *m*

fire hose *s* Feuerwehrschlauch *m*

fire-on silver, Einbrennsilber *n*

fire-proof *a.* feuerfest

fire-resistant *a.* feuerbeständig

fire wall *s* Brandmauer *f*

firing *s* Feuerung *f*, Heizung *f*, Beheizung *f*; *(auto.)* Zündung *f*

firing point *s (auto.)* Abrißpunkt *m*

firing voltage *s (welding)* Zündspannung *f*

firmer chisel *s* Stechmeißel *m*

first cost, Anschaffungskosten *pl.,* Gestehungskosten *pl.*

first cut, *(metal cutting)* Anschnitt *m*

first detector *s* HF-Gleichrichter *m*

first pickling, *(Weißblechfabrikation)* Vorbeizen *n*

fish *v.t.* (Holz, Schienen:) verlaschen

fish glue *s* Fischleim *m*

fishing *s (railw.)* Verlaschung *f*

fishplate *v.t.* verlaschen

fishplate *s (railw.)* Lasche *f*

fishplate bolt *s* Laschenbolzen *m*

fishplate rail *s* Laschenschiene *f*

fission *s (nucl.)* Spaltung *f*, Zertrümmerung *f*

fissionable *a. (nucl.)* zerlegbar

fission process *s (nucl.)* Spaltprozeß *m*

fission product *s (nucl.)* Spaltprodukt *n*

fit *v.t.* einpassen, einbauen, anbringen; justieren

fit *s* Passung *f*; Sitz *m*

fit size *s* Paßmaß *n*

fitter *s* Rohrschlosser *m*; Installateur *m*; Monteur *m*; Klempner *m*

fitting *s* Einbau *m*; Montage *f*; Befestigung *f*; Beschlag *m;* (Rohre:) Formstück *n*, Stutzen *m*

fitting allowance *s* Einpaßzugabe *f*

fitting bolt *s* Paßschraube *f*

fitting clearance *s* Passungsspiel *n*

fitting dimension *s* Einbaumaß *n*

fitting joint *s* Paßfuge *f*

fitting member *s* Paßteil *n*

fittings *pl.* Fassungen *fpl.;* Armaturen *fpl.*

five-electrode valve, Fünfpolröhre *f*

five-face turret head, Fünfkantrevolverkopf *m*

five-spindle chucking automatic, Fünfspindelfutterautomat *m*

five-unit code, Fünferalphabet *n*

fix *v.t.* befestigen, anbringen; festspannen; fixieren, festlegen

fixed *a.* feststehend, festgelagert, ortsfest; starr, unbeweglich

fixed-bed type miller, Planfräsmaschine *f*

fixed-center turret lathe, Planrevolverdrehmaschine *f*

fixed gage, Festlehre f

fixed program computer s festprogrammierter Rechner

fixed storage, Festspeicher m

fixed time call, Festzeitgespräch n

fixture s Spannvorrichtung f, Spanner m; Vorrichtung f

flake s (met.) Flockenriß m

flakes pl. Flocken fpl. (Fehlstelle in legiertem Stahl)

flaky a. (met.) flockenrissig, flockenhaltig, schuppig

flame baffling s Flammenführung f

flame-braze v.t. flammlöten

flame-clean v.t. flammstrahlen

flame-cut v.t. schneidbrennen

flame-harden v.t. brennhärten, flammhärten, flammenhärten

flame-polish v.t. flammpolieren

flame-prime v.t. (painting) flammgrundieren

flame-proof a. schlagwettergeschützt

flame-scarf v.t. (met.) abflämmen

flame-spray v.t. flammspritzen

flammable a. entflammbar, entzündlich, feuergefährlich

flange v.t. anflanschen; (hot work) bördeln, kümpeln

flange s Flansch m; Bund m; (e. Schiene:) Fuß m

flange coupling s Scheibenkupplung f

flanged beam, Flanschträger m

flange depth s Bördelhöhe f

flanged joint, Flanschendichtung f

flanged pipe, Bördelrohr n

flanged seam riveting, Bördelnietung f

flanged shaft, Flanschwelle f

flange joint s Flanschverbindung f

flange length s Bördellänge f

flange-mount v.t. anflanschen, aufflanschen; anbauen

flange-mounted bearing, Flanschlager n

flange-mounted motor, Flanschmotor m, Anbaumotor m

flange-mounting s Flanschbefestigung f

flanging machine s (für Grobbleche:) Bördelmaschine f

flanging press s Bördelpresse f

flanging test s (Rohre:) Bördelprobe f

flank s (e. Drehmeißels:) Freifläche f; (e. Gewindezahnes:) Flanke f; (e. Zahnradzahnes:) Fußflanke f

FLANK ~ (angle, clearance, contact, curvature, face, line, profile) Flanken~

flank fillet weld s Flankenkehlnaht f

flap s (e. Ventils:) Klappe f

flap hinge s (auto.) Klappenscharnier n

flap lock s (auto.) Klappenschloß n

flap valve s Klappenventil n

flare out v.t. (Rohre:) aufweiten

flaring test s Aufweiteprüfung f

flash v.t. (welding) abbrennen; – v.i. blitzen

flash s Schmiedegrat m; (photo., electr.) Blitz m

flashback s (welding) Flammenrückschlag m

flash bulb s (photo.) Blitzlicht n

flash butt welding s Abbrennstumpfschweißung f

flasher s (auto.) Blinker m

flasher bulb s (auto.) Blinklichtglühlampe f

flasher lamp s (auto.) Blinkleuchte f

flasher motor s (auto.) Blinkmotor m

flasher switch s (auto.) Blinkerschalter m

flasher tail lamp s (auto.) Blinkschlußleuchte f

flasher unit s (auto.) Blinkgeber m

flash figures pl. Glühspuk m

flashing light s Blinklicht n
flashing trafficator s (auto.) Blinker m
flashlight s (photo.) Blitzlicht n
flashlight battery s Taschenlampenbatterie f
flashlight signal s Blinksignal n
flashover s (electr.) Überschlag m
flash point s Flammpunkt m
flash-point tester s Flammpunktprüfer m
flash signal s Flackerzeichen n
flash-weld v.t. brennschweißen
flask s (founding) Formkasten m; (Labor:) Kolben m
flat a. flach, eben, plan
flat down v.t. (Holz:) mattieren
flat s Abflachung f; (auto.) Reifenpanne f
flat base ring, (auto.) Flachbettfelge f
flat-bed trailer, Tiefbettanhänger m
flat-bottomed rail, Breitfußschiene f, Vignolschiene f
flat bulb steel, Flachwulststahl m
flat coat, Grundanstrich m
flat color, Grundierfarbe f, Grundfarbe f
flat die rolling equipment (or attachment), Rolleinrichtung f
flat gage, Flachlehre f
flat iron, Bügeleisen n
flat nose plier, Flachzange f, Justierzange f
flat paint, Grundierfarbe f
flat pass, (rolling mill) Flachstich m
flat roof, Flachdach n
flat-slab floor, (building) Pilzdecke f
flat steel, Flachstahl m
flat tang, Mitnehmerlappen m
flatten v.t. abflachen, egalisieren, ebnen; (forging) breiten, ausbreiten; ausbeulen
flattening test s Ausbreiteprobe f
flatter v.i. (Ventil:) flattern

flatting varnish s Schleiflack m
flat turret head, Flachrevolverkopf m
flat turret lathe, Flachrevolverdrehmaschine f
flat-twin engine, Zweizylinderboxermotor m
flat varnish, Mattlack m
flesh-side s (e. Riemens:) Fleischseite f
flexibility s Biegsamkeit f; Federungsvermögen n, Federung f
flexible a. elastisch, biegsam, beweglich; gelenkig; federnd
flexible arm lamp, Gelenkleuchte f
flexible brake tubing, (auto.) Bremsschlauch m
flexible cord, Anschlußschnur f, Pendelschnur f, Leitungsschnur f, Verbindungsschnur f, Apparateschnur f
flexible drive tool, Rotorwerkzeug n
flexible file, Bezugsfeile f
flexible fuel tubing, (auto.) Kraftstoffschlauch m
flexible grinding, Polierschleifen n, Schleifpolieren n
flexible joint, Kardangelenk n
flexible lead, Geräteanschlußschnur f
flexible metal hose, Metallschlauch m
flexible oil filter line, (auto.) Ölfilterschlauch m
flexible roller bearing, Federrollenlager n
flexure s Federung f, Durchfederung f; (mat.test.) Querbiegung f
flight attachment s (conveying) Mitnehmer m
float v.i. treiben; (Werkzeuge:) pendeln
float into position, (Brückensegmente:) einschwimmen
float s Schwimmer m
floating p.a. pendelnd, beweglich

floating axle, Schwingachse f
floating bearing, Loslager n
floating crane, Schwimmkran m
floating mastic, schwimmender Estrich
floating pontoon bridge, Pontonbrücke f
floating reamer, Pendelreibahle f
floating tool, Pendelwerkzeug n
floating toolholder, Pendelfutter n
float valve s (auto.) Schwimmerventil n
flood lubrication s Eintauchschmierung f
flood-oiling s Ölberieselung f
floor s Boden m; (building) Decke f; Ge-
    schoß n; (met.) Bühne f; (mat. test.)
    Stand m
floor board s Fußbodenbrett n
floor covering s Fußbodenbelag m
flooring s Estrich m; Fußboden m
floor jack s Rangierheber m
floor level s Flurebene f, Sohle f
floor space s Grundfläche f
floor space occupied, (e. Maschine:)
    Raumbedarf m
floor standard s Stehlampe f
floor-to-floor time s Grundzeit f
floor varnish s Fußbodenlack m
flow s v.i. fließen, strömen
flow s Strömung f; Durchfluß m; (electr.)
    Strom m; (Kosten:) Verlauf m
flowchart s Ablaufplan m
flow chip s Fließspan m
flow control s Durchflußregelung f
flow line s (e. Gesenkes:) Bahnlinie f
flow lines pl. Fließfiguren fpl.
flow meter s Durchflußmesser m
flow rate s (data process.) Durchsatz m
fluctuation s Schwankung f
flue s Rauchabzugskanal m, Zug m
flue boiler s Flammrohrkessel m
flue dust s Gichtgasstaub m, Flugasche f

flue gas s Rauchgas n
fluid s Flüssigkeit f
fluid clutch s Flüssigkeitskupplung f
fluid friction s Flüssigkeitsreibung f
fluidity s Dünnflüssigkeit f
fluorescence s Fluoreszenz f
fluorescent a. fluoreszierend
FLUORESCENT ~ (light, radiation) Fluo-
    reszenz~
fluorescent lamp s Leuchtstofflampe f
fluorescent screen s Leuchtschirm m
fluorite s Flußspat m
fluorometer s Fluoreszenzmeßgerät n
fluor spar s Flußspat m
flush a. glatt, bündig; fluchteben, fluchtge-
    recht
flush v.t. ausspülen, wegspülen
flush gutter, (e. Gesenkes:) Gratmulde f
flush mounting switch, (electr.) Einbau-
    schalter m
flush socket, Unterputzsteckdose f
flush-type direction indicator, (auto.)
    Einbauwinker m
flush-type instrument, Einbauinstrument
    n
flush weld, (welding) Flachnaht f
flute v.t. nuten; (Holz:) kannelieren
flute s Nut f; Spannut f; (Holz:) Kehle f
fluted roller, Riffelwalze f
fluting plane s Hohlkehlhobel m; Kanne-
    lierhobel m
flux v.t. verschlacken
flux s (electr., magn.) Fluß m; (welding)
    Schmelzfluß m; Flußmittel n
fluxed electrode, (mit e. Flußmittel:)
    Tauchelektrode f
fluxing agent s Flußmittel n
fluxing power s Verschlackungsvermögen
    n

flyback pulse *s (telev.)* Rücklaufimpuls *m*
fly-cutter *s* Schlagfräser *m*
fly-cutting *s* Schlagzahnfräsen *n*
flying shears *pl.* fliegende Schere
flying squad *s* Überfallkommando *n*
fly-over *s (railw.)* Gleisüberführung *f*
fly-valve *s* Flügelventil *n*
flywheel *s* Schwungrad *n*
flywheel magneto *s (auto.)* Schwungmagnetzünder *m*
flywheel starter *s (auto.)* Schwunggradanlasser *m*
foam *v.i.* (Schlacke:) schäumen
foamclay *s* Schaumton *m*
foam concrete *s* Schaumbeton *m*
foamed blast-furnace slag, Hüttenbims *m*
foamed material, Schaumstoff *m*
foamed plastics, Schaumstoff *m*
foamed slag, Schaumschlacke *f*
foamed slag concrete, Schaumschlakkenbeton *m*
foam rubber *s* Schaumgummi *n*, Schaumstoff *m*
foam-type fire extinguisher *s* Schaumfeuerlöscher *m*
focal line, Brennlinie *f*
focal spot, Brennfleck *m*
focal surface, *(opt.)* Brennfläche *f*
focus *v.t.* fokussieren
focus *s (opt.)* Brennpunkt *m*
focusing *s* Fokussierung *f*, Scharfeinstellung *f*
focusing glass *s* Einstellupe *f*
focusing screen *s (photo.)* Mattscheibe *f*
fog lamp *s (auto.)* Nebellampe *f*
fog oiling *s* Nebelschmierung *f*
fold *v.t. (metalworking)* falzen, umlegen, abkanten, bördeln

fold *s* Falte *f*; (als Gießfehler:) Fältelung *f*
folding machine *s* Biegemaschine *f*
folding press *s* Abkantpresse *f*
folding rule *s* Gliedermaßstab *m*
folding seat *s (auto.)* Klappsitz *m*, Notsitz *m*
folding steel rule *s* Stahlgliedermaßstab *m*
folding test *s* Faltversuch *m*
folding top *s (auto.)* Klappverdeck *n*
follower *s (threading)* Gewindeleitbacke *f*
follower pin *s* Mitnehmerstift *m*
follow-on die *s* Mehrstufengesenk *n*
follow-on tool *s* Folgewerkzeug *n*
follow rest *s* mitlaufender Setzstock
follow-up draft *s (Drahtziehen)* Nachzug *m*
food freezer *s* Kühltruhe *f*
foolproof *a.* fehlgriffsicher, pannensicher
foot brake pedal *s (auto.)* Fußbremshebel *m*
foot dip switch *s (auto.)* Fußabblendschalter *m*
foot-mounted motor, Fußmotor *m*
foot-operated starting switch, *(auto.)* Fußanlasserschalter *m*
foot-pedal *s* Fußhebel *m*
foot-pedal switch *s* Fußschalter *m*
foot press *s* Fußspindelpresse *f*
foot rest *s (auto.)* Fußraste *f*
foot starter *s (auto.)* Fußanlasser *m*
force *s* Kraft *f*; Stärke *f*; Festigkeit *f*
forced-draft cooling, Ventilatorkühlung *f*
forced flood lubrication, Schleudertauchschmierung *f*
forced induction engine, Kompressormotor *m*
forced vibration, *(metal cutting)* fremderregte Schwingung

force-feed circulation oiling s Druckumlaufschmierung f

force-feed lubrication s Druckschmierung f, Preßölschmierung f

force-feed oiler s Drucköler m

force fit s Festsitz m, Preßsitz m; Edelpassung f

fore-blow v.t. (met.) vorblasen

forehearth s Vorherd m

foreign particle, Fremdkörper m

foreman s Meister m

forge v.t. schmieden

forge to the grain, querschmieden

forge with the grain, längsschmieden

forge s Schmiede f

forgeability s Schmiedbarkeit f, Hämmerbarkeit f

forgeable a. schmiedbar, hämmerbar

forge pig iron s Puddelroheisen n

forge-weld v.t. feuerschweißen

forge welding s Hammerschweißen n

forging s Schmiedestück n, Schmiedeteil n

FORGING ~ (die, furnace, hammer, machine, press, steel, strain) Schmiede~

forging burst s Kernzerschmiedung f

forging crack s Zerschmiedungsriß m

forging grade steel s Schmiedestahl m

fork crow s (motorcycle) Gabelkopf m

forked connecting rod, (auto.) Gabelpleuelstange f

fork lever s Gabelhebel m

fork lift s Stapelwagen m

forklift truck s Hubtransporter m

fork truck s Gabelstapler m

form v.t. verformen, umformen, formen, profilieren

formation s (Dampf;) Entwicklung f

form cutter s Profilfräser m

form cutting tool s Formmeißel m

formed hole, Profilloch n

formed milling cutter, Formfräser m

formed part, Formteil n

form engraving machine s Formgraviermaschine f

former s (copying) Formlineal n, Schablone f; (comp.) Spulenkern m, Lochstreifenkern m

form error s Paßfehler m

form fit s formschlüssige Passung

form-fitting a. formschlüssig

form-grind v.t. profilschleifen

forming s Formung f, Formgebung f

forming attachment s (lathe) Formdreheinrichtung f

forming die s Formstempel m

forming force s Formstempel m

forming force s Umformkraft f, Formänderungskraft f

forming method s Umformverfahren n

forming property s Verformbarkeit f

forming work s Fassonarbeit f

form-lap v.t. maßläppen

form-mill v.t. formfräsen, profilfräsen

form plate s (copying) Kopierlineal n

form setter s (building) Einschaler m

form-turn v.t. fassondrehen

form turning attachment s Schablonendrehvorrichtung f

form-turning lathe s Formdrehmaschine f

form vibrator s (concrete) Schalungsrüttler m

formwork s (building) Schalung f

forward gear, (auto.) Vorwärtsgang m

forward motion, (mach.) Vorlauf m

forward slip, (Walzgut:) Voreilung f

fouling s (e. Ventils:) Verschmutzung f

foundation s Grund m, Fundament n; Gründung f, Fundamentierung f

FOUNDATION ~ (anchor bolt, base, base-plate, bolt, concrete, excavation, jack screw, mounting) Fundament~

foundation pile s Gründungspfahl m

foundation pit base s Baugrubensohle f

foundation soil s Baugrund m

founder s Gießer m

founding s Gießereiwesen n

foundry s Gießerei f

FOUNDRY ~ (cupola, furnace, man, pig iron, practice, sand) Gießerei~

foundry cleaning room s Gußputzerei f

foundry ladle s Gießpfanne f

foundry pit s Gießgrube f

four-channel tape s Vierspurlochstreifen m

four-column friction screw press, Vier-säulen-Friktionsspindelpresse f

four-core cable, Vierleiterkabel n

four-gear drive, Vierrädergetriebe n

four-high rolling stand, Vierwalzengerüst n

four-jaw chuck, Vierbackenfutter n

four-point suspension, (auto.) Vierpunkt-aufhängung f

four-quadrant programming s Plus-Mi-nus-Programmierung f

four-speed transmission, Vierganggetriebe n

four-spindle automatic machine, Vier-spindelautomat m

four-stroke cycle, Viertakt m

four-stroke engine, Viertaktmotor m

four-way boring machine, Vierwegebohr-maschine f

four-way drilling machine, Vierwege-bohrmaschine f

four-way rim wrench, Kreuzschlüssel m

four-way tool block, Vierfachmeißelhalter m

four-wheel brake, (auto.) Vierradbremse f

four-wheel drive, (auto.) Vierradantrieb m

fraction s (math.) Bruchteil m, Bruch m

fractional H.P. motor, Kleinmotor m

fractional rotation, Teildrehung f

fractional size, Zwischengröße f, Zwi-schenmaß n

fractional turn, Teildrehung f

fraction line s (math.) Bruchstrich m

fracture v.t. & v.i. reißen, brechen

fracture s Verformungsbruch m, Bruch m; (metallo.) Bruchfläche f

fracture appearance s Bruchaussehen n

fracture-proof a. bruchfest

fragile a brüchig

fragility s Brüchigkeit f

fragment s Bruchstück n

fragmental chip, (metal cutting) Reißspan m

frame s Rahmen m; Gestell n; (Säge:) Bügel m; (Maschine:) Ständer m; (woodw.) Zarge f

frame antenna s Rahmenantenne f

framed ripping saw, Spaltsäge f

frame frequency s (comp.) Bildwechsel-frequenz f

framework s Fachwerk n

framework for shuttering, (building) Scha-lungsgerüst n

free from backlash, (Gewinde:) spielfrei

free from defects, fehlerfrei

free from slip, schlupffrei

free-cutting alloy, Automatenlegierung f

free-cutting brass, Automatenmessing n

free-cutting steel, Automatenstahl m

free-hand grinding, Handschleifarbeit f

free-line signal, (tel.) Freizeichen n

free space, Freiraum m
freewheel clutch s Freilaufkupplung f
freewheel hub s (auto.) Freilaufnabe f
free-wheeling s (auto.) Freilauf m
free-wheel rim s (auto.) Freilauffelge f
freezing point s Erstarrungspunkt m
freight car s Güterwagen m
freight house s Güterschuppen m
freight traffic s Güterverkehr m
frequency s Frequenz f
FREQUENCY ~ (band, control, converter, deviation, divider, doubling, indicator, meter, modulation, multiplier, regulator, response, shift) Frequenz~
frequency changer s Frequenzwandler m, Frequenzumsetzer m
frequency statistics pl. Großzahlforschung f
fresh oil, Frischöl n
fretting corrosion s Paßflächenkorrosion f
friction s Reibung f
FRICTION ~ (clutch, drive, drive pulley, pulley drive, saw, sawing, screw press, wheel drive) Reib~
FRICTIONAL ~ (contact, electricity, force, heat, loss) Reibungs~
friction band s (e. Bremse:) Spreizband n
friction brake s Reibungsbremse f
friction clutch s Mitnehmerkupplung f
friction cone s Bremskegel m
friction disc s Bremsscheibe f
friction energy s Reibungsarbeit f
friction forging press s Friktionsschmiedepresse f
friction gearing s Reibradgetriebe n
friction lining s Reibungsbelag m
friction safety clutch s Rutschkupplung f

friction-screw-driven drawing press, Reibtriebspindelziehpresse f
friction surface s (e. Bremse:) Gleitfläche f
friction welding s Reibungsschweißen n
fringe s (e. Spektrums:) Saum m
frog s (railw.) Frosch m
front s Vorderseite f; (building) Fassade f
front axle, Vorderachse f
front-axle bearing, Vorderachslager n
front-axle drive, (auto.) Vorderachsantrieb m
front-axle housing, (auto.) Vorderachsgehäuse n
front-axle suspension, (auto.) Vorderachsaufhängung f
front bearing, Vorderlager n
front dump truck, Vorderkipper m
front-end loader, Frontlader m
front face, Stirnseite f
front lighting s Fassadenbeleuchtung f
front mudguard, (auto.) Vorderkotflügel m
front rake, (e. Meißels:) Neigungswinkel m
front view, Stirnansicht f, Vorderansicht f
front wall, Stirnwand f
front-wheel brake, (auto.) Vorderradbremse f
front-wheel drive, (auto.) Frontantrieb m, Vorderradantrieb m
front-wheel suspension, (auto.) Vorderradaufhängung f
front wing, (auto.) Vorderkotflügel m
frosted glass, Mattglas n
frost shake s (Holz:) Frostriß m
fuel s Brennstoff m; (auto.) Kraftstoff m, Betriebsstoff m
FUEL ~ (consumption, injection, level

gage, meter, pump, reserve tank, tank, tap) Kraftstoff~

FUEL ~ (consumption, economy, engineering, pump, storage, supply, supply line, tank) Brennstoff~

fuel can s Kanister m

fuel gas s Brenngas n

fuelling attendant s Tankwart m

fuel oil s Treiböl n; Heizöl n

fuel-oil-mixture s Kraftstoff-Öl-Gemisch n

fuel supply pump s (auto.) Förderpumpe f

fulcrum s Drehpunkt m

fulcrum pin s Drehzapfen m, Drehbolzen m

full annealing, Grobkornglühen n

full-automatic a. vollautomatisch

full-automatic lathe, Ganzautomat m

fuller s (forging) Rollgesenk n, Streckgesenk n

full-fusion welding, Verbindungsschweißen n

full load, (Motor:) Vollast f

FULL-LOAD ~ (power factor, rating, slip, speed, starting, torque, voltage) Vollast~

fully automatic a. vollselbsttätig

fully automatic machine, Vollautomat m

fully hydraulic machine, vollhydraulische Maschine

fume v.i. dampfen, rauchen

fume s Dampf m, Rauch m, Dunst m

function v.i. (Gerät:) arbeiten

function s Aufgabe f

fundamental frequency, Grundfrequenz f

fundamental particle, Elementarteilchen n

fundamental wave, Grundwelle f

funnel s (Labor:) Trichter m

furnace s Ofen m, Herd m; Feuerung f

FURNACE ~ (attendant, brick lining, brickwork, campaign, cinder, lining, operation, operator, shaft) Ofen~

furnace bottom s Herd m

furnace deposits pl. Feuerniederschläge mpl.

furnace discharge end s Ziehherd m

furnace hoist s Gichtaufzug m

furnace sow s (blast furnace) Ofensau f

furnace throat s Gichtöffnung f, Gicht f

furnace-top bell s Gichtglocke f

furniture finish s Möbelüberzugslack m

furniture rubbing varnish s Möbelschleiflack m

furniture trailer s Möbelwagenanhänger m

furniture van s Möbelkraftwagen m

furniture varnish s Möbellack m

fuse v.t. schmelzen; erweichen; – v.i. (electr.) durchbrennen

fuse s (electr.) Sicherung f

FUSE ~ (board, box, cartridge, element, holder, switch) Sicherungs~

fuse link s (electr.) Sicherungseinsatz m, Schmelzeinsatz m

fuse wire s Sicherungsdraht m, Schmelzleiter m

fusible cut-out, Abschmelzsicherung f

fusing point s Schmelzpunkt m

fusion s Schmelzung f, Verschmelzung f, Verbindung f

fusion brazing s Verbindungslöten n

fusion point s Erweichungspunkt m

fusion weldable a. schmelzschweißbar

fusion welding s Schmelzschweißung f

fusion welding process s Schmelzschweißverfahren n

G

gable *s (building)* Giebel *m*
gable molding *s* Giebelsims *m*
gage *v.t.* lehren, ablehren, messen (mittels Lehre)
gage *s* Lehre *f*; Maß *n*; Messer *n*; (Blech:) Dicke *f*, Stärke *f*; (Bohrloch:) Durchmesser *m*
gage block *s* Endmaß *n*
gage length *s (mat.test)* Meßstrecke *f*, Meßlänge *f*
gag press *s* Stempelrichtpresse *f*
gain *s (radio)* Gewinn *m*, Verstärkung *f*; *(data syst.)* Verstärkung *f*
galvanic cell, galvanisches Element
galvanize *v.t.* verzinken
galvanized sheet, Zinkblech *n*
galvanizing plant *s* Verzinkerei *f*, Verzinkungsanlage *f*
galvanizing sheet *s* Zinkblech *n*
galvanometer *s* Galvanometer *n*
gamma compensation *s (radar)* Dynamikentzerrung *f*
gang *v.t. (radio)* abgleichen
gang capacitor *s* Mehrfachdrehkondensator *m*
gang drilling machine *s* Reihenbohrmaschine *f*
ganged tuning, *(radio)* Einknopfabstimmung *f*
gang milling cutter *s* Satzfräser *m*
gang switch *s* Gruppenschalter *m*
gangue *s (met.)* Gangart *f*
gangway *s* Laufsteg *m*
ganister *s* Tondinasstein *m*
ganister brick *s* Kalkdinasstein *m*
gantry crane *s* Portalkran *m*, Brückenkran *m*

gap *s* Lücke *f*, Spalt *m*; *(mach.)* Kröpfung *f*; *(welding)* Fuge *f*
gap bridge *s (lathe)* Einsatzbrücke *f*
gap frame press *s* C-förmige Presse
gap frame reducing press *s* Einständerräderziehpresse *f*
garage *s* Garage *f*
garage equipment *s* Garagengeräte *npl.*
garage jack *s* Rangierheber *m*
garageman *s* Autoschlosser *m*
gas *s* Gas *n*
GAS ~ (bottle, burner, carburizing, chamber, cleaning plant, coal, coke, collector, conduit, cylinder, density, density meter, discharge, engine, explosion, firing, generator, heating, lighter, lighting, occlusion, off-take, passage, pedal, pipe, pipe stock, pocket, pressure, pressure meter, pressure regulator, pressure welding, producer, range, tap, torch, turbine, turbine engine, valve, works, yield) Gas~
gas cutting *s* Brennschneiden *n*
gaseous *a.* gasförmig
gas furnace *s* Flammofen *m*
gas grid *s* Ferngasnetz *n*
gash *s (gears)* Zahnlücke *f*
gasify *v.t.* vergasen
gas issue *s* Gasabzug *m*
gasket *s* Dichtungsmanschette *f*, Flachdichtung *f*, Dichtung *f*
gasoline *s* Benzin *n*
GASOLINE ~ (blow, torch, engine, feed pump, filter, injection engine, injection pump, pipe, pump, soldering iron, tank, torch) Benzin~
gasoline gage *s* Benzinstandanzeiger *m*
gas seal *s* Gasverschluß *m*

gas seal bell s (Gichtverschluß:) Gasfang m

gas-shielded metal-arc welding, Metalllichtbogenschweißen n unter Schutzgas

gas washer s Gaswäscher m

gas welding s Autogenschweißen n

gas welding equipment s (welding) Autogengerät n

gas welding technology s Autogen-Technik f

gate v.t. (founding) anschneiden; (electron.) einblenden

gate s (founding) Einguß m, Gießtrichter m; (railw.) Schranke f; (data syst.) logisches Schaltelement, Gatter n

gating s (telev.) Impulssperrung

gauge s cf. gage

gauze s Gaze f; (Draht:) Gewebe n

gear v.t. verzahnen; antreiben

gear s Zahnrad n; Getrieberad n; Trieb m; (auto.) Gang m; (electr.) Gerät n

GEAR ~ (blank, body, brake, casing, cluster, clutch, compartment, cover, feed, grinder, guard, hobber, lapping machine, layout, lubrication, manufacture, oil, production, ratio, reduction, shaft, tester, tooth, unit) Zahnrad~

gear block s Räderblock m

gearbox s (= gear box) (mach.) Getriebekasten m, Antriebskasten m; (auto.) Schaltgetriebe n

gearbox cover s (auto.) Getriebeabdeckung f

gearbox lubrication equipment s (auto.) Getriebefüllapparat m

gearbox stud s Getriebebolzen m

gear case s Getriebegehäuse n

gear change s (auto.) Gangschaltung f

gear cutting machine s Zahnradbearbeitungsmaschine f, Verzahnmaschine f

gear design s Verzahnung f

gear drive s Zahnradantrieb m, Zahnradgetriebe n, Zahntrieb m, Trieb m

gear-driven air pump, (auto.) Getriebeluftpumpe f

geared headstock, Räderspindelkasten m

geared motor, Getriebemotor m

geared pump, Zahnradpumpe f

geared scroll chuck, Kranzspannfutter n

geared spindle drive, Spindelgetriebe n

gear generation s Wälzverzahnung f

gear generator s (hobbing) Verzahnungsmaschine f

gear hob s Verzahnungswälzfräser m

gear housing s Getriebegehäuse n

gearing s Getriebe n

gearing component s Getriebeglied n

gearing diagram s Getriebeplan m, Getriebebild n

gearing layout s Getriebeschema n

gear mechanism s Triebwerk n

gear milling cutter s Zahnformfräser m

gear milling machine s Räderfräsmaschine f

gear planer s Zahnradhobelmaschine f

gear position indicator s (motor-cycle) Ganganzeiger m

gear pump s Räderpumpe f

gear rack s Zahnstange f

gear rim s Zahnkranz m; Radkranz m

gear ring s Zahnkranz m

gear segment s Zahnsegment n

gear shaper s Zahnradwaagerechtstoßmaschine f

gear shift s (auto.) Gangwechsel m

gearshift housing s (auto.) Schaltgehäuse n

gear shifting s *(auto.)* Gangschaltung f

gear-shifting shaft s *(auto.)* Schaltwelle f

gearshift lever s *(auto.)* Gangschalter m, Schalthebel m

gearshift linkage s *(auto.)* Schaltgestänge n

gearshift rod s *(auto.)* Schaltstange f

gear slotter s Zahnradstoßmaschine f

gear tooth micrometer s Zahnmeßschraublehre f

gear tooth system s Verzahnungssystem n

gear tooth vernier caliper s Zahnmeß-Schieblehre f

gear train s Rädergetriebe n, Räderkette f, Räderblock m

gear transmission s Zahnradübertragung f; Zahnradgetriebe n

gear transmission ratio s Räderübersetzung f

gear wheel s Getrieberad n, Zahnrad n

Geiger-Müller counter s Geigerzähler m

Geiger-Müller tube s Zählrohr n

general overhaul, Generalüberholung f

general-purpose computer s Universalrechner m

general-purpose machine, Mehrzweckmaschine f

generate v.t. *(gears)* wälzverzahnen; (Gase:) entwickeln *(electr.)* erzeugen

generating grinder s Wälzschleifmaschine f

generating station s Elektrizitätswerk n

generating tool s Wälzwerkzeug n

generation s *(gears)* Wälzverzahnung f; (Gase:) Entwicklung f

generator s Generator m; *(auto.)* Lichtmaschine f; *(electr.)* Stromerzeuger m; *(metal cutting)* Wälzfräsmaschine f; (Gas:) Entwickler m; *(data syst.)* Generator m, Geber m, Sender m

generator set s *(electr.)* Maschinensatz m

Geneva stop s Malteserkreuz n

geomagnetic a. erdmagnetisch

ghost lines pl. *(metallo.)* Seigerungsstreifen mpl., Faserstreifen mpl.

gib s Stelleiste f, Leiste f

gib-head s (e. Keils:) Nase f

gib-head key s Nasenkeil m

gilled radiator, Lamellenkühler m, Rippenkühler m

gimlet s Nagelbohrer m

girder s Balken m, Träger m

gland s (e. Stopfbüchse:) Brille f

glare v.t. blenden

GLASS ~ (bulb, cutter, paper, rule, strain tester, wool) Glas~

glass-mat-base laminate, Hartmatte f

glaze v.t. verglasen; lasieren

glaze s Glasur f, Lasur f

glazed tile, Kachel f

glazier s Glaser m

glazier's putty s Glaserkitt m, Fensterkitt m

glazing s Verglasung f

glazing coat s Lasuranstrich m

gliding plane s *(cryst.)* Gleitebene f

globe s (e. Lampe:) Kugel f

globe valve s Kugelventil n

globular a. körnig

globule s *(cryst.)* Globulit m, Knoten m, Perle f

gloss s Glasur f, Glanz m, Politur f

glove s Handschuh m

glow v.i. glühen, glimmen

glow s Glühen n; *(electr.)* Glimmentladung f

GLOW ~ (discharge lamp, lamp, tube) Glimm~

glue s Leim m

glue filler s Leimspachtel m

glue-press s Leimknecht m

gluey a. leimartig

goffered plate, Waffelblech n

'go' gage s Gut-Lehre f

goggles pl. (welding) Brille f

gold crust s (Zinkentsilberungsverfahren) Goldschaum m

gold parting s Goldscheidung f

gold refinery s Goldscheideanstalt f

gold refining s Goldscheidung f

goniometer ocular s Winkelmeßokular n

goods traffic s Güterverkehr m

gooseneck s (e. Druckgießmaschine:) Druckgefäß n

goose-necked a. (Meißel:) gekröpft

goose-neck tool s gekröpfter Meißel

'go' plug screw gage s Gutgewindelehrdorn m

go-side s (e. Rachenlehre:) Plusseite f

gouge v.t. brennhobeln

gouge s Hohlbeitel m, Hohlmeißel m

governor s Regler m

governor shaft s (auto.) Reglerwelle f

grab s (e. Krans:) Greifer m

grab bucket s Krangreifer m, Greiferkorb m

grab bucket crane s Greifbagger m

grab chain s Greiferkette f

grab excavator s Greifbagger m

grade v.t. (gears) stufen; (Erze:) klassieren

grade s Qualität f; (e. Schleifscheibe:) Härte f

gradient s Steigung f; (Druck:) Gefälle n

grading s (speeds) Abstufung f, Stufung f; (Erze:) Klassierung f

graduate v.t. einteilen, skalieren

graduated collar, Skalenring m

graduated dial, Skalenscheibe f

graduated steel straight edge, Meßschiene f

graduation s Meßeinrichtung f, Skala f

graduation line s Skalenstrich m

grain s Korn n; (Holz:) Faser f; (Leder:) Narben m

grain boundary s (cryst.) Korngrenze f

grain flow s (metallo.) Faserverlauf m

grain side s (Leder:) Narben m, Haarseite f

grain structure s Korngefüge n

grain tin s Kornzinn n

gram molecule s Mol n

granite s Granit m

granular a. körnig

granulate v.t. granulieren

granulated metal, Granalien fpl.

granulating plant s Granulationsanlage f

granulithic concrete, Hartbeton m

graph v.t. (data syst.) aufzeichnen

graph s (drawing) Kurvenblatt n

graphite s Graphit m

graphite crucible s Graphittiegel m

graphite lubricant s Graphitschmiermittel n

graphitic clay, Schieferkreide f

graphitiferous a. graphithaltig

graphitize v.t. & v.i. graphitisieren

graphitizing s Graphitglühen n

graph páper s Diagrammpapier n

grate s Gitter n, Rost m

grate firing s Rostfeuerung f

grate stoker s Rostbeschickungsanlage f

grating s (telev., opt.) Raster m

gravel *v.t. (civ.eng.)* bekiesen
gravel *s* Kies *m*
gravel asphalt *s* Kiesasphalt *m*
gravel-backup *s (shell molding)* Kieshinterfüllung *f*
gravel concrete *s* Kiesbeton *m*
gravity *s* Schwerkraft *f*
gravity die-castings Kokillenguß *m*
gravity lubrication *s* Fallschmierung *f*
grease *v.t.* abschmieren, schmieren, fetten, einfetten
grease *s* Starrschmiere *f*, Fett *n*
GREASE ~ (cup, injector, nipple, pocket, solvent) Fett~
grease gun *s* Druckschmierpresse *f*, Fettpresse *f*
grease pot *s (Weißblechfabrikation)* Walzkessel *m*
greasy *a.* fettig
green concrete, junger Beton
green sand, *(founding)* Naßgußsand *m*
green sand mold, *(founding)* Naßgußform *f*, Grünsandform *f*
green sand molding, Naßgußformerei *f*, Grünsandformerei *f*
green wood, frisches Holz
grey cast iron, Grauguß *m*
grey iron foundry, Graugießerei *f*
grey iron scrap, Gußeisenschrott *m*, Gußbruch *m*
grid *s (electr.)* Kabelnetz *n; (radio)* Gitter *n*; (Gas:) Ferngasnetz *n*; (Siebanlage:) Rost *m; (data syst.)* Raster *n*, Rasterfeld *n*, Gitter *n*
GRID ~ (battery, bias, capacitor, circuit, current, rectifier, resistance, throttle, voltage) Gitter~
grid bias battery *s* Gitterbatterie *f*
grid detector *s (radio)* Audion *n*

grid gas *s* Ferngas *n*
grid gas supply *s* Ferngasversorgung *f*
grid system *s* Fernleitungsnetz *n; (math.)* Netz *n*
grind *v.t.* mahlen; *(mach.)* schleifen
grind bright, blankschleifen
grind by the generating method, wälzschleifen
grind cylindrical, rundschleifen
grind in, einschleifen
grind internally, innenschleifen
grind off, abschleifen
grind offhand, freihandschleifen
grind *s* Schleifarbeit *f*, Schliff *m*
grindable *a.* schleifbar
grinder *s* Mühle *f; (mach.)* Schleifmaschine *f*
GRINDING ~ (arbor, attachment, capacity, compound, gage, machine, wheel) Schleif~
grinding operation *s* Schliff *m*
grindstone *s* Schleifstein *m*
grip *v.t.* greifen, fassen; klemmen; (Bremse:) anziehen
grip *s* Griff *m*; Klemme *f*; (Kabel:) Kralle *f*
gripper feed press *s* Presse *f* mit Zangen- oder Greiferzuführung
gripping appliance *s* Greifvorrichtung *f*
gripping device *s* Einspannvorrichtung *f*
gripping jaw *s* Klemmbacke *f*
gripping power *s* Greiffähigkeit *f*
grip wrench *s* Blitz-Rohrzange *f*
grit *s* Schleifkorn *n*; Abrieb *m; (building)* Kies *m*
grit marks *pl.* Schleifspuren *fpl.*
grizzly *s* Klassiersieb *n*
groove *v.t.* nuten, nutenziehen; schlitzen; einkerben; riffeln; auskehlen; (Walzen:) kalibrieren

groove s Nut f; Kerbe f, Einkerbung f; Rille f; Schlitz m; Fuge f; (Gewinde:) Rille f; (Holz:) Kehle f; (Walze:) Kaliber n; (welding) Nut f

groove and tongue v.t. (woodw.) spunden

groove designing s (rolling mill) Kalibrierung f

grooved flats, Hufstollenstahl m

grooved pulley, Rillenscheibe f

grooved rail, Rillenschiene f

grooved roll, (rolling mill) Formwalze

grooved sleeper, Rillenschwelle f

grooved tie, Rillenschwelle f

groove flank s Fugenflanke f

groove recessing tool s Nuteneinstechmeißel m

grooving plane s Nuthobel m

grooving tool s Nutenmeißel m

gross density, Rohdichte f

gross income, Bruttolohn m

ground v.t. (electr.) erden

ground s Erdboden m, Grund m, Boden m; (electr.) Erde f

ground basic slag, Thomasschlackenmehl n

ground clearance s (auto.) Bodenfreiheit f

ground connection s (electr.) Erder m

ground detector s (electr.) Erdprüfer m

grounding s (electr.) Erdung f

ground line s (auto.) Standebene f

ground water s Grundwasser n

ground water table s Gründungsspiegel m

group casting s Gießen n im Gespann

group drive s Gruppenantrieb m

group frequency s (electroerosion) Funkenfolgefrequenz f

group selector s Gruppenwähler m

group teeming s (met.) Gespannguß m

group teeming plate s (met.) Gespannplatte f

grout v.t. (mit Zement:) untergießen

grout s Vergußmasse f, Schlempe f, Mörtelschlamm m

grouter s (concrete) Einpreßmaschine f

grub screw s Gewindestift m

guard v.t. abdecken, schützen

guard s Schutzblech n, Schutzhaube f, Verdeck n; (rolling mill) Hund m

guard plank s (scaffolding) Kantbrett n

gudgeon pin s (auto.) Kolbenbolzen m

guide v.t. führen, leiten; (radio) richten

guide s Führung f; (rolling mill) Führungsbacke f; Anleitung f

GUIDE ~ (cam, collar, column, cylinder, drum, nut, pin, rail, rod, roller, slot) Führungs~

guide bar s (lathe) Leitschiene f, Leitlineal n

guide bracket s (mach.) Kopierbock m

guide pulley s (Riemen:) Ablenkrolle f, Umlenkrolle f, Leitrolle f

guideway s (mach.) Führungsbahn f, Gleitbahn f; – pl. (lathe) Bettführung f

guillotine plate shear s Rahmenblechschere f

gullet s (Sägezähne:) Lücke f

gum v.i. verharzen

gum lacquer s Harzesterlack m

gun s (lubrication) Spritze f, Presse f; (concrete) Spritzmaschine f; (electron.) Schleuder f

gun bronze s Geschützbronze f

gunmetal s Geschützbronze f

gunpowder s Sprengpulver n

gusset plate *s* Eckblech *n*, Knotenblech *n*

gutter *s* Traufe *f*, Rinne *f*; (e. Gesenkes:) Gratmulde *f*

guy *v.t.* verspannen, verankern

gypsum mortar *s* Gipsmörtel *m*

gyrate *v.i.* kreiseln

gyratory crusher, Kreiselbecher *m*

gyro-compass *s* Kreiselkompaß *m*

H

hacksaw s Bügelsäge f
hairline crack s Haarriß m
hairline cross s Fadenkreuz n
hairline gage s Strichendmaß n
hair-pin bends *(traffic)* Haarnadelkurve f
half angle of throat, (e. Fugennaht:) Flankenweite f
half dog point, (e. Schraube:) Kernansatz m
half-life period, *(nucl.)* Halbwertzeit f
half-nuts, *(lathe)* Mutterschloß n
half shell mold, Maske f
half-wave rectifier, Einweggleichrichter m
hammer *v.t.* hämmern; ausbreiten; kaltschmieden; schlagen
HAMMER ~ (blow, crusher, face, handle, head, mill, pane, strap) Hammer~
hammer-forge *v.t.* reckschmieden, freiformschmieden, hämmern, schmieden, recken
hammer scale s Schmiedezunder m, Hammerschlag m
HAND ~ (brake, brake lever, cable winch, crank, drill, molding, reamer, screw press, selector switch, tap, tool, wheel) Hand~
hand accelerator s *(auto.)* Handgashebel m
hand-forge *v.t.* freiformschmieden, reckschmieden
hand forging s freigeformtes Schmiedestück
handicraft s Gewerbe n
handle *v.t.* handhaben, betätigen; hantieren; manipulieren; (z. B. Geräte) bedienen
handle s Handgriff m, Griff m; Heft n; Halter m; (e. Hammers:) Stiel m; (Tür:) Klinke f
handle-bar s *(motorcycle)* Lenkstange f
handle bar arm s *(motorcycle)* Lenkerarm m
handle escutcheon s *(auto.)* Griffschale f
hand lever-operated grease gun, Handhebelfettpresse f
handling bridge s Verladebrücke f
handling equipment s Verladeanlage f
handling time s *(work study)* Griffzeit f, Handzeit f
hand molding shop s Handformerei f
hand-operated chuck, Handspannfutter n
hand-operated molding machine, Handformmaschine f
hand-plane *v.t. (woodw.)* abrichten
hand power winch s Bauwinde f
handrail s *(building)* Handlauf m
hand saw s Fuchsschwanz m
hand-set s *(tel.)* Gabel f
handshield s Schweißschirm m
hand vise s Feilkloben m
hanging test s (Draht:) Reißversuch m
hard chrome plating, Hartverchromung f
hard copal, Hartkopal n
harden *v.t.* härten; – *v.i.* erhärten
hardenability s Härtbarkeit f
hardenable *a.* härtbar
hardened case, Härteschicht f, Einsatzschicht f
hardened concrete, Festbeton m
HARDENING ~ (constituent, crack, distortion, furnace, strain, stress) Härte~
hardening room s Härterei f
hard-face *v.t.* auftragsschweißen, bestücken

hard-facing alloy s Aufschweißlegierung f
hardness s Härte f
hardness test s Härteprüfung f
hardness tester s Härteprüfer m
hardness testing machine s Härteprüf-
maschine f
hard rubber, Hartgummi n
hard solder, Hartlot n
hard surface v.t. auftragschweißen
hard surfacing, Hartauftragschweißung f
hardware s Eisenwaren fpl., Metallwaren
fpl., Stahlwaren fpl., Kleineisenwaren fpl.
hardware s Geräteausstattung f, Hardware
f, Maschinenausrüstung f
hardwood s Hartholz n
hardwood fiber s Hartfaserplatte f
harmonic wave, (acoust.) Oberwelle f
harness s (Kopfhörer:) Bügel m
hatchet s Handbeil n
hatchet soldering copper s Hammerlöt-
kolben m
hauling contractor s Transportunterneh-
mer m
hauling rope s Zugseil n, Schlepptau n,
Förderseil n
haze s Schleier m
H-beam s Breitflanschträger m
head v.t. (Bolzenköpfe:) anstauchen
head s (techn.) Kopf m; (hydr.) Gefälle n;
(boring mill) Support m; (lathe) Spindelkasten m; (turret lathe) Revolverkopf m;
(e. Dampfkessels:) Zug m; (e. Pumpe:) Förderhöhe; (e. Schrauben-
schlüssels:) Maul n; (e. Ventils:) Teller m; (e. Winde:) Horn n
head bond s (Mauerwerk:) Kopfverband
m
header s (building) Binderstein m, Binder
m; (founding) Saugmassel f; (riveting)

Döpper m; (Schraubenfabrikation:)
Kopfstaucher m, Stauchstempel m
heading s (civ.eng.) Vortrieb m; (Polier-
scheiben:) Beleimung f; (Schrau-
ben:) Anstauchung f
heading die s Kopfstempel m, Stauchstempel m
heading set s Nietkopfsetzer m
headlamp s (auto.) Scheinwerfer m
headphone s Kopfhörer m
head receiver s Kopfhörer m
headroom s Bauhöhe f
headstock s (lathe) Spindelkasten m
headstock feed s (driller) Schlittenvorschub m
headstock gearing s Spindelstockgetrie-
be n
health-impairing a. gesundheitsschädlich
hearth s Feuerung f; (e. Schmelzofens:)
Herd m; (e. Hochofens:) Gestell n
hearth jacket s (blast furnace) Gestellpan-
zer m
heartwood s Kernholz n
heat v.t. wärmen, anwärmen, erwärmen;
heizen, feuern
heat s Hitze f; Wärme f; (steelmaking)
Schmelzgang m, Schmelze f, Charge f,
Gang m
HEAT ~ (absorption, balance, capacity,
conduction, conductivity, conductor,
drop, economy, energy, exchange, expansion, flow, insulation, loss, radiation,
supply, throughput, transfer, treatment)
Wärme~
heat absorbing a. wärmeaufnehmend
heat-affected zone, (welding) Übergangs-
zone f
heat-bond v.t. warmkleben
heat crack s Brandriß m, Warmriß m

heater s Heizkörper m; Erhitzer m; (electr.) Heizfaden m

heater plug s (auto.) Glühkerze f

heating s Beheizung f, Heizung f, Feuerung f, Erhitzung f, Erwärmung f

HEATING ~ (battery, chamber, coil, current, effect, element, flame, flue, power, resistor, surface, voltage, wire, zone) Heiz~

heating blower s (auto.) Heizungsgebläse n

heating capacity s Heizleistung f; Heizvermögen, Heizfähigkeit f

heating furnace s Anwärmofen m

heating installation s Heizungsanlage f

heat-mold v.t. (plastics) warmpressen

heat-proof a. feuerfest

heat-proof quality, Wärmebeständigkeit f

heat-resisting quality, Hitzebeständigkeit f

heat-treat v.t. wärmebehandeln

heat-treatable a. vergütbar

heat-treatable steel, Vergütungsstahl m

heat treating department s Härterei f

heat treating equipment s Härteanlage f

heat treating furnace s Wärmebehandlungsofen m

heat treating property s (Stahl:) Vergütbarkeit f

heat treatment crack s Härteriß m

heavy concrete, Schwerbeton m

heavy current, Starkstrom m

heavy current condenser, Starkstromkondensator m

heavy current engineering, Starkstromtechnik f

heavy-duty construction equipment, (building) Großgerät n

heavy-duty machine tool, Schwerwerkzeugmaschine f

heavy-duty trailer, Schwerlasttransportanhänger m

heavy metal, Schwermetall n

heavy oil, Schweröl n

heavy plate, Grobblech n

heavy zinc coating, Starkverzinkung f

hectode s Achtpolröhre f

heel s (Spiralbohrer:) Schneidfase f, Führungs(fase f

height s Höhe f

height of centers, (lathe) Spitzenhöhe f

height of drop, (e. Gesenkes:) Fallhöhe f

height overall, Gesamthöhe f, Bauhöhe f

helical a. schraubenförmig, schneckenförmig, drallförmig

helical gear, Schraubenrad n, Schrägzahnrad n

helical gear transmission, Schraubenrädergetriebe n

helical reinforcement, Spiralbewehrung f

helical spring, Schraubenfeder f

helical tooth, Schrägzahn m

helical tooth bevel gear, Schrägzahnkegelrad n

helical tooth system, Schrägverzahnung f, Schraubenverzahnung f

helium arc welding s Heliarc-Schweißung f

helix s Schraubenlinie f, Wendel m, Drall m

helix angle s (gearing) Steigungswinkel m

helmet s (welding) Kopfschutzhaube f

helper s Handlanger m

hematite pig iron s Hämatitroheisen n

hemp s Hanf m

hemp belt s Hanfriemen m

hemp core s (e. Seils:) Hanfseele f

hemp packing s Hanfpackung f
hermaphrodite caliper s Tastzirkel m
herringbone gear s Pfeilzahnrad n
herringbone tooth s Pfeilzahn m
heterogeneity s Ungleichmäßigkeit f
heterogeneous a. ungleichmäßig
hexagon s Sechseck n
hexagonal a. sechseckig
hexagon head coach screw s Sechskantholzschraube f
hexagon head screw s Sechskantschraube f
hexagon head socket wrench s Innensechskantschlüssel m
hexagon hole s Innensechskant m
hexagon socket s (e. Schraube:) Innensechskant m
hexagon socket set screw s Gewindestift m mit Innensechskant
hexagon socket wrench s Sechskantsteckschlüssel m
hexagon turret head s Sechskantrevolverkopf m
hexagon turret lathe s Sternrevolverdrehmaschine f
hexagon-type turret head s Sternrevolverkopf m
hexode s Sechselektrodenröhre f, Sechspolröhre f
hickory wood s Nußbaumholz n
hidden p.a. verdeckt
hide glue s Hautleim m
high-alloy steel, hochlegierter Stahl
high-carbon steel, hochgekohlter Stahl
high duty, Hochleistung f
HIGH-DUTY ~ (grinder, lathe, machine, milling machine, riveting hammer, slotter, tool) Hochleistungs~
high-energy forming method, *(explosive*

metal-forming) Hochleistungsumformung f
high explosive, Hochdruckexplosivstoff m, Sprengstoff m
high frequency, Hochfrequenz f
HIGH-FREQUENCY ~ (accelerator, amplifier, capacitor, compensation, current, engineering, field, furnace, generator, induction, furnace, interference, transmission, voltage, welding, winding) Hochfrequenz~
high-frequency carrier telegraphy, Hochfrequenztelegrafie f
high-grade steel, Qualitätsstahl m, Edelstahl m
high-grade zinc, Feinzink n
high level jack, *(auto.)* Hochheber m
high-mirror finish, Hochglanzpolitur f
high-performance computer s Hochleistungsrechner m
high-power engine, Hochleistungsmotor m
high-power motor, Hochleistungsmotor m
high-power transformer, Hochleistungstransformator m
high-power tube *(radio)* Hochleistungsröhre f, Endröhre f
high-precision bearing, Hochgenauigkeitslager n
high-precision lathe, Feinstdrehmaschine f
high pressure, Hochdruck m
HIGH-PRESSURE ~ (blower, boiler, burner, compressor, cylinder, hose, line, lubrication, pump, stage, steam engine, tire, tube, turbine, valve) Hochdruck~
high-quality cast iron, Qualitätsguß m
high-quality sheet steel, Qualitätsblech n

high-quality steel, Edelstahl m
high-speed engine, (auto.) hochtouriger Motor
high-speed lathe, Schnellaufdrehmaschine f
high-speed motion, (e. Getriebes:) Schnellgang m
high-speed steel, Schnellarbeitsstahl m, Schnellschnittstahl m, Schnellstahl m
high-speed traffic, Schnellverkehr m
high-speed truck, Schnelllastkraftwagen m
high-strength cast iron, hochwertiger Grauguß, Qualitätsguß m
high-strength steel, hochfester Stahl
high-temperature alloy, Hochtemperaturlegierung f
high-temperature steel, warmfester Stahl
high-temperature storage tank s Heißwasserspeicher m
high-temperature strength, Warmfestigkeit f
high-tensile steel, hochfester Stahl
high tension, (electr.) Hochspannung f
high-test grey iron, hochwertiger Grauguß
high-vacuum engineering, Hochvakuumtechnik f
high-vacuum tube, Hochvakuumröhre f
high voltage, Hochspannung f
HIGH-VOLTAGE ~ (battery, cable, condenser, engineering, fuse, line, network, plant, switch, transformer, transmission line, winding) Hochspannungs~
highway s Autobahn f
Highway Code s Straßenverkehrsordnung f
highway engineering s Straßenbautechnik f

hill-climbing ability s (auto.) Steigfähigkeit f
hinge s Scharnier n
hinged a. aufklappbar
hinged motor plate, Motorwippe f
hip s (building) Grat m
hip lever control s (e. Maschine:) Hüfthebelsteuerung f
hire-car s Mietwagen m
hissing s (im Mikrofon:) Rauschen n
hitchhike v.t. (auto.) anhalten
hitchhiker s (auto.) Anhalter m
hob v.t. (metal cutting) wälzfräsen; (cold work) kalteinsenken, Vertiefungen kalt eindrücken
hob s Wälzfräser m; (cold work) Kaltpreßstempel m; (forging) Pfaffe m
hobaility s Kalteinsenkbarkeit f
hobbing machine s Wälzfräsmaschine f
hobbing press s Kalteinsenkpresse f
hobbing tool s Wälzwerkzeug n
hob saddle s (e. Wälzfräsmaschine:) Frässchlitten m
hoist v.t. anheben, hochheben, heben
hoist s Hebezeug n, Lastenaufzug m
hoist brake s Förderbremse f
hoisting cable s Zugseil s
hoisting chain s Hubkette f
hoisting crab s Bockwinde f
hoisting gear s Hubwerk n
hoisting power s Hubkraft f
hoisting rope s Förderseil n, Lastseil n
hoist structure s Fördergerüst n
hoist winch s Aufzugswinde f
holder s Halter m, Haltevorrichtung f; Griff m; Klemme f; Fassung f
holding capacity s Fassungsvermögen n
holding-down s (e. Schere:) Niederhalter m

holding-down bolt s Spannschraube f
holding fixture s *(mach.)* Aufnahme f
holding flange s Aufnahmeflansch m
hole s Loch n, Öffnung f; Bohrung f; *(met.)* Stichloch n
hole center distance s Lochabstand m
hole circle s Lochkreis m
hole-punching s Lochung f
hollow out v.t. hohlbohren
hollow brick, Hohlziegelstein m
hollow core, *(founding)* Hohlkern m
hollow-forge v.t. warmlochen, hohlschmieden
hollow pin chain, Hohlbolzenkette f
hollow punch, Locheisen n
hollow set screw, Madenschraube f
hollow shaft, Hohlwelle f
hollow space, Hohlraum m
hollow tile, *(building)* Hohlpfanne f
home building s Wohnungsbau m
home-loop operation s *(data syst.)* Lokalverarbeitung f
home scrap s Umlaufschrott m
home wiring s *(electr.)* Hausinstallation f
homopolar a. gleichpolig
hone v.t. ziehschleifen, honen
hone s Honahle f, Honstein m
honeycomb radiator s *(auto.)* Wabenkühler m
honing equipment s Ziehschleifeinrichtung f
honing machine s Ziehschleifmaschine f
honing stick s Honstein m
honing tool s Honahle f
hood s Haube f, Klappe f; *(auto.)* Motorhaube f; (für Gase:) Abzug m
hook s Haken m; Öse f
hook fittings pl. Hakengeschirr n
hook spanner s Hakenschlüssel m

hoop drop relay s Fallbügelregler m
hoop iron s Bandeisen n
hoot v.t. *(auto.)* hupen
hooting signal s Hupensignal n
hopper s Füllrichter m, Einfülltrichter m; (Gichtverschluß:) Trichter m; *(data syst.)* Magazin n (für Lochkarten)
hopper truck s Muldenwagen m
horizontal a. waagerecht, horizontal
HORIZONTAL ~ (boring, drilling and milling machine, boring machine, broaching machine, drilling machine, fineboring machine, knee-and-column type miller, milling machine, precision boring machine, turret lathe) Waagerecht~
horn s *(auto.)* Hupe f, Signalhorn n; (e. Lautsprechers:) Trichter m; (Amboß:) Horn n
horsepower s Pferdestärke f; (e. Motors:) Leistung f
hose s Schlauch m
hose coupling s Schlauchkupplung f
hose-proof enclosure, Schwallwasserschutz m
hose sandblast gun s Freistrahlgebläse n
host computer s zentrale Datenverarbeitungsanlage f
hot-air blast, *(met.)* Heißwind m
hot-air heater, Heißlufterhitzer m
hot-air heating, Warmluftheizung f
hot bed, *(rolling mill)* Warmbett n, Warmlager n
hot blast, *(met.)* Heißwind m
hot-blast cupola, Heißwindkupolofen m
hot-blast main, Heißwindleitung f
hot-blast stove, *(met.)* Winderhitzer m
hot-brittle a. warmbrüchig
hot-brittleness s Warmbrüchigkeit f
hot bulb, *(engine)* Glühkopf m, Zündkopf m

hot-bulb engine, Glühkopfmotor m
hot-bulb ignition, Glühkopfzündung f
hot cabinet, Wärmeschrank m
hot cathode, Glühelektrode f
hot-cathode rectifier, Glühkathoden-gleichrichter m
hot chisel, Warmschrotmeißel m
hot crack, Brandriß m, Warmriß m; *(heat treatment)* Vielhärtungsriß m
hot deseaming, Brennputzen n
hot dipping process, Tauchveredelung f
hot dozzle, *(met.)* Warmhaube f
hot-draw *v.t.* warmziehen; (Rohre:) tief-ziehen
hot drop saw, *(rolling mill)* Pendelwarmsä-ge f
hot ductility, Warmzähigkeit f
hot-forge *v.t.* warmschmieden
hot forging die, Warmarbeitsgesenk n
hot forming, Warmformgebung f
hot forming property, Warmverformbar-keit f
hot-galvanize *v.t.* feuerverzinken
hot-gas welding, Heißgasschweißen n
hot-metal ladle, Roheisenpfanne f
hot-metal mixer, Roheisenmischer m
hot mixer, *(met.)* Mischer m
hot-mold v.t. (plastics) warmpressen
holt-mold centrifugal casting process, Kokillenschleuderguß m
hot plate, Heizplatte f
hot-press *v.t.* warmstauchen, warm-pressen
hot-pressed brass, Preßmessing n
hot-pressed part, Warmpreßteil n
hot pressing die, Warmpreßform f, Warm-stauchmatrize f
hot pressing steel, Warmpreßstahl m
hot quenching, Thermalhärtung f

hot-roll *v.t.* warmwalzen
hot-rolled strip, warmgewalzter Band-stahl, Warmband n
hot rolling mill, Warmwalzwerk n
hot saw, Heißeisensäge f
hot-setting adhesive, Warmkleber m
hot shear blade, Warmschermesser n
hot-short a. warmbrüchig
hot-shortness, Warmbrüchigkeit f
hot-spin *v.t.* warmdrücken
hot strip mill, Warmbandstraße f
hot tar, Heißteer m
hot-temper *v.t.* warmbadhärten
hot temperature zone, Heißtemperaturzo-ne f
hot tempering, Stufenhärtung f
hot top, *(met.)* Warmhaube f, Blockaufsatz m
hot topping, Gießen n mit Aufsatz
hot-trim *v.t.* warmabgraten
hot trimming die, Warmabgratwerkzeug n
hot upsetting die, Warmstauchmatrize f
hot waste *(atom.)* radioaktiver Abfall
hot water storage tank, Heißwasserspei-cher m
hot water heater, Warmwasserbereiter m
hot wire, *(electr.)* Hitzdraht m
hot wire instrument, Hitzdrahtinstrument n
hot-work *v.t.* warmverformen, warmbear-beiten, warmbehandeln
hot work, Warmbearbeitung f, Warmbe-handlung f
hot-workable a. warmverformbar
hot-working brass, Schmiedemessing n
hot-working die, Warmarbeitswerkzeug n
hot-working steel, Warmarbeitsstahl m
hour meter s *(electr.)* Zeitzähler m

house service meter s *(electr.)* Haushaltszähler m

house wiring switch s Installationsschalter m

housing s (e. Maschine:) Rahmenständer m, Ständer m; *(gears)* Gehäuse n

housing screw s *(rolling mill)* Anstellvorrichtung f

hub s Nabe f; *(tool)* Einsenkstempel m; Pfaffe m

hub bore s Nabenbohrung f

hub brake s *(auto.)* Radbremse f

hub stud s *(auto.)* Radbolzen m

hub-type shaper cutter s Glockenschneidrad n

hue s Farbton m

hull paint s Schiffsrumpffarbe f

hum v.i. *(radio)* brummen, brodeln

hum s *(radio)* Brumm m

hum frequency s Brummfrequenz f

humid a. feucht

humidity s Luftfeuchtigkeit f

hummer s Summer m

humming noise s Brummton m

hum voltage s Brummspannung f

hurdle s *(met.)* Horde f

hurdle-type scrubber s Hordenwascher m

hybrid computer s Analog-Digital-Rechner m

hybrid system, hybrides Rechensystem

hydrant s Hydrant m

hydraulic a. hydraulisch

HYDRAULIC ~ (brake, clutch, cylinder, drive, mechanism, motor, pump, pressure, transmission) Flüssigkeits~

hydraulic engine, Wasserkraftmaschine f

hydraulic engineering, Wasserbau m

hydraulic lime mortar, Wassermörtel m

hydraulic oil, Hydrauliköl n, Treiböl n, Drucköl n

hydraulic press, hydraulische Presse

hydraulic pressure test, Wasserdruckversuch m

hydraulic pump, Hydraulikpumpe f

hydraulics pl. Hydraulik f

hydraulic shock absorber, *(auto.)* Ölstoßdämpfer m

hydraulic tracer control, *(copying)* Kolbensteuerung f

hydrochloric acid, Salzsäure f

hydrodynamic a. hydrodynamisch

hydrodynamics pl. Hydrodynamik f

hydroelectric station, Wasserkraftwerk n

hydrogen s Wasserstoff m

hydrogenate v.t. hydrieren

hydrogenation s Hydrierung f

hydrogen embrittleness s Beizbrüchigkeit f

hydrogenize v.t. hydrieren

hydrogen sulphide s Schwefelwasserstoff m

hydromechanics pl. Flüssigkeitsmechanik f

hydrometallurgy s Naßmetallurgie f

hydrometer s *(auto.)* Batteriesäureprüfer m

hygrometer s Feuchtigkeitsmesser m

hypereutectoid steel, übereutektoider Stahl

hypo-eutectoid a. untereutektoid

hysteresis loop s Hysteresisschleife f

I

I-beam s I-Träger m, Doppel-T-Träger m, parallelflanschiger Profilträger

IDENTIFICATION ~ (field, key, number) Kennungs~

identification character s (data syst.) Kennung f, Stationskennung f

identification number s Kennbuchstabe m

idle current wattmeter, Blindleistungszähler m

idle load, Leerwert m; Leerlast f, Leergewicht n

idle movement, Leerweg m

idle position, Leerlaufstellung f

idle roll, (rolling mill) Blindwalze f, Schleppwalze f

idler pulley s (Riemen:) Spannrolle f

idle running, Leerlauf m

idle stroke, (auto.) Leerlaufhub m

idle time, (mach.) Nebenzeit f

idling stroke s Leerhub m

I-girder s I-Träger m, Doppel-T-Träger m

ignite v.t. entzünden

ignition s Entzündung f; (auto.) Zündung f

IGNITION ~ (battery, distributor, lack, lock, rate, switch) Zünd~

ignition cable end fitting s (auto.) Zündkabelschuh m

ignition key s (auto.) Schaltschlüssel m

ignition loss s Glühverlust m

ignition point s Entzündungspunkt m

ignition safety key s Sicherheitszündschlüssel m

ignition switch key s Zündschlüssel m

ignition timing s (auto.) Zündeinstellung f

illuminate v.t. beleuchten, illuminieren

illuminated driving mirror, (auto.) Rückspiegelleuchte f

illuminating gas s Leuchtgas n

illuminator s Beleuchtungskörper m

image s (opt., radar, radio) Bild n

IMAGE ~ (antenna, area, clearness, plane, tube) Bild~

image frequency s Spiegelfrequenz f

immerse v.t. tauchen, eintauchen

immersion heater s Tauchsiedegerät n

impact s Prellschlag m, Anschlag m, Schlag m, Stoß m

IMPACT ~ (anvil, bending test, compression test, energy, hardness tester, strength, stress, tension test, test) Schlag~

impact molding s (plastics) Schlagpressen n

impedance s (electr.) Scheinwiderstand m

impedance coupling s Drosselkopplung f

impregnate v.t. durchtränken, imprägnieren

impregnation s Imprägnierung f

impression s Eindruck m; (e. Gesenkes:) Gravur f; (Oberflächenfehler:) Vertiefung f

impression die s (plastics) Preßform f, Preßstempel m

improving furnace s (Werkblei:) Vorraffinierofen m

improvised equipment, Behelfsausrüstung f

impulse s Impuls m; Stoß m; Moment n; Steuerkommando n, Befehl m

impulse condensing turbine s Gleichdruck-Kondensationsturbine f

impulse discharge s Stoßentladung f

inactivity s Reaktionsträgheit f
in-and-out feed gear mechanism, Vorschubschaltgetriebe n
incandescent lamp, Glühlampe f
incandescent lamp socket, , Glühlampenfassung f
incandescent light, Glühlicht n
incentive earnings, Leistungslohn m
incentive payment, Leistungsentlohnung f
inch v.t. schrittschalten
inching s (mach.) Schleichgang m, Kriechgang m
inching control s Tippschaltung f
inching control mechanism s (mach.) Schrittschaltwerk n
inching feed s Schleichvorschub m, Kriechvorschub m
inching push button s Tipptaste f
inching switch s Tippschalter m
inch rule s Zollstock m, Zollmaß n
incident light, einfallendes Licht, Auflicht n
incineration s Veraschung f
incipient fracture, Anriß m, Anbruch m
inclinable a. schrägverstellbar, schrägstellbar, neigbar
inclined grate, Schrägrost m
inclined hoist, Schrägaufzug m
included angle, Spitzenwinkel m, Keilwinkel m; (e. Kehlnaht:) Kehlwinkel m
included plan angle, (e. Meißels:) Eckenwinkel m
inclusion s (met.) Einschluß m
incompatibility s Unverträglichkeit f
incremental counter, Schrittzähler m
incremental indexing, (mach.) Bruchteilen n
indent v.t. eindrücken
indent s Eindruck m, Einkerbung f
indentation s Eindruck m

independent axle, (auto.) Pendelschwingachse f
independent suspension (auto.) Einzelaufhängung f
independent wheel-suspension, (auto.) Einzelradaufhängung f
index v.t. (mach.) teilen, indexieren; schalten, umschalten; taktieren
index s (math.) Index m; (e. Meßgerätes:) Zeiger m
INDEX ~ (bolt, crank, hole, lever, notch, position, spacing) Index~, Teil~
index card s Karteikarte f
index figure s Kennziffer f
indexing s (mach.) Teilen n, Teilarbeit f, Indexieren n; (Revolverkopf:) Schalten n
indexing attachment s Teilapparat m
indexing head s Teilkopf m
index number s Leitzahl f
index pin s Indexstift m, Indexbolzen m, Raststift m, Teilstift m
index plate s Lochteilscheibe f, Teilscheibe f; (für Drehzahlen:) Schild n, Tabelle f
INDICATING ~ (accuracy, device, instrument, lamp, measuring instrument, range) Anzeige~
indicating micrometer s Fühlhebelschraublehre f
indication s (data syst.) Meldung f
indication sign s (traffic) Hinweiszeichen n
indicator s Anzeiger m
indicator lamp s Signalleuchte f, Meldeleuchte f; (auto.) Kontrolleuchte f, Anzeigeleuchte f
indirect arc furnace, Lichtbogenstrahlungsofen m
individual drive, Eigenantrieb m

individual spot welding, Einzelpunkt-schweißung *f*

induce *v.t.* induzieren

induced draft fan, Saugzuggebläse *n*

inductance *s (electr.)* induktiver Blindwiderstand, Induktivität *f*

inductance meter *s* Induktivitätsmesser *m*

induction *s (electr.)* Induktion *f*

INDUCTION ~ (circuit, coil, current, frequency, furnace, hardening, instrument, meter, motor, spark, welding) Induktions~

induction air *s (auto.)* Ansaugluft *f*, Einsaugluft *f*

induction heating *s* induktives Erwärmen

induction regulator *s* Drehtransformator *m*, Regeltransformator *m*

induction wattmeter *s (electr.)* Drehfeldmesser *m*

industrial frequency, technische Frequenz

industrial furnace, Industrieofen *m*

industrial truck, Hubwagen *m*

industrial wheel tractor, Straßenschlepper *m*

inert *a.* reaktionsträge

inert gas *s* Edelgas *n*

inert-gas arc welding *s* Edelgas-Lichtbogenschweißen *n*

inertia *s* Beharrungsvermögen *n*, Massenträgheit *f*

inertia starter *s (auto.)* Schwungkraftanlasser *m*

infeed *s (grinding)* Zustellung *f*, Beistellung *f*, Einstich *m*

INFEED ~ (attachment, depth, grinding, lever, method, thread rolling machine) Einstech~

infeed adjustment *s (grinding)* Spanzustellung *f*

infiltrated air, Falschluft *f*

infinitely variable speed gear drive, stufenloses Getriebe

inflammability *s* Zündbarkeit *f*

inflammable *a.* entflammbar, entzündbar, feuergefährlich

inflate *v.t. (auto.)* aufpumpen

inflation pressure *s (auto.)* Reifendruck *m*

influx *s* Einströmung *f*

INFORMATION ~ (carrier, center, circuit, exchange, flow, input, output, processing, source, system, technology, transmission) Informations~

information store *s* Informationsspeicher *m*

infra-red radiation, Infrarotstrahlung *f*

infra-red rays, Infrarotstrahlen *mpl.*

infringement *s* (Patent:) Verletzung *f*

ingot *s (met.)* Block *m*, Rohblock *m*, Gußblock *m*; Barren *m*

INGOT ~ (car, charging car, charging crane, copper, crane, gripper, planing machine, production, pusher, reheating furnace, slicing machine, stirrup, stripper, turning lathe) Block~

ingot iron *s* Armco-Eisen *n*

ingotism *s* Blockseigerung *f*

ingot mold *s (met.)* Blockform *f*, Kokille *f*

ingot steel *s* Flußstahl *m*

ingot tilter *s (rolling mill)* Blockhebetisch *m*, Blockwender *m*

ingredient *s* Bestandteil *m*

ingress *v.i.* eindringen

ingress *s* Eintritt *m*

inhibit *v.t. (data trans.)* sperren

inhibit bit *s (data trans.)* Sperrbit *f*

inhibitor *s* Beizzusatz *m*, Sparbeize *f*

INITIAL ~ (condition, level, momentum, orbit, phase, position, region, sensitivity, slackness, speed, stage, strength, transmission, value, velocity, wear) Anfangs~

initial belt tension, Riemenvorspannung f

initial load, Anfangsdruck m, Vorlast f

initial tensile strength, Ursprungsfestigkeit f

inject v.t. einblasen, einspritzen; (plastics) spritzen

injection s (auto.) Einspritzung f

INJECTION ~ (engine, nozzle, pipe, pump, valve) Einspritz~

injection-mold v.t. (plastics) spritzgießen

injection mold s (plastics) Spritzgießwerkzeug n

injection molded article, (plastics) Spritzgußteil n

injection molded material, Spritzgußstoff m

injection molded part, (plastics) Spritzgußteil n

injection molding s (plastics) Spritzgußteil n

injection molding compound s (plastics) Spritzgußmasse f

injection molding machine s Spritzgießmaschine f

injection molding press s (plastics) Spritzpresse f

injection molding technique s (plastics) Spritzgußtechnik f

injection period s (auto.) Einspritzdauer f

injection timing s (auto.) Düseneinstellung f

injection timing device s (auto.) Spritzversteller m

injector s Spritze f

injector nozzle s (converter) Blasdüse f

injector pump s Strahlpumpe f

injector valve s (auto.) Einspritzventil n

inlet s Einlaß m, Eintritt m, Einlauf m, Einfüllöffnung f; (Kabel:) Einführung f

inlet bend s (building) Einlaufbogen m

inlet manifold s (auto.) Einlaßkrümmer m, Ansaugrohr n

inlet pipe connection s Eintrittsstutzen m

inlet port s Eintrittsschlitz m

inlet valve s Ansaugventil n, Einströmventil n

in-line engine s (auto.) Reihenmotor m

inoperative a. funktionsunfähig

input s (cost accounting) Einsatz m; (electr.) Aufnahme f, Eingang m, aufgenommene Leistung; (data process.) Eingabe f, Eingang m

INPUT ~ (admittance, capacitor, circuit, frequency, information, transformer, variable, voltage) Eingangs~

INPUT ~ (area, block, buffer, card, cell, code, control, data, device, disk, file, hopper, limit, medium, phase, power, procedure, procedure, program, pulse, register, sequence, stage, state, unit, value, voltage) Eingabe~

input material s (accounting) Einsatzstoff m

input power s (electr.) Eingangsleistung f, Aufnahmeleistung f

input shaft s Antriebswelle f

input signal s (electron.) Regelkreis m

input speed s Eingangsdrehzahl f, Antriebsdrehzahl f

inquiry station s (data syst.) Abfrageplatz m

inscribe v.t. (geom.) einschreiben

insert v.t. einlegen, einfügen, einsetzen, einschieben

insert s Einsatz m, Einsatzstück n, Einlage f

inserted blade milling cutter, Messerkopf m

inserted tooth metal slitting saw, Segmentkreissäge f

insertion s Einsatz m, Einführung f

inside and outside caliper, Doppeltaster m

inside caliper, Lochtaster m, Innentaster m

inside diameter, Innendurchmesser m; Lichtweite f, Innenmaß n; (e. Mutter:) Kerndurchmesser m

inside door handle, (auto.) Innendrücker m

inside draft, (Gesenk:) Innenschräge f

inside micrometer, Schraublehrenstichmaß n, Innenschraublehre f

inside spring caliper, Federlochtaster m

inside thread caliper, Tastameter n

inside turning tool, Innendrehmeißel m

inspect v.t. untersuchen, nachprüfen, überprüfen, kontrollieren

inspection s Kontrolle f, Nachprüfung f; Abnahme f

inspection gage s Abnahmelehre f, Prüfmaß n

inspection lamp s Handleuchte f, Montageleuchte f

inspection test s Werksprüfung f, Werkstattmessung f, Abnahmeprüfung f

inspector s Aufseher m

inspectorate s (building) Polizei f

install v.t. aufstellen, errichten, installieren, anbringen, einbauen, einrichten, montieren; (Leitungen:) verlegen

installation s Einbau m, Aufstellung f, Montage f; Installation f; Anlage f

installation dimension s Einbaumaß n

installation plan s Einbauzeichnung f

installation switch s Lichtschalter m

instantaneous acceleration, Momentanbeschleunigung f

instruction s Vorschrift f, Anweisung, Anleitung f

instruction s (progr.) Befehl m

INSTRUCTION ~ (array, code, counter, cycle, fetch, loop, processing, register, sequence, tape, unit) Befehls~

instruction for assembly, Montageanweisung f

instruction plate s Bedienungsschild n

instrument s Instrument n, Gerät n, Apparat m

instrument board s (auto.) Armaturentafel f, Armaturenbrett n

instrument bulb s (auto.) Armaturenglühlampe f

instrument panel s Armaturentafel f, Schaltbrett n, Schalttafel f

instrument transformer s (electr.) Meßtransformator m, Meßwandler m

insulate v.t. (building) dämmen; (electr.) isolieren

insulated sleeving, (auto.) Isolierschlauch m

INSULATING ~ (compound, course, slat, tape, tube, varnish) Isolier~

insulating layer s Dämmschicht f

insulating material s Isoliermittel n; (civ. eng.) Dämmstoff m

insulation s (electr.) Isolation f, Isolierung f

INSULATION ~ (defect, protection, resistance, tester) Isolations~

insulator s Isolator m

insusceptible a. beständig

insusceptible to aging, *(met.)* alterungsbeständig

intake s *(auto.)* Einlaß m; (e. Pumpe:) Ansaugstutzen m; (Energie:) Aufnahme f

intake manifold s *(auto.)* Saugleitung f

intake muffler s *(auto.)* Sauggeräuschdämpfer m

intake system s *(auto.)* Ansauganlage f

intake valve s *(auto.)* Einlaßventil n

intensity s *(electr., opt., magn.)* Stärke f

interception circuit s *(electr.)* Fangschaltung f

intercept receiver s Horchgerät n

interchangeability s Austauschbarkeit f

interchangeable a. austauschbar

interchangeable assembly, Austauschbau m

interconnect v.t. zwischenschalten

interconnection of power, *(electr.)* Verbundbetrieb m

intercrystalline corrosion, interkristalline Korrosion

interface s *(data syst.)* Schnittstelle, Anschluß m

INTERFACE ~ (cable, control, converter, error, expander, plan, register, unit) Schnittstellen~

interfacial tension, Grenzflächenspannung f

interfacing s *(data syst.)* Kopplung f

interfere v.t. & v.i. stören

interference s Störung f; (Passungen:) Übermaß n

interference band s Interferenzstreifen m

interference fit s Preßpassung f, Preßsitz m, Festsitz m

interference interface s Preßfuge f

interference measuring instrument, Störungsmeßgerät n

interference pulse s Störimpuls m

interference suppression s *(electr., radio)* Entstörung f

interference suppression capacitor, Störschutzkondensator m, Entstörer m

interferometer s Interferenzkomparator m

intergranular corrosion, interkristalline Korrosion

interior heater, *(auto.)* Frischluftheizung f

interior varnish, Innenlack m

interlayer s *(welding)* Pufferlage f

interlink v.t. verketten

interlock v.t. & v.i. blockieren

interlock s *(civ.eng.)* Spundwandschloß n

interlocking s Verriegelung f

interlocking roofing tile s Falzziegel m

interlocking slotting cutter s verstellbarer Nutenfräser

intermating tooth system s Paarverzahnung f

intermediate anneal, Zwischenglühung f

intermediate board, *(tel.)* Zwischenverteiler m

intermediate distributing frame, *(electr.)* Zwischenverteiler m

intermediate frequency, Zwischenfrequenz f

intermediate roll stand, *(rolling mill)* Mittelgerüst n

intermediate shaft, Zwischenwelle f

intermediate structure, Zwischenstufengefüge n

intermittent a. umsetzend, ruckweise

intermittent contact, Wackelkontakt m

intermittent feed, *(lathe)* Ruckvorschub m

intermittent seam welding, *(welding)* Rollenschrittverfahren n

intermittent weld, *(welding)* Kettennaht f

INTERNAL ~ (broach, broaching, crack, facing, fitting member, gearing, grinder, grinding attachment, measurement, milling, recessing, resistance, taper, thread, turning, turning attachment, vibrator, welding) Innen~

internal caliper gage, Bohrungslehre f

internal combustion engine, Verbrennungsmotor m, Brennkraftmaschine f, Kraftverbrennungsmaschine f

internal lapping machine, Bohrungsläppmaschine f, Innenläppmaschine f

internal service, innerbetriebliche Dienstleistung

internal signal (data trans.) Pausenzeichen n

internal width, Lichtweite f

interpole motor s Wendepolmotor m

interpose *v.t.* zwischenschalten

INTERROGATION ~ (amplitude, excitation, program, system, terminal) Abfrage~

interrogating key s *(data trans.)* Abfragetaste f

interrupt s *(data syst.)* Unterbrechung f

INTERRUPT ~ (analysis, bit, distributor, indication, phase, register, signal, state) Unterbrechungs~

interrupted quenching, gebrochenes Härten

interrupter s *(electr.)* Unterbrecher m

interrupter contact s Unterbrecherkontakt m

interrupter switch s Unterbrecherschalter m

interrupting rating s Abschaltleistung f

intersect *v.i.* sich schneiden, sich kreuzen

interstice s Fuge f

intrinsic fatigue strength, Schwellfestigkeit f

intrusion mortar s *(building)* Einpreßmörtel m

invalid carriage s Invalidenfahrzeug n

inventorial plan, Bestandsplan m

inventory s Inventur f; *(cost accounting)* Bestand m

inverse a. seitenverkehrt

invert *v.t. (electr.)* wechselrichten

inverter s *(electr.)* Wechselrichter m

invest *v.t. (shell molding)* einschütten, einfüllen

investment s Investition f

investment-casting process s Wachsausschmelzgießverfahren n, Ausschmelzverfahren n

inestment foundry s Wachsausschmelzgießerei f

investment planning s Investitionsplanung f

involute s Evolvente f

INVOLUTE ~ (gear, hob, measuring device, profile, screw, surface, test, tester, tooth, worm) Evolventen~

ion s Ion n

ION ~ (counter, density, discharge, exchange, focusing, lattice, spot) Ionen~

ionic centrifuge, Ionenschleuder f

ionic ray, Ionenstrahl m

ionics pl. Ionenlehre f

ionic valve, Ionenröhre f

ionization s Ionisierung f

IONIZATION ~ (chamber, energy, potential, voltage) Ionisations~

ionize *v.t.* ionisieren

iron s Eisen n

IRON ~ (alloy, casting, cement, core, foundry, industry, ore, ore deposit, oxide, Portland cement, smelting) Eisen~

iron and steel working industry, eisenverarbeitende Industrie

iron and steel works, gemischtes Hüttenwerk

iron-carbon alloy *s* Eisenkohlenstofflegierung *f*

iron-carbon diagram *s* Eisenkohlenstoffdiagramm *n*

iron-clad *a.* eisengekapselt

iron-clad galvanometer, Panzergalvanometer *n*

iron dust core *s (electr.)* Massekern *m*

ironmongery *s* Baubeschlag *m*

iron pyrites *pl.* Schwefelkies *m*, Kiesabbrände *mpl.*

iron-ware *s* Eisenwaren *fpl.*

ironworks *pl.* Eisenhüttenbetrieb *m*, Hüttenwerk *n*

irradiate *v.t.* einstrahlen

irradiation *s* Einstrahlung *f*, Bestrahlung *f*, Durchstrahlung *f*

irreversible *a.* selbsthemmend

irrigation *s* Bewässerung *f*

isolating switch *s* Trennschalter *m*

isolation *s (chem.)* Isolierung *f*

isolator *s* Trennschalter *m*

isothermal annealing, *(heat treatment)* Perlitisieren *n*

isotope *s* Isotop *n*

isotope enrichment *s* Isolopenanreicherung *f*

isotope separation *s* Isotopentrennung *f*

item *s (data process.)* Datenwort *n*

item code number *s* Sachnummer *f*

item master file *s (data trans.)* Artikel-Stammdatei *f*

Izod impact strength *s* Kerbschlagzähigkeit *f*

Izod pendulum hammer *s* Izod-Pendelhammer *m*

Izod test *s* Kerbschlagprüfung *f*

J

jack up *v.t.* hochbocken, aufbocken
jack *s* Bock *m*; Winde *f*; (e. Blechbiege-
maschine:) Niederhalter *m*; *(tel.)* Klinke
f
jacket *v.t.* verschalen, verkleiden
jacket *s (techn.)* Mantel *m*, Ummantelung *f*;
(e. Hochofens:) Panzer *m*
jacklift *s* Hubwagen *m*
jack plane *s* Schrupphobel *m*
jack screw *s* Einstellschraube *f*
jack switch *s* Knebelschalter *m*
jam *v.i.* sich verklemmen, sich festfressen,
klemmen; *(radio)* stören
jamming transmitter *s* Störsender *m*
japan lacquer *s* Japanlack *m*
jar *v.t.* (Formsand:) rütteln
jar ramming method *s (molding)* Rüttel-
verfahren *n*
jar-ram molding machine *s* Rüttelform-
maschine *f*
jarring table *s (molding)* Rütteltisch *m*
jar squeezer *s* Rüttelpreßformmaschine *f*
jaw *s* Spannbacke *f*, Backe *f*; (e. Planscheibe:) Kloben *m*; (e. Schrauben-
schlüssels:) Maul *n*
jaw chuck *s* Backenfutter *n*
jaw clutch coupling *s* Klauenkupplung *f*,
Zahnkupplung *f*
jaw crusher *s* Backenbrecher *m*
jerrycan *s (auto.)* Reservekanister *m*
jet *s* Strahldüse *f*; (Dampf, Wasser:) Düse *f*; Strahl *m*; *(steelmaking)* Blasstrahl
m
jet propulsion *s* Strahlantrieb *m*, Strahl-
vortrieb *m*
jetting lance *s (steelmaking)* Blaslanze *f*
jib *s* (e. Krans:) Ausleger *m*

jib swing *s* (e. Auslegers:) Schwenkbereich *m*
jig *s* Bohrlehre *f*; Lehre *f*; Bohrvorrichtung *f*
jig borer *s* Vorrichtungsbohrmaschine *f*
jig boring *s* Lehrenbohren *n*
jig boring machine *s* Lehrenbohrmaschi-
ne *f*
jig boring mill *s* Koordinaten-Bohr- und
Fräswerk *n*
jig crane *s* Schwenkkran *m*
jigging machine *s* Setzmaschine *f*
jig grinder *s* Lehrenschleifmaschine *f*
jigmill *s* Koordinaten-Bohr- und Fräswerk *n*
job analysis *s* Arbeitsauftragsanalyse *f*
jobbing foundry *s* Kundengießerei *f*
jobbings *pl.* Kundenguß *m*
job evaluation *s* Arbeitsbewertung *f*
jockey weight *s* (e. Waage:) Laufgewicht
n
jog *v.t.* schrittschalten
jogging *s* Tippbetätigung *f*
joggle *v.t.* stauchverschränken
joggling machine *s* Kröpfmaschine *f*
join *v.t.* fügen, fugen; verbinden; stoßen
joiner *s* Tischler *m*, Schreiner *m*
joinery sawbench *s* Tischlerkreissäge *f*
joinery work *s* Tischlerarbeit *f*
joint *s* Verbindungsstelle *f*, Stoßstelle *f*,
Stoßverbindung *f*, Stoßfuge *f*, Stoß *m*,
Fuge *f*, Teilfuge *f*; Gelenk *n*; Muffe *f*
joint *v.t.* fügen, fugen; verbinden
jointer *s* Fügemaschine *f*
joint gouging *s* Fugenhobeln *n*
joint grouting work *s (building)* Fugenver-
gußarbeit *f*
jointing material *s* Dichtstoff *m*
joint length *s* Fugenlänge *f*

joint sealing s *(concrete)* Fugenverguß m
joint space s Lötstelle f
joint washer s Dichtungsring m
joint weld s Verbindungsschweißung f
joist s Träger m
jolt v.t. (Formsand:) rütteln
jolt s Stoß m
jolting table s *(molding)* Rütteltisch m
jolt rollover machine s Umroll-Rüttelform-maschine f
jolt turnover machine s Wendeplattenrütt-ler m
journal s (e. Welle:) Zapfen m, Lagerzap-fen m, Zapfenlager n; Achsschenkel m
journal of a roll, Walzenzapfen m

journal bearing s Halslager n
joystick switch s Kreuzschalter m
jump s Sprung m; *(building)* Vorsprung m
jump feed s Sprungschaltung f; (e. Ma-schinentisches:) Sprungvorschub m
jump spark s Überschlagfunken m
junction s Verbindung f, Verbindungsstelle f; Kreuzungspunkt m; Verzweigungs-punkt m; *(railw.)* Knotenpunkt m; *(data syst.)* Kontaktstelle f, Knoten m
junction box s Verbindungsdose f; *(data syst.)* Anschlußkasten m
junction cable s Verbindungskabel n
junction selector s Amtswähler m
junction track s Verbindungsgleis n

K

kerosene s Leuchtpetroleum n, Petroleum n

key v.t. (mech.) verkeilen; tasten

key s (mach.) Keil m; Taste f; (data syst.) Code m, Schlüssel m; (progr.) Taste f

keyboard s (programming) Tastenplatte f; (progr.) Tastatur f

KEYBOARD ~ (calculator, control, entry, module) Tastatur~

keyboard printing telegraph s Tastenschnelltelegraf m

key panel s (data syst.) Tastenfeld n

key panel assignment s Tastenfeldbelegung f

keyseat v.t. nutenziehen

keyseat s Keilbahn f, Keilnut f

keyseater s Keilnutenstoßmaschine f

keystone s (building) Schlußstein m

keyway v.t. keilnuten, nuten, nutenstoßen

keyway s Keilnut f, Nut f, Keilbahn f

keyway broaching machine s Keilnutenräummaschine f

keyway gage s Keilnutenlehre f

keyway slotter s Nutenstoßmaschine f

keyway tool s Keilnutenmeißel m

kick-starter s (motorcycle) Tretanlasser m, Fußanlasser m, Anlaßhebel m

kick-starter shaft s (motorcycle) Starterwelle f

kidneys pl. (am Konverter:) Ansätze mpl.

kill v.t. (Schmelzbad:) beruhigen

killed steel, beruhigter Stahl

killing period s (steelmaking) Ausgarzeit f

kiln v.t. trocknen, darren

kiln s Trockendarre f, Röstofen m, Brennofen m

kiln drying s Ofentrocknung f

kilowatt-hour meter s Kilowattstundenzähler m

kindle v.t. entzünden

kinematics pl. Bewegungslehre f, Kinematik f

kinetic energy, Bewegungsenergie f, Arbeitsvermögen n

kinetics pl. Kinetik f

king pin s (auto.) Achsbolzen m

kingpin inclination s (auto.) Spreizung f

kink v.t. & v.i. knicken

kink s Knick m

kit s (für Werkzeuge:) Kasten m

klaxon s (auto.) Zweiklanghorn n

knee s Konsole f, Winkeltisch m; Sockel m

knee-and-column milling machine, Konsolfräsmaschine f

knee-table s Winkelkonsole f, Winkeltisch m

knee turning toolholder s gekröpfter Meißelhalter

knife blade s Messerklinge f

knife edge s Vierkantlineal n

knife edge straight edge s Haarlineal n

knife switch s Hebelschalter m, Messerschalter m

knob s Knopf m, Griff m, Drehknopf m

knobbled steel (concrete) Knotenstahl m

knock v.t. schlagen; – v.i. (Ventil:) flattern; (Kurbel:) schlagen

knot hole s Astloch n

knuckle-joint embossing press s Kniehebelprägepresse f

knuckle joint press s Kniehebelpresse f

knurl v.t. rändeln

knurl s Rändel n

knurled handle, Kordelgriff *m*
knurled head, (e. Schraube:) Rändel-
kopf *m*
knurled nut, Rändelmutter *f*, Griffmutter *f*

knurling tool *s* Rändelwerkzeug *n*
knurl shaper *s* Rändelstoßmaschine *f*
kraft paper *s* Hartpapier *n*

L

label s (progr.) Kennsatz m
labor-aiding equipment s Hilfseinrichtung f
labor cost pl. Lohnkosten pl.
labor rate s Lohnsatz m
labor-saving a. arbeitssparend
labyrinth packing f Labyrinthdichtung f
lacer s (Riemen:) Verbinder m
lack s Mangel m
lacquer v.t. lackieren
lacquer s farbiger Lack
lacquer enamel s Nitroalkydalfarbe f
lacquer preservative s (auto.) Lackpflege-mittel m
lacquer tree s Lackbaum m
lac varnish s Japanlack m
ladder scaffold s Leitergerüst n
ladle s Pfanne f, Gießpfanne f
ladle bail s Pfannenbügel m
ladle crane s Gießpfannenkran m
ladle sample s (met.) Schöpfprobe f
ladle shank s Gießpfannengabel f
ladle skull s Pfannenbär m
ladle truck s Gießpfannenwagen m
lag v.i. nacheilen, nachlaufen
lag s (electr.) Nacheilung f; (Zündung:) Verzug m
lac screw s Schlüsselschraube f
lake s Farblack m
laminated fiber sheet, Preßspan m
laminated molded plastic material, Schichtpreßstoff m
laminated product, Schichtpreßstoff-Er-zeugnis n
laminated safety glass, Verbundsicher-heitsglas n
laminated spring, Blattfeder f

lamination s (surface finish) Doppelung f, Fältelungsriß m; (e. Ankers:) Blech n
lampblack s Lampenruß m
lamp holder s Fassung f
lamp-holder plug s Fassungsstecker m
land s (e. Gesenkes:) Gratbahn f; (e. Schneide:) Rücken m
landing equipment s Landegrät n
Lang lay s (e. Seiles:) Längsschlag m
lap v.t. (mach.) läppen
lap s (Gießfehler:) Überlappung f; (Walzfehler:) Fältelung f; (mach.) Läppscheibe f
lap-joint riveting s Überlappungsnietung f
lapped seam welding, Überlappungs-nahtschweißung f
LAPPING ~ (abrasive, compound, fluid, machine, mandrel, oil, spindle, tool, wheel) Läpp~
lap seam s (forging) Überschmiedung f; (rolling) Überlappung f
lap-weld v.t. übereinanderschweißen, überlappt schweißen
lap weld s Überlappnaht f
lap welding s Überlappungsschweißung f
large-scale computer s Großrechner m, Großcomputer m
large-sized a. großstückig
laryngophone s Kehlkopfmikrofon n
lashing s (scaffolding) Halter m
last finishing pass, (rolling) Fertig-schlichtstich m
last planishing pass, (rolling) Fertig-schlichtkaliber n
latch v.t. verriegeln; einklinken
latch s Querriegel m; Klinke f

latch for privoting windows, Drehfensterriegel *m*

latch-bolt *s* Riegel *m*

lateral inversion, *(tel.)* Seitenumkehr *f*

lateral magnifying power, *(telev.)* Quervergrößerung *f*

lath *s* Latte *f*, Leiste *f*

lathe *s* Drehmaschine *f*

LATHE ~ (bed, chuck, design, equipment, manufacture, tooling) Drehmaschinen~

lathe center *s* Drehspitze *f*

lathe dog *s* Spannklaue *f*, Drehherz *n*, Herzklaue *f*

lathe mandrel *s* Drehdorn *m*

lathe operator *s* Dreher *m*

lathe shop *s* Dreherei *f*

lathe tool *s* Drehmeißel *m*, Drehwerkzeug *n*

lathe tool holder *s* Drehmeißelhalter *m*

lathe work *s* Dreherei *f*, Dreharbeit *f*; (result:) Drehteil *n*

lattice *s* Gitter *n*

lattice girder *s* Gitterträger *m*

lattice mast *s* Gittermast *m*

lattice suspension bridge *s* Fachwerkhängebrücke *f*

lattice tower *s* Gittermast *m*

lattice work *s* Fachwerk *n*

law *s* (Patent:) Recht *n*

lay *v.t.* (Leitungen:) verlegen

lay bricks, mauern, vermauern, ausmauern

lay *s* (e. Seils:) Schlag *m*; (von Drahtlitzen:) Drall *m*

layer *s* Schicht *f*, Lage *f*

laying instruction, (Rohrverlegung:) Montageanweisung *f*

layout *s* Auslegung *f*, Entwurf *m*, Plan *m*; *(surveying)* Abriß *m*

layout facility *s* Aufstellungsmöglichkeit

layout line *s* Anreißlinie *f*

layout tool *s* Anreißzeug *n*

layshaft *s (auto.)* Nebenwelle *f*

teaching *s* Laugung *f*

lead *v.i.* voreilen

lead *s (electr.)* Leitungskabel *n*, Leitung *f*; *(rolling)* Voreilung *f; (threading)* Ganghöhe *f*, Steigung *f*

lead *s* Blei *n*

LEAD ~ (bath, glazing, hardening, lining, paint, pipe, poissoning, refinery, sheath, sheathing, smelting, spark, sponge) Blei~

lead accumulator *s* Bleiakkumulator *m*, Bleisammler *m*

lead angle *s (electr.)* Voreilwinkel *m; (threading)* Steigungswinkel *m*, Anschnittwinkel *m*

lead-base alloy *s* Bleilegierung *f*

lead blast-furnace *s* Bleischachtofen *m*

lead cam *s (mach.)* Leitkurve *f*

lead-coat *v.t.* feuerverbleien

lead-covered cable, Bleikabel *n*

leader *s* Gewindeleitpatrone *f*

leading hand *s* Vorarbeiter *m*

leading-in-wire *s (electr.)* Rohrdraht *m*

lead pencil *s* Bleistift *m*

leadscrew *s (lathe)* Leitspindel *f*

leadscrew nut *s* Leitspindelmutter *f*

lead seal *s* Bleidichtung *f*; Bleiplombe *f*

lead sealing plier *s* Plombierzange *f*

lead-tin-solder *s* Lötzinn *n*

lead wire *s (electr.)* Anschlußleitung *f*

leaf spring *s* Blattfeder *f*

leakage current *s* Fehlerstrom *m*, Leckstrom *m*, Kriechstrom *m*, Streustrom *m*, Isolationsstrom *m*

leakage path *s (electr.)* Kriechweg *m*

leak coil *s (tel.)* Querspule *f*

leakiness s Undichtheit f
leak-proof a. dicht
leaky a. undicht
lean coal, Magerkohle f
lean gas, Schwachgas f
leather belt s Lederriemen m
leatherette s Folienkunstleder n
leather glue s Lederleim m
leather varnish s Lederlack m
left-hand a. linksgängig
left-hand drive, (auto.) Linkssteuerung f
left-handed a. linksgängig
left-hand helix, Linksdrall m
left-hand rotation, Linkslauf m
left-hand thread, Linksgewinde n
left-hand travel, Linksgang m
leftward welding, Linksschweißung f,
Rückwärtsschweißung f
leg s (e. Maschine:) Fuß m; (e. Meßzeu-
ges:) Schenkel m
legality s (jur.) Gesetzmäßigkeit f
length s Länge f; Strecke f
length of thread engagement, Einschraub-
länge f
length dimension s Längenmaß n
lengthen v.t. verlängern, längen; strecken
length measuring instrument s Längen-
meßgerät n
length overall, Gesamtlänge f; Baulänge
f
length stop s (lathe) Längsanschlag m
lens s (opt.) Linse f, Objektiv n
lens screen s (telev.) Linsenschirm m
level v.t. ebnen, planieren, nivellieren; ausrichten, ausfluchten; justieren; egalisieren; (Bleche:) dressieren
level a. eben, plan
level s Ebene f; Sohle f; Höhe f; Niveau n;
(Flüssigkeit:) Spiegel m; (Öl:) Stand

m; (metrol.) Libelle f, Wasserwaage f;
(tel.) Pegel m
level control s (radio) Aussteuerung f; (tel.)
Pegelsteuerung f
level gage s Standmesser m, Standschau-
glas n
levelling course s (road building) Aus-
gleichschicht f
levelling instrument s Nivellierinstrument
n, Dosenlibelle f
levelling screw s Nivellierschraube f, Ju-
stierschraube f
levelling staff s Nivellierlatte f
levelling straightedge s Tuschierlineal n
level rod s (Öl:) Peilstab m
lever s Hebel m; Griff m
LEVER ~ (arm, handle, manipulation,
punch, ratchet, shear, starter, switch)
Hebel~
leverage s Hebelübersetzung f; Hebelwir-
kung f
lever control s Hebelschaltung f, Hebel-
steuerung f
lever shears pl. Tafelschere f
levigate v.t. (chem.) schlämmen
liability to soft spots, (met.) Weichfleckig-
keit f
liability insurance s Haftpflichtversiche-
rung f
licence fee s Lizenzgeführ f
licence number s (auto.) Zulassungsnummer f
licence plate s (auto.) Nummernschild n
lifespan s Lebensdauer f
lift v.t. heben, abheben; (e. Meißel:) lüften
lift s (e. Ventils:) Hub m; Fahrstuhl m,
Aufzug m; (aerodyn.) Auftrieb m; (e.
Nockens:) Überhöhung f; (milling cutter) Abhebung f

lift control s Fahrstuhlsteuerung f
lifter s (e. Bremse:) Lüfter m
lifting eye bolt s Ringschraube f
lifting jack s Hebeblock m, Hebewinde f
lifting magnet s Hubmagnet m, Lasthebe-
  magnet m
lifting platform s Hebebühne f
lifting power s Hubkraft f
lifting winch s Hubwinde f
lift-shaft s Fahrstuhlschacht m
lift truck s Hubwagen m
lift valve s Hubventil n
light v.i. leuchten
light s Licht n; (traffic) Ampel f
LIGHT ~ (battery, distribution, filter, flash,
  intensity, modulation, particle, path, pencil, ray, relay, screen, socket, switch,
  velocity, wave) Licht~
light alloy, Leichtmetallegierung f
light beam, parallelflanschiger Profilträger
light car, Kleinwagen m
light construction, Leichtbau m
LIGHTING ~ (engineering, equipment, fittings, installation, intensity, purpose) Be-
  leuchtungs~
lighting circuit s Lichtteilung f; Lichtstrom-
  kreis m
lighting current engineering s Lichttech-
  nik f
lighting mains pl. Lichtleitung f; Lichtnetz n
light lorry, Leichtlastwagen m
light metal, Leichtmetall n
light metal alloy, Leichtmetallegierung f
lightning arrester s Blitzschutzautomat m
lightning call s (tel.) Blitzgespräch n
lightning conductor s Blitzableiter m
lightning protection s Blitzschutz m
lightning protective system, Blitzschutz-
  anlage f

lightning rod s Blitzableiter m
light plate, Mittelblech n
light plate rolling mill, Mittelblechwalz-
  werk n
light section, Leichtprofil n
light section engineering, Leichtstahlbau
  m
light-section rolling mill, Feinstahlwalzwerk n
light sheet, Feinblech n
light signal s Lichtsignal n, Lichtzeichen n
light spot s Lichtfleck m, Lichtpunkt m
lightweight building board, Leichtbau-
  platte f
lightweight concrete, Leichtbeton m
limb s (Magnet:) Schenkel m
lime v.t. kälken
lime s Kalk m
LIME ~ (cement, color, kiln, marl, mortar,
  stone) Kalk~
lime boil s (Martinverfahren) Schlacken-
  frischreaktion f
lime-burning kiln s Kalkbrennofen m
lime-coat v.t. (Draht:) kälken
lime concrete s Kalkbeton m
lime dinas brick s Kalkdinasstein m
lime set s (blast furnace) Kalkelend n
limestone tar-macadam s Kalksteinteer-
  makadam m
limewash v.t. (building) tünchen, weißen
limit v.t. begrenzen
limit s Grenze f
limitation s Begrenzung f
limit gage s Grenzlehre f, Toleranzlehre f
limit indicator s Toleranzanzeiger m
limiting creep stress s Kriechgrenze f
limiting fatigue stress s Dauerwechselfe-
  stigkeit f
limiting frequency s Grenzfrequenz f

limiting quantity s *(metrol.)* Einflußgröße f
limiting size s Grenzmaß n
limiting speed s Grenzdrehzahl f
limit screw plug gage s Grenzlehrdorn m
limit snap gage s Grenzrachenlehre f
limit stop s *(mach.)* Endanschlag m
limit switch s Endausschalter m
limonite s Limonit m
limousine s Innenlenker m, Limousine f
linchpin s *(auto.)* Steckachse f
linchpin hub s *(auto.)* Steckachsnabe f
line *v.t.* (Lager:) ausfüttern, ausbuchsen; (Schmelzofen:) auskleiden; (Walzen:) einstellen; (Riemenscheibe:) belegen
line s Zeile f, Strich m; Fach n; *(electr.)* Leitung f; *(railw.)* Strecke f
LINE ~ (amplifier, contact, disturbance, loss, noise, resistance, selector, switch, system, wire) Leitungs~
linear distance, Luftlinie f
line-by-line milling s Zeilenfräsen s
line circuit s Netzstrom s
line cross s Fadenkreuz n
line drawing s Strichzeichnung f
line frequency s Zeilenfrequenz f
line graduation s Strichteilung f
lineman s Bahnwärter m
linemen's plier s Telegrafenzange f
linen tape s Leinenmaßband n
liner s (e. Zylinders:) Laufbuchse f
line raster s *(telev.)* Zeilenraster mf
line scanning s *(telev.)* Zeilenabtastung f
line service s Liniennahverkehr m
lineshaft s Wellenleitung f, Wellenstrang m, Transmission f
lineshaft drive s Transmissionsantrieb m
line telegraphy s Drahttelegrafie f
line voltage s Betriebsspannung f

lining s Futter n, Auskleidung f; Belag m; (Schmelzofen:) Zustellung f
link s Verbindungsglied n; *(electr.)* (e. Sicherung:) Einsatz m; (e. Kette:) Glied n, Schake f
linkage s Verkettung f; *(auto.)* Gestänge n; *(data syst.)* Verbindung f, Verknüpfung f
link belt s Gliederriemen m
link chain s Gliederkette f
linseed oil s Leinöl, n, Firnis m
linseed oil paint s Leinölfarbe f
linseed oil putty s Leinölkitt m
lintel ring s (e. Hochofens:) Tragkranz m
Linz-Donawitz process s LD-Verfahren n
lip s (e. Lagers:) Bord m; (e. Gießpfanne:) Ausguß m, Schnauze f
lip angle s (e. Meißels:) Keilwinkel m; (e. Spiralbohrers:) Spitzenwinkel m
liquation s *(met.)* Seigerung f
liquid a. flüssig
liquid s Flüssigkeit f
liquid ammonia, Salmiakgeist m
liquid honing, Druckstrahlläppen n
liquid metal charge, *(met.)* flüssiger Einsatz
listening key s *(tel.)* Mithörtaste f
listing s *(data syst.)* Protokoll n
listing device s Auflistungsgerät n
litharge s Bleiglätte f
lithopone s Schwefelzinkweiß n
litho varnish s Druckfirnis m
live a. *(electr.)* stromführend, spannungführend
live center, mitlaufende Körnerspitze
live load, Verkehrslast f
live steam, Frischdampf m
load *v.t.* laden, aufladen; einbringen, aufgeben, chargieren; *(mech.)* belasten, be-

anspruchen; (Werkstücke:) einspannen; – *v.i.* schmieren

load *s* Ladung *f*; *(electr., mech.)* Belastung *f*; Druck *m*, Beanspruchung *f*

LOAD ~ (balance, brake, center, chain, chain sheave, change, current, curve, diagram, factor, limit, regulator, resistance, surge, tension, test, variation) Belastungs~

load and fire type clutch, Schnellverstellungskupplung *f*

load capacity *s* Belastungsfähigkeit *f*, Tragfähigkeit *f*

load distribution *s* Belastungsverteilung *f*, Lastverteilung *f*

loading *s* Belastung *f*; (von Werkstükken:) Aufgabe *f*

loading attachment *s (automatic lathe)* Ladevorrichtung *f*

loading bridge *s* Verladebrücke *f*

loading bucket *s (conveying)* Schaufel *f*

loading ramp *s* Verladebühne *f*, Verladerampe *f*

loading station *s* (e. Werkzeugmaschine:) Ladestelle *f*

loading time *s* (für Werkstücke:) Aufspannzeit *f*

load pressure *s* Lastdruck *m*

load pulley *s* Lastrolle *f*

load reaction brake *s* Lastdruckbremse *f*

loam *s* Lehm *m*

loam castings *pl.* Lehmguß *m*

loam molding *s* Lehmformen *n*

loam molding shop *s* Lehmformerei *f*

local fading, *(radio)* Nahschwund *m*

local loop, Amtsleitung *f*

local subscriber, *(tel.)* Ortsteilnehmer *m*

local traffic, *(tel., telegr., railw.)* Nahverkehr *m*, Ortsverkehr *m*

locate *v.t.* fixieren; positionieren; (e. Lage:) bestimmen, orten; *(mach.)* einbauen

locating bearing *s* Führungslager *n*

locating characteristic *s* (e. Lagers:) Führungseigenschaft *f*

locating microscope *s* Visiermikroskop *n*

locating pin *s* Fixierstift *m*

location *s* Lage *f*; Stellung *f*; Standort *m*; Ortung *f*

location finder *s (radar)* Ortungsgerät *n*

lock *v.t.* schließen, verriegeln, sichern; blockieren; sperren; arretieren; festspannen; verklemmen; (e. Mutter:) kontern

lock *s* Verschluß *m*; Schloß *n*

locking *s* Klemmung *f*, Sicherung *f*, Verriegelung *f*, etc.; *s.a.* lock *v.t.*

locking action *s* Sperrwirkung *f*

locking bolt *s* Sperriegel *m*

locking device *s* Feststellvorrichtung *f*

locking handle *s* Knebelgriff *m*, Knebel *m*

locking mechanism *s* Verriegelung *f*, Klemmung *f*, Sperrung *f*

locking pawl *s (power press)* Nachschlagsicherung *f*

locking pin *s* Vorsteckstift *m*, Sicherungsstift *m*

locking screw *s* Feststellschraube *f*

lock nut *s* Klemmutter *f*, Spannmutter *f*, Gegenmutter *f*

lockout *s (data process.)* Sperre *f*

locksmith *s* Schlosser *m*

lock washer *s* Federring *m*, Federscheibe *f*

locomotive frame drilling machine, Lokomotivrahmenbohrmaschine *f*

log *v.t. (data syst.)* protokollieren

log *s* Rundholz *n*

logging s *(data process.)* Sammeln n, Registrieren n Speichern n

long-distance cable, Fernleitungskabel n, Fernkabel n

long-distance call, Fernanruf m

long-distance communication, *(tel.)* Fernverkehr m

long-distance dialing, Selbstwählferndienst m

long-distance gas, Ferngas n

long-distance line, *(tel.)* Fernleitung f

long-distance reception, Fernempfang m

long-distance road haulage, Fernlastverkehr m, Güterfernverkehr m

long-distance service, *(auto.)* Fernverkehr m

long-distance supply, Fernversorgung f

longitudinal a. längs

LONGITUDINAL ~ (copying, copying attachment, feed, girder, groove, milling, seam, section, slide, slide rest, stress, test specimen, turning, valve, voltage, welding) Längs~

long-range fog lamp, *(auto.)* Nebelscheinwerfer m

long-run production, Großserienfertigung f, Massenfertigung f

long-term test, Langzeitversuch m

long test bar, Langstab m

long-time test, Langzeitversuch m

long trunks, Langholz n

long wave, *(radio)* Langwelle f

LONG-WAVE ~ (band, range, receiver, transmitter) Langwellen~

loop v.t. (Walzgut:) umführen

loop s Öse f, Schlinge f, Schlaufe f; *(rolling mill)* Schleife f

looping mill s Umsteckwalzwerk n

loop mill rolling s (Walzgut:) Umführen n

loop receiver s Rahmenempfänger m

loose cover, *(auto.)* Schonbezug m

loose-fill insulation, Stopfdämpfung f

loose fit, Grobsitz m; Grobpassung f

loose gear, (Wechselradgetriebe:) Aufsteckrad n

loose pulley, (Riementrieb:) Losscheibe f

loose roller bearing, Losrollenlager n

lorry s Lastkraftwagen m

loss angle s *(electr.)* Verlustwinkel m

lost time, *(time study)* Verlustzeit f, Totzeit f, Leerzeit f

lost-wax process, *(founding)* Wachsausschmelzverfahren n

lot s Serie f, Partie f

loudspeaker s Lautsprecher m

loud-tone horn, *(auto.)* Starktonhorn n

low-alloy tool steel, niedriglegierter Werkzeugstahl

low-bed trailer, Tieflader m

low-carbon steel, niedriggekohlter Stahl

lower die, Matrize f, Unterstempel m, Untergesenk n

lower roll, Matrizenwalze f

low frequency, Niederfrequenz f

LOW-FREQUENCY ~ (amplification, amplifier, capacitor, furnace, resistance, stage, transformer, tube, voltage) Niederfrequenz~

low pressure, Niederdruck m

LOW-PRESSURE ~ (boiler, burner, pump, stage, steam, turbine) Niederdruck~

low-pressure torch, Injektorbrenner m

low-temperature carbonization, Tieftemperaturverkokung f

low-temperature carbonizing furnace, Schwelofen m

low-temperature carbonizing plant, Schwelanlage *f*

low-temperature distillation, Verschwelung *f*

low tension, *(electr.)* Niederspannung *f;* *s.a.* low voltage

low voltage, Niederspannung *f*

LOW-VOLTAGE ~ (cable, coil, fuse, installation, insulator, line, switch, winding) Niederspannungs~

low-voltage current, Schwachstrom *m*

low-voltage plug, Schwachstromstecker *m*

low-voltage socket, Schwachstromsteckdose *f*

lozenge *s (geom.)* Raute *f*

lubricant *s* Schmierstoff *m*

lubricate *v.t.* schmieren, einfetten; einölen; abschmieren

lubricating nipple *s* Schmiernippel *m*

lubricating oil *s* Schmieröl *n*

lubricating oil pump *s (auto.)* Ölschmierpumpe *f*

lubricating pump *s* Schmierpumpe *f*

lubrication *s* Schmierung *f*

lubrication technology *s* Schmiertechnik *f*

lubricator *s* Schmierapparat *m*

lug *s (techn.)* Nase *f; (founding)* Anguß *m;* Ansatz *m,* Zapfen *m;* (e. Akkumulators:) Fahne *f*

luggage boot lock *s* Kofferraumschloß *n*

luggage carrier *s (motorcycle)* Gepäckträger *m*

luggage compartment *s* Kofferraum *m,* Gepäckraum *m*

luggage net *s (auto.)* Gepäcknetz *n*

luggage rack *s* Gepäckgalerie *f*

lumber yard *s* Holzplatz *m*

luminosity *s* Leuchtkraft *f,* Leuchtfähigkeit *f,* Helligkeit *f*

luminous discharge lamp, Leuchtröhre

luminous flux, Lichtstrom *m*

luminous paint, Leuchtfarbe *f*

luminous power, Leuchtkraft *f*

lump coal *s* Stückkohle *f*

lump coke *s* Stückkoks *m*

lump lime *s (steelmaking)* Stückkalk *m*

lump ore *s* Stückerz *n*

lumpy *a.* großstückig

lustre *s* Politur *f,* Glanz *m*

lute *v.t.* abdichten, verkitten, dichten, zuschmieren

lux-meter *s* Beleuchtungsmesser *m*

M

machinability s Zerspanbarkeit f, Bearbeitbarkeit f

machinable a. zerspanbar

machine v.t. spanen, zerspanen, bearbeiten

machine electrolytically, *(electroerosion)* elysieren

machine s Maschine f

MACHINE ~ (accessory, bed, builder, building, capacity, column, designer, equipment, foundation, frame, grinding, lamp, oil, operator, part, plate, reamer, room, timing) Maschinen~

machine base s Maschinensockel m, Maschinenunterteil m

machine bit s Maschinenschlangenbohrer m

machine-building industry s Maschinenbau m

machined surface, Nebenschnittfläche f

machine-handlung time s (e. Maschine:) Bedienungszeit f

machine nut tap s Muttergewindebohrer m

machinery castings pl. Maschinenguß m

machinery steel s Maschinenbaustahl m

machine saw s Sägemaschine f

machine-shop tool s Maschinenwerkzeug n

machine time s Maschinenlaufzeit f

machine welding s maschinelles Schweißen

machining s Zerspanung f, Spanung f, spanabhebende Bearbeitung

MACHINING ~ (accuracy, allowance, characteristics, condition, cost, example, length, method, operation, plan, practice, quality) Bearbeitungs~

machining requirements pl. Zerspanungsbedingungen fpl.

machining time s Maschinenhauptzeit f, Maschinenzeit f, Zerspanungszeit f

machinist s. Maschinist m

machinists' caliper s (Meßzeug:) Taster m

machinists' hammer s Ingenieurhammer m

machinists' tool s Maschinenbauwerkzeug n

machinists' vise s Parallelschraubstock m

macro-geometric contour, Grobgestalt f

macrostructure s Grobgefüge n

madder lake s Krapplack m

magazine s Lagerhaus n, Speicher m; *(work feeding)* Magazin n, Ladevorrichtung f;

magazine s (data syst.) Kassette f

magazine automatic s Magazinautomat m

magazine feed s Magazinzuführung f

magazine feeding attachment s Magazinzuführeinrichtung f

magic eye, *(radio)* magisches Auge

magnesia s Magnesia f

magnesian limestone, magnesiahaltiges Kalkgestein, Schwarzkalk m, Graukalk m, Bitterkalk m, Dolomitkalk m

magnesite lining s Magnesitauskleidung f

magnesium oxide s Magnesia f

magnet s Magnet m

magnet core s Magnetkern m

magnetic a. magnetisch

MAGNETIC ~ (amplifier, balance, chuck, clutch, compass, core, field, force, needle, pole, tape, winding) Magnet~

magnetic brake, Bremslüftmagnet m

magnetic flux, Kraftfluß *m*

magnetic iron ore, Magneteisenstein *m*

magnetic recorder, Magnettongerät *n*, Magnetophon *n*

magnetic recording tape, Magnettonband *n*

magnetic separator, Magnetabscheider *m*

magnetic sound recording system, Magnettonverfahren *n*

magnetic tape-controlled *p.a.* magnetbandgesteuert

magnetism *s* Magnetismus *m*

magnetization *s* Magnetisierung *f*

magnetize *v.t.* magnetisieren

magnetite *s* Magneteisenstein *m*

magnet keeper *s* Magnetanker *m*

magneto *s (auto.)* Zündmangel *m*, Magnetzünder *m*

magneto drive *s* Magnetantrieb *m*

magneto generator *s* Kurbelinduktor *m*

magneto ignition *s* Magnetzündung *f*

magneto-type ball bearing *s* Schulterkugellager *n*

magnet pole *s* Magnetpol *m*

magnet separator *s* Magnetabscheider *m*

magnet yoke *s* Magnetjoch *n*

magnification *s (opt.)* Vergrößerung *f*

magnify *v.t. (opt.)* vergrößern; *(radio)* verstärken

magnifying lens *s* Meßlupe *f*

magnitude *s* Größe *f*

MAIN ~ (amplifier, battery, beam, bearing, cable, camshaft, carburetor, circuit, claim, column, control lever, current, cutter spindle, cutting edge, direction, drive motor, feed, fuse, line, magneto, nozzle, patent, regulator, shaft, spindle bearing, supply line, switch, switchboard, tool thrust, transmission shaft) Haupt~

main beam warning lamp, *(auto.)* Fernlichtkontrolleuchte *f*

main circuit connection, Netzanschluß *m*

main distribution frame, *(tel.)* Hauptverteiler *m*

main drive gear, *(lathe)* Bodenrad *n*

main road, Hauptverkehrsstraße *f*

mains *s (electr.)* Hauptleitung *f*, Netz *n*

MAINS ~ (frequency, switch, transformer, voltage) Netz~

mains antenna *s* Lichtnetzantenne *f*

main spindle, *(lathe)* Arbeitsspindel *f*, Hauptspindel *f*, Drehspindel *f*

main station, *(tel.)* Hauptanschluß *m*

mains water *s* Leitungswasser *n*

maintenance *s* Wartung *f; (auto.)* Wagenpflege *f*

maintenance cost *pl.* Wartungskosten *pl.*

maintenance cost center *s* Reparaturkostenstelle *f*

maintenance man *s* Monteur *m*

make *v.t.* anfertigen; herstellen, fertigen

make flush, abfluchten

make tight, abdichten

make *s* Fabrikat *n*

make-and-break ignition *s (auto.)* Abrißzündung *f*

make impulse *s (electr.)* Einschaltstoß *m*

makeshift construction *s* Behelfskonstruktion *f*

male thread, Bolzengewinde *n*, Außengewinde *n*

malleability *s* Kalthämmerbarkeit *f*

malleable *s.* kalthämmerbar

malleable annealing furnace, Temperglühofen *m*

malleable casting, Tempergußstück *n*

malleable cast iron, Temperguß *m*

malleable hard iron, Temperrohguß *m*

malleable iron foundry, Tempergießerei *f*

malleable pig iron, Temperroheisen *n*

malleablize *v.t.* tempern, glühfrischen

mallet *s* Holzhammer *m*

mandrel *s* Aufsteckdorn *m*, Dorn *m*; *(lathe)* Drehdorn *m*; *(tube rolling)* Stopfen *m*, Lochdorn *m*

manganese *s* Mangan *n*

manganese ore *s* Manganerz *n*

manganiferous *a.* manganhaltig

manhole *s* Mannloch *n*, Einsteigöffnung *f*

manifold *s (auto.)* Verteilerrohr *n*, Krümmer *m*

Manila paper *s* Hartpapier *n*

Manila rope *s* Hanfseil *n*

manipulate *v.t.* handhaben, hantieren; betätigen

manipulation *s* Handhabung *f*; Bedienung *f*, Handgriff *m*

manipulator *s (rolling mill)* Wender *m*; Blockwender *m*; Plattenwender *m*; Kanter *m*

manoeuvrability *s (auto.)* Wendigkeit *f*

manpower *s (cost accounting)* Arbeitskraft *f*

mantle ring *s (blast furnace)* Tragkranz *m*

manual *s* Handbuch *n*

manual adjustment, Handverstellung *f*

manual exchange, *(tel.)* Handvermittlung *f*, Handamt *n*

manual lever control, Handhebelsteuerung *f*

manual shifting, Handschaltung *f*

manufacture *v.t.* herstellen, fertigen, anfertigen

manufacture *s* Herstellung *f*, Erzeugung *f*, Fertigung *f*; Bau *m*

MANUFACTURING ~ (cost, engineer, engineering, job, part, process, shop, time, tolerance) Fertigungs~

manufacturing length *s* Fabrikationslänge *f*

manufacturing plan *s* Lieferwerk *n*

manufacturing-type milling machine *s* Längfräsmaschine *f*

mar *v.t.* (Oberflächen:) beschädigen

margin *s* Rand *m*; (e. Schneide:) Führungsfase *f*

marine boiler *s* Schiffskessel *m*

mark *v.t.* anzeichnen, auszeichnen, markieren, einzeichnen

marshalling yard *s* Rangieranlage *f*, Verschiebebahnhof *m*

marsh gas *s* Sumpfgas *n*

martemper *v.t.* (auf martensitisches Gefüge:) warmbadhärten

mask *v.t.* verdecken, überdecken; *(data syst.)* ausblenden

mason *v.t.* mauern, vermauern

mason *s* Maurer *m*

masonry *s* Mauerwerk *n*

masonry bond *s* Mauerwerksverband *m*

masons' hammer *s* Maurerhammer *m*

mass *s* Masse *f*

mass action *s* Massenwirkung *f*

mass concrete *s* Massenbeton *m*

mass conservation *s (phys.)* Massenerhaltung *f*

mass defect *s (nucl.)* Massendefekt *m*

master *s* Meisterwerkstück *n,*, Nachformmodell *n*

master builder *s* Baumeister *m*

master cam *s* Kurvenschablone *f*

master component *s (copying)* Bezugsformstück *n*

master control *s (telev.)* Mischpult *n*

master file s Stammdatei f

master gage s Urlehre f, Lieferungsabnahmelehre f, Prüflehre f

master plate s Kopierlineal n

mastic s Spachtelmasse f, Mastix n

mastic asphalt s Streichasphalt m, Gußasphalt m

mastic asphalt floor s Gußasphaltestrich m

mat a. matt

mat s Matte f

match v.t. (woodw.) nuten und spunden

match s (progr.) Übereinstimmung f

match grinding s Einpaßschleifen n

matching s Anpassung f

MATCHING ~ (attenuation, circuit, line, transformer) Anpassungs~

match plane s Nut- und Spundhobel m

mate v.t. (gears) paaren; (Paßteile:) zusammenfügen; – v.i. kämmen, eingreifen

material s Werkstoff m, Material n, Stoff m; (welding) Gut n

material handling bridge s Verladebrücke f

material handling crane s Verladekran m

material testing s Materialprüfung f

material testing machine s Materialprüfmaschine f

mat-finish v.t. mattieren

mat finish, Mattglanz m

matting gage s Gegenlehre f

mating gear s Gegenrad n

mating part s Paßteil n

mating size s Paarungsmaß n

mating surface s Paßfläche f

matrix s (metallo.) Grundmasse f

matter s (techn.) Materie f, Stoff m; (phys.) Masse f

matting s (auto.) Fußmatte f

matting frame s Mattenrahmen m

maximum s Höchstwert m, Maximum n

MAXIMUM ~ (axle load, capacity, current, cutting speed, load, speed, temperature, value, weight) Höchst~

maximum clearance s Größtspiel n

maximum dimension s Größtmaß n

maximum stress s (mat.test) Oberspannung f

mean value s Mittelwert m

measurable a. meßbar

measure v.t. messen, abmessen, ausmessen, vermessen

measure s Maß n; Maßstab m; Maßnahme f

measure of area, Flächenmaß n

measured value, Meßwert m

measurement s Abmessung f; Messung f

MEASURING ~ (accuracy, amplifier, arrangement, bridge, coil, control, cylinder, device, element, error, face, instrument, machine, magnifier, mechanism, orifice, outfit, point, pressure, range, rod, sparkgap, system, voltage) Meß~

measuring circuit s Meßleitung f

measuring practice s Meßtechnik f

measuring tape s Rollmaß n

measuring tool s Meßzeug n, Meßwerkzeug n, Meßmittel n

mechanic s Mechaniker m

mechanical a. maschinell

mechanical engineer, Maschinenbauingenieur m

mechanical equipment, Maschinenanlage f

mechanical press, Presse f

mechanical properties, Festigkeitseigenschaften fpl.

mechanical pusher, (Kokerei:) Ausdrückmaschine f
mechanical welding, maschinelles Schweißen
mechanics pl. Mechanik f
mechanism s Mechanik f, Schaltwerk n, Werk n, Vorrichtung f
mechanize v.t. mechanisieren
medium s Mittel n
medium force fit, Edelhaftsitz m
medium-frequency motor, Mittelfrequenzmotor m
medium plate, Mittelblech n
medium voltage, (electr.) Mittelspannung f
medium wave, (radio) Mittelwelle f
melt v.t. & v.i. schmelzen, erschmelzen
melt down v.t. niederschmelzen
melt off (away) v.t. abschmelzen
melt s Schmelzung f, Schmelze f
melter s Schmelzer m
melting charge s Schmelzgut n
melting loss s (met.) Abbrand m
melting point s Schmelzpunkt m
member s (techn.) Bauteil n, Teil n, Organ n, Glied n, Element n
memory s (progr.) Speicher m
mend v.t. (Autoreifen:) flicken
merchant bar s Handelsstabstahl m
mercury s Quecksilber n
MERCURY ~ (arc, chloride, column, lamp, mine, switch, thermometer, thread, vapor) Quecksilber~
mercury arc lamp s Quecksilberdampflampe f
mercury vapor rectifier s Quecksilberdampfgleichrichter m
mesh v.t. & v.t. (gears) kämmen, eingreifen
mesh s Masche f, Maschenweite f; (gears) Eingriff m

mesh aperture s Maschenweite f
mesh work s (metallo.) Netzwerk n
message s Nachricht f; (radio) Spruch m
messenger line s (tel.) Meldeleitung f
messroom s (e. Betriebes:) Aufenthaltsraum m
metal s Metall n
METAL ~ (alloy, arc, carbide, casting, coat, filament, lamp, foil, founder, foundry, gauze, physics, rule, slitting saw, spray gun, spraying process) Metall~
metal-cased conductor, Panzeraderleitung f
metal cutting s Zerspanung f, Spanung f
metal-cutting bandsaw s Metallbandsäge f
metal-cutting element s Spanungsgröße f
metal-cutting machine s Zerspanungsmaschine f
metal-cutting machine tool s spanende Werkzeugmaschine
metal-cutting saw s Metallsäge f
metal-cutting tool s Maschinenwerkzeug n
metal-cutting work s Zerspanungsarbeit f
metal flow-turning lathe s Fließdrehmaschine f
metal forming with explosives, Explosionsumformung f
metallic arc welding, Metallichtbogenschweißung f
metallic filler, (welding) Zulegestoff m
metallic packing, Metalldichtung f
metalliferous a. metallhaltig
metallize v.t. metallisieren
metallography s Metallographie f
metalloid s Nichtmetall n

metallurgical a. hüttenmännisch, metallurgisch

metallurgical engineer, Eisenhütteningenieur m

metallurgical engineering, Hüttenwesen n

metallurgical plant, Hütte f, Hüttenwerk n; Eisenhüttenwerk n

metallurgist s Metallurge m, Hüttenmann m; Eisenhüttenmann m

metallurgy s Metallurgie f, Hüttenkunde f

metal-plating s galvanische Metallisierung

metal rectifier s Trockengleichrichter m

metal removal s Spanabnahme f

metal-removing capacity s Zerspanungsleistung f

metal sheathing s Panzerung f

metal slitting disc s Trennsäge f

metal spraying s Spritzmetallisierung f

metal stamping s Stanzen n

metalware s Metallwaren fpl.

metalworker s Metallarbeiter m; (Blech:) Schmied m

metal-working s (= metalworking) Metallverarbeitung f, Metallbearbeitung f

metalworking with explosives, Explosionsumformung f

metal-working industry s metallverarbeitende Industrie

meter s (electr., opt.) Messer m, Zähler m; Anzeiger m

meter change-over clock s Zählerschaltuhr f

meter rectifier s Meßgleichrichter m

meter rule s Metermaß n

meter stick s Metermaß n

methane s Sumpfgas n

method s Methode f; Verfahren n

method of measurement, Meßverfahren n

method of operation (or working), Arbeitsweise f

methyl alcohol s Methylalkohol m

metric a. metrisch

metric system of measurement, metrisches Maßsystem

metrological a. meßtechnisch

metrology s Meßtechnik f, Meßwesen n

mica s Glimmer m

micarta gear s Kunststoffzahnrad n

MICRO-~ (balance, chronometer, crack, hardness, inch, limit switch, manometer, mechanics, physics, switch, telephone, wave) Mikro~

microfinishing s Feinstziehschleifen n

micro-flaw s Haarriß m

micro-geometric surface pattern, (e. Oberfläche:) Feingestalt f

micro-hone v.t. feinhonen

micrometer adjusting screw s Feinstellschraube f

micrometer adjustment s Feineinstellung f

micrometer caliper s Bügelschraublehre f, Feinmeßschraublehre f, Mikrometer n

micrometer caliper gage s Feinmeßschraublehre f, Mikrometer n, etc.; s.a. micrometer caliper

micrometer depth gage s Feinmeßtiefenlehre f, Schraubtiefenlehre f

micrometer dial s Feinstellscheibe f

micrometer check gage s Mikrometerprüflehre f

micrometer extension rod s Zusatzstichmaß n

micrometer eyepiece s Feinmeßokular n

micrometer measuring instrument s Feinmeßgerät n

micrometer screw s Feineinstellschraube f

micrometric balance, Feinwaage f

micron s Mikron n

microphone s Mikrofon n

MICROPHONE ~ (amplifier, cable, circuit, current, transformer, transmitter) Mikrofon~

micro-pressure gage s Feindruckmesser m

microscope s Mikroskop n •

microstructure s Feinstruktur f

mid-point s Mittelpunkt m

migrate v.i. (chem.) wandern

mild sheet steel, Flußstahlblech n

mild steel, niedriggekohlter Stahl

mild-steel ingot block, Flußstahlblock m

mileage recorder s (auto.) Kilometerzähler m

mill v.t. mahlen; (mach.) fräsen

mill s Mühle f; Werk n, Fabrik f; (als Kurzwort für rolling mill:) Walzwerk n

millboard s Pappe f

milling s Mahlen n; (mach.) Fräsarbeit f; Fräsen n

MILLING ~ (arbor, attachment, cut, drive, feed, head, machine, motor, practice, spindle, tool) Fräs~

milling capacity s Fräsleistung f; Fräsbereich m

milling cutter s Fräser m, Fräswerkzeug n

milling operation s Fräsarbeit f, Fräsgang m

milling, drilling and boring machine s Fräs- und Bohrmaschine f

milling shop s Fräserei f

milling star s (foundry) Putzstern m

mill limits pl. Walztoleranz f

mill saw s Vertikalgattersäge f

mill saw file s Mühlsägenfeile f

mill scale s Glühzunder m, Walzzunder m

mill train s Walzenstraße f, Straße f

millwright s Wagenschlosser m

millwrights' steel square s (tool) Flachwinkel m

mincer s Fleischwolf m

mine s Bergwerk n, Zeche f, Grube f

minecar s (mining) Hund m

mine coal s Zechenkohle f

mine locomotive s Grubenlokomotive f

mineral coal Steinkohle f

mineral oil, Mineralöl n, Petroleum n, Erdöl n

mineral oil refinery, Mineralölraffinerie f

mineral pigment, Erdfarbe f

mineral pitch, Erdpech n

mineral wax, Erdwachs n

miner's lamp s Grubenlampe f

mine timber s Grubenholz n

minette ore s Minette f

miniature camera, Kleinbildkamera f

minimeter-type instrument s Tastgerät n

minimum s Mindestmaß n, Kleinstmaß n; Minimum n

minimum size s (metrol.) Mindestmaß n

mining s Bergbau m

minor diameter, (e. Gewindes:) Kerndurchmesser m

mirror effect s (nucl.) Spiegelwirkung f

mirror finish s Hochglanz m

mirror image s Spiegelbild n

mirror instrument s Spiegelinstrument n

mirror-inverted a. spiegelverkehrt

misalign v.t. verschieben; – v.i. sich verlagern

misalignment s Versatz m, Verlagerung f, Verschiebung f

miscalculation s Rechenfehler m

misfiring s *(auto.)* Fehlzündung f
mis-run casting s Fehlgußstück n
mist lubrication s Nebelschmierung f
mistrim v.f. *(forging)* fehlerhaft entgraten
miter v.t. gehren
miter s Gehrung f
miter and bevel saw, Gehrungskreissäge f
miter angle s Gehrungswinkel m
miter box s Schneidlade f
miter box saw s Gehrungssäge f
mitering cut s Gehrungsschnitt m
mitering fence s Gehrungslineal n
miter joint s Gehrungsstoß m
miter square s *(tool)* Gehrungswinkel m
miter weld s Gehrungsschweißung f
mitre v.t. cf. miter
mixed crystal, Mischkristall n
mixed cycle engine, Glühkopfmotor m
mixed gas, Mischgas n
mixed glue, Mischleim m
mixer s *(met.)* Mischer m; *(telev.)* Mischpult n
mixer stage s *(radio)* Mischstufe f
mixer tube s Mischröhre f
mixing s *(founding)* Gattieren n
mixing blade s *(concrete)* Mischschaufel f
mixing scales pl. *(met.)* Mischwaage f
mixing valve s Mischventil n
mixture-making s *(founding)* Gattieren n
mobile lubricating equipment, fahrbare Schmieranlage
mobile repair shop, fahrbare Reparaturwerkstatt
mobile turntable ladder, Leiterfahrzeug n
model s Baumuster n, Modell n
moderator s *(nucl.)* Verzögerer m, Bremssubstanz f
modification s Änderung f; Umwandlung f
modify v.t. abändern

modular design, Baukastenprinzip n
modularity s *(data syst.)* Bausteinprinzip n
modulate v.t. *(radio)* modulieren, einstellen
modulation s *(telec.)* Modulation f
MODULATION ~ (carrier, choke, coil, depth, distortion, frequency, transformer, valve, voltage) Modulations~
modulator s Mischröhre f; Mischstufe f; Modulator m
modulator stage s Modulationsstufe f
module s Modul m; Baustein m
modulus of elasticity, Elastizitätsmodul m
modulus of rupture, Bruchmodul m
modulus of shear, Schubmodul m
moisten v.t. anfeuchten; *(concrete)* benetzen
moisture s Feuchtigkeit f
mol s Mol n
mold v.t. *(founding)* formen; *(woodw.)* kehlschneiden, kehlen
mold s *(founding)* Gießform f, Form f; *(plastics)* Preßform f
mold cavity s *(founding)* Formhohlraum m
mold drying oven s *(foundry)* Formtrockenofen m
molded laminated plastics, Schichtpreßstoff m
molded plastics, Preßstoff m
molder s *(founding)* Former m
molder's tool s Formerwerkzeug n
molding box s *(founding)* Formkasten m
molding compound s Formmasse f
molding cutter s *(woodw.)* Fräser m
molding equipment s *(founding)* Formeinrichtung f
molding fence s *(woodw.)* Fräsanschlag m
molding machine s *(foundry)* Formmaschine ; *(woodw.)* Kehlhobelmaschine f

molding operation s *(founding)* Formarbeit f

molding plane iron s Profilhobeleisen n

molding pressure s *(plastics)* Preßdruck m

molding sand s Formsand m

molding sand preparation plant s Formsandaufbereitungsanlage f

molding shop s *(foundry)* Formerei f; *(plastics)* Presserei f

mold-making equipment s *(foundry)* Formereieinrichtung f

mold material s *(founding)* Formstoff m

mold mating face s *(founding)* Paßrand m

mold part s *(founding)* Formhälfte f

molecular a. molekular

MOLECULAR ~ (beam, current, energy, force, motion, pump, splitting, state, volume, weight) Molekular~

molecule s Molekül n

molten bath, Metallschmelze f

molten metal, schmelzflüssiger Stahl; flüssiges Eisen

molten metal pressure welding, Gieß-Preßschweißverfahren n

molten metal welding, Gießschweißen n

moment s Moment n, Augenblick m; Drehmoment n

moment of inertia, Trägheitsmoment n, Schwungmoment n

momentum s Moment n; Impuls m

MONITORING ~ (channel, circuit, counter, loop) Überwachungs~

monkey wrench s Schnellspannschlüssel m

monoatomic a. einatomig

monorail hoist s Einschienenhängebahn f

mordant s Beize f

Morse key s Morsetaste f

Morse signal s Morsezeichen n

Morse taper s Morsekegel m

Morse taper shank hole s Morsekegelbohrung f

Morse taper sleeve s Morsekegelhülse f

mortar s Mörtel m

mortise v.t. *(woodw.)* stemmlochen, stemmen, verzapfen

mortise chisel s *(woodw.)* Stemmeißel m

mortise dead lock, Einsteckschloß n

mortise joint, Verzapfung f

mortise latch s Einsteckriegel m

mortising machine s *(woodw.)* Stemmmaschine f

mosaic parquet deal, Mosaikparkettdiele f

mosaik work s Mosaikarbeit f

mother liquor s Mutterlauge f

motion s Bewegung f, Gang m

motion analysis s Bewegungsanalyse f

motion study s Bewegungsstudie f

motor s Elektromotor m

motor ambulance s Krankenkraftwagen m

motor-assisted bicycle, Moped n

motorboat engine s Bootsmotor m

motor bracket s Motorkonsol n

motorbus s Omnibus m

motorcar s Kraftfahrzeug n, Kraftwagen m, Automobil n, Auto n

motorcar accessories pl. Kraftfahrzeugzubehör n

motorcar engine s Kraftfahrzeugmotor m

motorcar industry s Kraftfahrwesen n

motorcar jack s Autowinde f

motor casing s Motorgehäuse n

motor-coach s (= motorcoach) Reiseomnibus m, Fernbus m

motorcoach jack s Automobilwinde f

motorcycle s Kraftrad n, Motorrad n

motorcycle with side car, Seitenwagengespann *n*

motorcycle headlamp *s* Motorradscheinwerfer *m*

motor-cyclist *s* Motorradfahrer *m*

motor drive *s* Motorantrieb *m*

motor driven truck, Elektrokarren *m*

motor fuel *s* Motorkraftstoff *m*

motor generator *s* Motorgenerator *m; (welding)* Umformer *m*

motoring *s* Kraftfahrzeugwesen *n*, Kraftfahrwesen *n*

motorist *s* Kraftfahrer *m*, Autofahrer *m*

motor oil *s* Autoöl *n*, Motorenöl *n*

motor on-speed *s* Motorlastdrehzahl *f*

motor-operated brake-lifter, Motorbremslüfter *m*

motor output *s* Motorleistung *f*

motor racing *s* Rennsport *m*

motor rating *s* Motornennleistung *f*

motor road *s* Autostraße *f*

motor-scooter *s* Motorroller *m*

motor speed *s* Motordrehzahl *f*

motor tool *s* Automobilreparaturwerkzeug *n*

motor traffic *s* Kraftfahrzeugverkehr *m*, Autoverkehr *m*

motor vehicle *s* Kraftfahrzeug *n*, Kraftwagen *m*, Motorfahrzeug *n*

motor-vehicle fleet *s* Fuhrpark *m*

motor-vehicle industry *s* Kraftfahrzeugindustrie *f*

motor-vehicle tax *s* Kraftfahrzeugsteuer *f*

mottled *a.* (Roheisen:) meliert, halbiert

mould *v.t. cf.* mold

moulding *s cf.* molding

mount *v.t.* anbringen, befestigen, einbauen; einspannen, aufspannen; montieren

mount *s* Halterung *f*; Fassung *f*

mountain pine *s* Bergkiefer *f*

mounting *s* Einbau *m*; Befestigung *f*; Lagerung *f*; Fassung *f*; Halterung *f*; Beschlag *m*; Montage *f; (civ.eng.)* Verankerung *f*

mounting dimension *s* Einbaumaß *n*

mounting flange *s* Spannflansch *m*

mounting instruction *s* Einbauvorschrift *f*

mouth *s* Mündung *f* (e. Konverters)

movability *s* Beweglichkeit *f*

movable *a.* beweglich; verschiebbar

move *v.t.* bewegen; verschieben, verfahren; – *v.i.* wandern

movement *s* Bewegung *f*, Weg *m*, Lauf *m*, Gang *m*; Verschiebung *f*

moving coil *s* Drehspule *f*

moving-coil galvanometer *s* Drehspulgalvanometer *n*

moving-coil instrument *s* Drehspulinstrument *n*

moving-coil measuring mechanism *s* Drehspulmeßwerk *n*

moving-iron instrument *s* Dreheiseninstrument *n*, Weicheiseninstrument *n*

moving magnet *s* Drehmagnet *m*

moving-magnet galvanometer *s* Drehmagnetgalvanometer *n*

moving-magnet instrument *s* Drehmagnetinstrument *n*

muck mill *s* Puddelstahlwalzwerk *n*, Luppenwalzwerk *n*

mud *s* Schlamm *m*

mud flap *s (auto.)* Schmutzfänger *m*

mudguard *s* Kotflügel *m*

mud valve *s* Schlammventil *n*

muffle-braze *v.t.* feuerlöten

muffle furnace *s* Muffelofen *m*

muffler *s* (e. Auspuffes:) Topf *m*

muffling material *s (acoust.)* Dämpfungsmaterial *n*

multi-blade grab, Polygreifer m

multi-chamber kiln, Mehrkammerofen m

multi-channel telegraphy, Mehrkanaltelegrafie f

multi-circuit switch, Serienschalter m

multi-color recorder, Mehrfarbenschreiber m

multi-conductor cable, Mehrleiterkabel n, Mehrfachkabel n

multi-contact a. (electr.) vielpolig

multi-contact plug s Mehrfachstecker m

multicore a. (electr.) vieladrig

multicore cable s Mehrfachkabel n

multicore line s Mehrfachleitung f

multi-cut lathe s Vielschnittdrehmaschine f

multi-edge cutting tool s mehrschnittiges Werkzeug

multi-flame burner s Mehrfachbrenner m

multi-grid tube s Mehrgitterröhre f

multi-jet blowpipe s Mehrflammenbrenner m, Mehrfachbrenner m

multi-layer coil s Mehrlagenspule f

multi-layer weld s Mehrlagenschweißung f

multi-party line s (data trans.) Mehrfachanschluß m

multiphase a. vielphasig

MULTIPHASE ~ (alternating current, circuit, current, generator, motor, rectifier, transformer, winding) Mehrphasen~

multiple a. mehrfach, vielfach

MULTIPLE ~ (antenna, channel, cut, fit, indexing, limit switch, plug, plunger pump, reception, splineshaft, spot welding, tariff, turning, valve) Mehrfach~

MULTIPLE ~ (accelerator, conductor, decay, field, reception, scanning, working) Vielfach~

multiple blade frame saw, Vollgatter n

multiple-cam operated automatic turret lathe, Mehrkurvenautomat m

multiple-contact jack, Vielfachsteckdose f

multiple-contact switch, Stufenschalter m Mehrfachschalter m

multiple die, Mehrfachgesenk n

multiple-die press, Mehrstempelpresse f, Stufenpresse f

multiple-disc brake, Mehrscheibenbremse f, Lamellenbremse f

multiple-disc clutch, Mehrscheibenkupplung f, Lamellenkupplung f

multiple-geared transmission, vielstufiges Zahnradgetriebe

multiple-groove sheave, (rope drive) Mehrrillenscheibe f

multiple-head milling machine, Mehrspindelfräsmaschine f

multiple operator welding machine, Mehrfachschweißmaschine f

multiple plunger press, Mehrstempelpresse f, Stufenpresse f

multiple-pole a. mehrpolig

multiple-ram broaching machine, Mehrstößelräummaschine f

multiple-speed gearbox (or gear drive) mehrstufiges Getriebe

multiple-speed motor, mehrtouriger Motor

multiple-spindle automatic machine, Mehrspindelautomat m

multiple-spindle drill head, Mehrspindelkopf m

multiple-spindle drilling machine, Vielspindelbohrmaschine f

multiple-spindle drilling machine with universally adjustable spindles, Gelenkspindelbohrmaschine f

multiple-spindle gang drilling machine, Mehrspindelreihenbohrmaschine f

multiple-spline shaft, Vielkeilwelle f

multiple stand rolling mill, mehrgerüstiges Walzwerk

multiple tariff-hour meter, *(electr.)* Mehrfachtarifzähler m

multiple thread, mehrgängiges Gewinde

multiple thread milling cutter, Gewinderillenfräser m

multiple unit capacitor, Mehrfachkondensator m

multiple-way boring machine, Mehrwegebohrmaschine f

multiple-way switch, Mehrwegeschalter m

multiplex system, *(tel.)* Mehrfachbetrieb m

multiplex telegraph, Mehrfachtelegraf m

multiplex telephony, Mehrfachtelefonie f

multiplex transmission, Mehrfachverkehr m

multiplier s *(electron.)* Vervielfacher m

multiplying gears pl. Vervielfachungsgetriebe n

multipolar a. mehrpolig, vielpolig

multi-purpose automatic, Mehrzweckautomat m

multi-purpose machine, Vielzweckmaschine f

multi-purpose van body, Kombiwagenaufbau m

multi-purpose vehicle, *(auto.)* Mehrzweckkraftwagen m, Kombinationskraftwagen m

multi-rate meter, *(electr.)* Mehrfachtarifzähler m

multi-run weld, Mehrlagenschweißung f

multi-section type rotary switch, *(electr.)* Paketschalter m

multi-spindle automatic, Vielspindelautomat m

multi-spindle drilling attachment, Mehrlochbohreinrichtung f

multi-spindle drilling machine, Mehrspindelbohrmaschine f

multi-stage a. vielstufig

multi-stage amplifier, *(tel., telegr.)* Mehrfachverstärker m

multi-stage press, Mehrstufenpresse f

multi-stage scaffolding, *(building)* mehrgeschossige Rüstung

multi-tone horn, *(auto.)* Mehrklanghorn n

multi-way machine, Mehrwegemaschine f

multi-way switch, Mehrfachumschalter m

municipal engineering, Städtebau m

mushroom cloud s Atompilz m

mushroom head s (e. Schraube:) Flachrundkopf m

muting s *(acoust.)* Dämpfung f

mutual inductance, Gegeninduktivität f

N

nail v.t. nageln, vernageln
nail s Nagel m, Drahtstift m
nail-holding a. (Holz:) nagelfest
nailing s Nagelung f
nail puller s Kistenöffner m
naphtha s Erdölbenzin n
naphthenate drier s (painting) Naphthen-
trockenstoff m
narrow-gage track, Schmalspurgleis n
narrow-gage railway, Feldbahn f
narrow strip mill, Schmalbandstraße f
natural asphalt, Naturasphalt m
natural frequency, Eigenfrequenz f
natural gas, Erdgas n
natural gas firing, Naturgasfeuerung f
naturally aspirated engine, selbstansau-
gender Motor
natural resin, Naturharz n
natural vibration, Eigenschwingung f
natural voltage, Eigenspannung f
navigation s Navigation f, Steuerung f,
Nautik f
navvy s Erdarbeiter m
nearest a. nächstliegend
neatsfoot oil s Klauenöl n
neck v.t. (mach.) aushalsen, einhalsen,
eindrehen, einstechen; (zylindrische
Körper:) einschnüren
neck s Eindrehung f, Aushalsung f; (e.
Schraube:) Ansatz m
necking s (von Zerreißstäben:) Ein-
schnürung f
necking tool s Nuteneinstechmeißel m,
Aushalsemeißel m
needle s Nadel f
NEEDLE ~ (cage, galvanometer, roller
bearing, valve) Nadel~

negative caster, (auto.) Nachlauf m
negative feedback, Gegenkopplung f
negative pole, Minuspol m
neon lamp s Neonlampe f
netting s Geflecht n, Drahtgewebe n,
Drahtnetz n
netting wire s Maschendraht m
network s (metallo.) Netzwerk n; (electr.,
railw.) Netz n; Schaltung f
NETWORK~ (analog. code number, fault
report, junction, level, node, plan, traffic
control) Netz~
network circuit s (electr.) Maschenschal-
tung f
network structure s (metallo.) Netzwerk-
struktur f
neutral conductor, Nulleiter m
neutral earth, (electr.) Nullpunkterdung f
neutral flow plane, (e. Gesenkes:) Fließ-
scheide f
neutralize v.t. (electr.) nullen
neutralize disturbing effects, (radio) ent-
zerren
neutral point, (electr.) Nullpunkt m
neutral position, Mittelstellung f, Leerlaufstellung f
neutral wire, (electr.) Nulleiter m, Mittellei-
ter m
neutron s Neutron n
NEUTRON ~ (absorption, beam, bombardment, capture, counter, decay, density, energy, excess, flux, physics, radiation, yield) Neutronen~
news service s (radio) Nachrichtendienst
m
nib s (Diamant:) Spitze f; (e. Hammerschraube:) Nase f

nick *v.t.* knicken; einkerben
nick *s* Einkerbung *f*
nickel *v.t.* vernickeln
nickel *s* Nickel *n*
NICKEL ~ (alloy, cladding, coat, ore, recovery) Nickel~
nickel-clad sheet, nickelplattiertes Blech
nickeliferous *a.* nickelhaltig
nickel-plate *v.t.* galvanisch vernickeln
nickel-plating *s* galvanische Vernickelung
nickel shot *s* Granaliennickel *n*
NIGHT ~ (call, current, frequency, shift, tariff, work) Nacht~
nil test error *s (data syst.)* Nulltestfehler *m*
nipple *s* Nippel *m*
nitrate of soda, Chilesalpeter *n*
nitration *s* Nitrierung
nitride *v.t. (heat treatment)* nitrieren
nitrided case, Nitrierschicht *f*
nitriding *s* Nitrierung *f*
NITRIDING ~ (equipment, furnace, steel) Nitrier~
nitrocellulose *s* Nitrozellulose *f*
nitrocellulose lacquer *s* Nitrozelluloselack *m*, Nitrolack *m*
nitrogen hardening *s* Nitrierhärtung *f*
nitrogenization *s* Nitrierung *f*
nitrogen pick-up *s (met.)* Aufstickung *f*
noble metal, Edelmetall *n*
node *s (electr., wave mech.)* Knoten *m*
nodular *a. (metallo.)* kugelig
nodular iron, Kugelgraphitguß *m*, Sphäroguß *m*
noise jamming *s* Rauschstörung *f*
noise level *s* (electron.) Rauschpegel *m*; *(radio)* Störpegel *m*
noise potential *s (electron.)* Rauschspannung *f*

noise suppression *s (electr., radio)* Entstörung *f*
noise threshold *s (data syst.)* Rauschgrenze *f*
noise transmitter *s (radar)* Rauschsender *m*
NO-LOAD ~ (condition, current, friction, loss, speed, switching, torque, voltage) Leerlauf~
nominal diameter, Solldurchmesser *m*, Nenndurchmesser *m*
nominal frequency, Sollfrequenz *f*
nominal length, Sollänge *f*
nominal size, Nennmaß *n*
nomogram *s* Rechentafel *f*
non-administrative cost center, Betriebskostenstelle *f*
non-aging *a. (met.)* alterungsbeständig
non-baking coal *s* Magerkohle *f*
non-chip forming *s* spanlose Bearbeitung
non-circulatory lubrication, Durchlaufschmierung *f*
non-conductor *s (electr.)* Nichtleiter *m*
non-cutting shaping, spanlose Formgebung
non-destructive test, zerstörungsfreie Prüfung
non-dimensional *a.* dimensionslos
non-drying *a. (painting)* nichttrocknend
non-ferrous castings, Metallguß *m*
non-ferrous metal, Nichteisenmetall *n*
non-ferrous metal industry, Metallindustrie *f*
non-ferrous metallurgy, Metallhüttenkunde *f*
non-inductive *a.* induktionsfrei
non-licensed transmitter, Schwarzsender *m*
non-metal *s* Nichtmetall *n*

non-metallic *a.* nichtmetallisch

non-positive connection, kraftschlüssige Verbindung

non-productive time, Totzeit *f*

non-return valve *s* Rückschlagventil *n*

non-scaling steel *s* zunderbeständiger Stahl

non-skid chain *s* Schneekette *f*

non-skid tread *s* rutschsicheres Reifenprofil

non-slip *a.* gleitsicher

non-sparking *a.* funkensicher

non-uniform *a.* ungleichmäßig

non-uniformity *s* Ungleichmäßigkeit *f*

no parking, Parkverbot *n*

normalize *v.t.* normalglühen

normal stress, *(mat. test.)* Normalbeanspruchung *f*

normal voltage, *(electr.)* Normalspannung *f*

nose *s (techn.)* Nase *f*; (e. Drehmeißels:) Spitze *f*; (e. Spindel:) Ende *n*

nose angle *s* (e. Drehmeißels:) Spitzenwinkel *m*

notation *s* Schreibweise *f*; Darstellung *f*

notch *v.t.* einkerben

notch *s* Kerbe *f*, Einkerbung *f*; (e. Rastenscheibe:) Raste *f*; (met.) Stichloch *n*

notched bar bend test, Kerbbiegeprobe *f*

notched bar impact bending test, Kerbschlagbiegeprüfung *f*

notched bar impact endurance test, Dauerkerbschlagversuch *m*

notched bar impact strength *s* Kerbschlagzähigkeit *f*

notched bar impact test, Kerbschlagprüfung *f*

notched disc, Rastenscheibe *f*

notched specimen, Kerbprobe *f*

notched taper pin, Kerbstift *m*

notched tensile property, Kerbzugfestigkeit *f*

notched test bar, Kerbschlagprobestab *m*

notch effect *s* Kerbwirkung *f*

notch factor *s* Kerbwirkungszahl *f*

notch sensitivity *s* Kerbempfindlichkeit *f*

notch toughness *s* Kerbschlagzähigkeit *f*

'not go' gage, Ausschußlehre *f*

'not go' screw plug gage, Ausschußlehrdorn *m*

'not go' side, (e. Lehrdorns:) Plusseite *f*

notice *s (data process.)* Meldung *f*

no-voltage release *s* Nullspannungsauslösung *f*

no waiting, *(auto.)* Halteverbot *n*

nozzle *s* Düse *f*; (e. Gießpfanne:) Ausguß *m*, Schnauze *f*

nozzle fouling *s (auto.)* Düsenverschmutzung *f*

nozzle tester *s (auto.)* Düsenprüfgerät *n*

NUCLEAR ~ (battery, bomb, chain reaction, chemistry, density, disintegration, energy, excitation, explosion, fuel, fusion, mass, number, particle, physics, radiation, reaction, research, spin) Kern~

nuclear charge number *s* Kernladezahl *f*

nuclear fission *s* Atomkernspaltung *f*, Atomzertrümmerung *f*

nuclear reactor *s* Atombatterie *f*

nuclear technology *s* Atomtechnik *f*

nucleon *s* Nukleon *n*

nucleon charge *s* Nukleonenladung *f*

nucleus *s (atom., cryst.)* Kern *m*

nugget *s (welding)* Perle *f*

nul gear *s* Nullrad *n*

number of cycles, *(electr.)* Periodenzahl *f*

number of revolutions, Drehzahl *f*

number of starts, (e. Schnecke:) Gängig-
keit f

number of threads, (e. Gewindes:) Gän-
gigkeit f

number dialling s (tel.) Nummernwahl f

number plate s Kennzeichenschild n,
Nummernschild n

number plate lamp s (auto.) Kennzeichen-
leuchte f

numerator s (math.) Zähler m

numerically controlled, numerisch ge-
steuert

numerical selector, Nummernwähler m

nut s Mutter f

nut automatic s Mutternautomat m

nut plier s Mutterzange f

nut runner s Muttereinziehmaschine f

nut tapper s Muttergewindebohrmaschine
f

nut thread s Muttergewinde n

oak-tanned belt, eichenlogarer Riemen

oakum s Werg n

object v.t. beanstanden

objection s Beanstandung f

objective s Objektiv n

oblique a. schräg, schief

obstruct v.t. hemmen, blockieren

obstruction s Hindernis n; Hemmung f

obtuse a. (Winkel:) stumpf

occlude v.t. (Gase:) einschließen

occlusion s Einschluß m

occupation tax s Gewerbesteuer f

ochre s Ocker m

octagonal a. achteckig

octahedral a. achtseitig

octane rating s (Benzin:) Klopffestigkeit f

off-grade iron s Übergangseisen n

off-heat s (steelmaking) Fehlschmelze f

official wage, Tariflohn m

off-line processing s (data process.) rechnerunabhängige Verarbeitung

offset p.a. gekröpft

offset v.t. kröpfen, verkröpfen, versetzen

offset s. Kröpfung f, Abbiegung f; Versetzung f

offset cutting tool, abgesetzter Meißel

off-side s (e. Walzgerüstes:) Arbeitsseite f

offsize s Maßabweichung f

off-take s Abzugskanal m

off-take main s (Gasreinigung) Vorlage f

O.H. ingot steel s SM-Flußstahl m

ohmic resistance, Ohmscher Widerstand

oil v.t. einölen

oil s Öl n

OIL ~ (additive, bath, burner, can, change, channel, circulation, container, cushion, drain cock, drain plug, engine, filler, filter, firing, flow, lubrication, mist, mist lubrication, nipple, overflow-pipe, paint, pan, passage, pocket, pressure, pump, quenching, refinery, residue, scraper, seal, separator, sightglass, sludge, strainer, sump, supply, varnish, wick) Öl~

oil-bath lubrication s Ölbadschmierung f, Tauchbadschmierung f

oil-break fuse s (electr.) Ölsicherung f

oil circuit-breaker s Ölschalter m

oil circulating lubrication s Ölumlaufschmierung f

oil cup s Öler m

oil dipstick s Ölpeilstab m, Ölmeßstab m

oil drive unit s Ölgetriebe n

oiler s Öler m

oil-filled cable, Ölkabel n

oil-filled contactor, Ölschutz n

oil-filled transformer, Öltransformator m

oil filler pipe s Öleinfüllstutzen m

oil filler plug s Öleinfüllschraube f

oil gage s Ölstandanzeiger m

oil groove s Schmiernut f

oil hardening steel s Ölhärtungsstahl m

oil hole s Schmierloch n

oil-hydraulic brake, (auto.) Öldruckbremse f

oil hydraulic transmission, Ölgetriebe n

oilless bearing, ölloses Lager

oil level s Ölspiegel m, Ölstand m

oil level gage s Ölstandschauglas n, Ölstandsauge n

oil plug s Schmierschraube f

oil pressure gage s Öldruckmesser m

oil pressure switch s Öldruckschalter m

oil primer s Ölgrundierung f
oil reclamation equipment s (auto.) Ölrückgewinnungsanlage f
oil-retaining ring s (auto.) Ölfangring m
oil scraper ring s (auto.) Ölabstreifring m
oil-seal ring s Simmerring m
oil-shot system s Eindruckschmierung f
oil-splash lubrication s Ölspritzschmierung f
oil squirt s Ölkännchen n
oilstone s Ölabziehstein m
oily a. verölt
omnibus s Omnibus m, Bus m
omnibus bar s (electr.) Sammelschiene f
omnibus chassis s Omnibusfahrgestell n
omnibus headlamp s Omnibusscheinwerfer m
omnibus trailer s Omnibusanhänger m
on-call service s Bereitschaftsdienst m
one-man control, Einmannbedienung f
one-shot lubrication, Gruppenschmierung f
one-shot pump, Zentralschmierpumpe f
one way switch, Einwegschalter m
one-way traffic, Einbahnverkehr m
on-line a. (data syst.) direkt prozeßgekoppelt
on-line processing s rechnerabhängige Datenverarbeitung, Online-Verarbeitung f
on-line teleprocessing s direkte Datenfernverarbeitung
on-load speed s Lastdrehzahl f
on-position s (electr.) Einschaltzustand m
opacimeter s Trübungsmesser m
opacity s Undurchsichtigkeit f
opaque a. undurchsichtig, undurchlässig
open air plant, Freiluftanlage f
open-annealed a. ofengeglüht

open arc welding, offenes Lichtbogenschweißen
open die forging, Freiformschmieden n
open-flame burner, Düsenbrenner m
open-front press, Einständerexzenterpresse f
open-hearth cinder, Martinofenschlacke f
open-hearth furnace, Siemens-Martin-Ofen m
open-hearth pig iron, Siemens-Martin-Roheisen n
open-hearth plant, Martinofenanlage f
open-hearth practice, Martinofenbetrieb m
open-hearth process, Siemens-Martin-Verfahren n, Herdfrischverfahren n
open-hearth steel, Siemens-Martin-Stahl m
opening s (Späne:) Durchfall m
opening in back, (power press) Durchbruchöffnung f
open installation, (electr.) offene Verlegung
open joint (welding) Fuge f
open joint brazing, Fugenhartlöten n
open-pan mixer, (concrete) Trogmischer m
open-pit mining, Tagebau m
OPENSIDE ~ (grinder, milling machine, planer, planer-miller, plate planer) Einständer ~
open tendering, öffentliche Ausschreibung
operable a. betriebsklar
operate v.t. (e. Maschine:) bedienen, schalten, steuern; betätigen; – v.i. arbeiten
OPERATING ~ (conditions, cost, data, difficulty, engineer, equipment, experience,

manual, member, speed, temperature, voltage) Betriebs~

operating handle s Bedienungsgriff m

operating instruction s Bedienungsvorschrift f, Bedienungsanweisung f, Bedienungsanleitung f

operating lever s Bedienungshebel m

operating panel s Bedienungstafel f; Arbeitsplan m

operating platform s Bedienungsbühne f

operating supplies pl. (cost accounting) Hilfsstoffe f

operation s Arbeitsvorgang m, Arbeitsgang m; (e. Maschine:) Bedienung f; Betrieb m; (e. Schmelzofens:) Gang m, Führung f

operational a. verfahrenstechnisch

operational economics, Betriebswirtschaftlichkeit f

operation analysis s (work study) Arbeitsanalyse f

operation bit s (data process.) Betriebsbit n

operations scheduling s Arbeitsplanung f

operator s (Feuerung:) Wärter m

opposed-piston engine, (auto.) Gegenkolbenmotor m

opposite-stroke pistons, gegenläufige Kolben

optical dividing head, optischer Teilkopf

optical flat, Planglas n

optical flat gage, Glasprüfmaß n

optical goniometer, optischer Winkelmesser

optical measuring system, Meßoptik f

optical screw thread measuring machine, Gewindemeßkomparator m

optical tracer device, (copying) optisches Tastgerät

optical universal bevel protractor, optischer Winkelmesser

optics pl. Optik f

orbit s (ball.) Bahn f

order s Auftrag m; (math.) Reihe f; (programming) Kommando n; Befehl m

ordinal number, (math.) Ordnungszahl f

ordinary key, Längskeil m

ore s Erz n

ORE ~ (bin, burden, charge, chute, crusher plant, deposit, dressing, dressing plant, drying kiln, grab, handling bridge, handling equipment, mine, pump, smelting furnace, vein) Erz~

ore boil s Erzfrischreaktion f

ore process a (met.) Erzfrischverfahren n

orifice s (Brennerdüse:) Öffnung f

ornamental glass, Ornamentglas n

ornamental hub cap, (auto.) Zierkappe f

ornamental wheel ring, (auto.) Radzierring m

oscillate v.i. pendeln

oscillating circuit s (radio) Schwingkreis m

oscillating direction indicator s (auto.) Pendelwinker m

oscillating motion s Pendelbewegung f

oscillation s [freie] Schwingung f

oscillator s Schwingungserreger m

Otto carburetor engine s Ottomotor m

outdoor antenna, Hochantenne f, Außenantenne f

outdoor circuit breaker, Freiluftschalter m

outdoor station, Freiluftstation f

outdoor work s Außenarbeit f

outdoor transformer, Freiluftumspanner m

outer bearing, (e. Fräsdorns:) Gegenhalter m

outer brace, *(miller)* Gegenhalterstütze f

outer cover, *(auto.)* Reifendecke f

outer zone, Randschicht f

outfit s Ausrüstung f; Apparatur f

outflow s Ablauf m

outgoing cable s *(tel., telegr.)* Ausgangskabel n

outgoing line s *(data syst.)* Sendeleitung f

outgoing start-stop distortion s *(data process.)* Sendebezugsverzerrung f

outlet s Auslaß m, Austritt m, Ablauf m; Öffnung f

outlet elbow s *(building)* Auslaufknie n

outline s Umriß m

out-of-balance, Unwucht f

out-of-flat a. uneben

out-of-flatness, Unebenheit f

out-of-line a. nichtfluchtend

out-of-order condition s *(data process.)* Störzustand m

out-of-round a. unrund

out-of-straight a. ungerade, krumm

output s Ausstoß m, Ausbringen n; Förderung f, Leistung f; *(data process.)* Ausgabe f

OUTPUT ~ (element, file, lockout, notice, selection, storage) Ausgabe~

output per unit of displacement, *(auto.)* Hubraumleistung f

output amplifier s *(radio)* Endverstärker m

output capacitance s *(electron.)* Ausgangskapazität f

output drive s *(gearing)* Abtrieb m

output pentode s *(radio)* Endpentode f

output shaft s Abtriebswelle f

output speed s Abtriebsdrehzahl f

output triode s *(radio)* Endtriode f

output voltage s Ausgangsspannung f

outside caliper, Außentaster m

outside power, Fremdstrom m

oval grinding machine, Ovalschleifmaschine f

oval groove, *(rolling mill)* Ovalstich m

oval pass, *(rolling mill)* Ovalstich m

oven s (Kokerei:) Ofen m

oven battery s *(coking)* Ofenbatterie f

oven drying s Ofentrocknung f

overall efficiency, Gesamtwirkungsgrad m

overall width, Baubreite f

overarm s *(miller)* Gegenhalter m

overarm braces pl. *(miller)* Schere f

over-blow v.t. *(met.)* überblasen

overblown steel, übergarer Stahl

overbridge v.t. *(railw.)* überführen

overcurrent circuit breaking s Überstromauslösung f

overcurrent coil s Überstromspule f

overcurrent relay s Überstromrelais n

overdimension v.t. überdimensionieren

overdrive s *(auto.)* Eilgang m, Schnellgang m, Schongang m, Schnellganggetriebe n

overexcitation s *(electr.)* Übererregung f

over-excite v.t. *(electr.)* übererregen

over-expose v.t. überbelichten

overfilled a. (Walzgut:) grätig

overflow v.i. überlaufen

overflow s *(hydr.eng.)* Überlauf m, Überfall m

overflow-pipe s Überlaufrohr n

overhang v.i. freitragen, auskragen, überkragen, überhängen, ausladen, herausragen

overhang s Überhang m, Ausladung f

overhaul v.t. (Maschinen:) überholen

overhead beam s Deckenbalken m

overhead conductor s Fahrleitung f

overhead conveyor trolley s Hängebahn-laufkatze f

overhead cost pl. Gemeinkosten pl.

overhead countershaft s Deckenvorgele-gewelle f

overhead line s (electr.) Oberleitung f

overhead lineshaft s Deckentransmission f

overhead rail s Hängeschiene f

overhead roadway s Hochstraße f

overhead transmission line s (electr.) Freileitung f

overhead trolley s Hängebahn f

overhead welding s Überkopfschweißung f

overheat v.t. überhitzen

overhung p.a. freitragend; fliegend, über-hängend

overlap v.t. & v.i. überlagern; sich über-lappen

overlap s Überdeckung f, Überlappung f

overlap welding s Überlappschweißung f

overload v.t. überbelasten, überbeanspru-chen

overload s Überbelastung f, Überlast f

overload capacity s Überlastbarkeit f

overload clutch s Überlastungskupplung f

overload protection s Überlastschutz m

overload release s Überlastungsauslöser m

overload speed s Überlastdrehzahl f

overrun v.t. überfahren

overrunning clutch s Freilaufkupplung f

oversize s Übermaß n, Übergröße f; (ore dressing) Überkorn n

overspeed v.t. (Motor:) überdrehen

overstress v.t. überbeanspruchen

overtake v.t. (Drehzahlen:) überholen

overtaking clutch s Überholungskupplung f

overtaking lane s Überholspur f

overtaking signal s Überholmelder m

overtime premium s Überstundenzu-schlag m

overtravel v.t. & v.i. überfahren

overturn v.t. (Schrauben:) überdrehen

overvoltage s Überspannung f

overvoltage protection s Überspan-nungsschutz m

oxidation s Oxydation f, Oxydierung f; (electr., met.) Abbrand m, Verbrennung f

oxidation film s Oxidhaut f

oxide a. oxidisch

oxide s Oxid n

oxide-ceramic cutting tool, oxidkerami-sches Schneidwerkzeug

oxide-ceramic plate, Oxidkeramikplatte f

oxide film s Oxidschicht f

oxide inclusion s Oxideinschluß m

oxide skin s Oxidhaut f

oxidize v.t. (met.) frischen; – v.i. rosten; – v.t. & v.i. oxidieren

oxidizing agent s Oxidationsmittel n

oxidizing ore s Frischerz n

oxidizing period s (met.) Frischperiode f

oxidizing process s Frischverfahren n

oxidizing slag s Frischschlacke f, oxida-tionsschlacke f

oxyacetylene blowpipe, Acetylensauer-stoffbrenner m

oxyacetylene welding, Acetylensauer-stoffschweißen, Autogenschweißen n

oxy-cutting s Sauerstoffschneiden n

oxygen s Sauerstoff m

oxygen converter steel s Sauerstoffkon-verterstahl m, LD-Stahl m

oxygen converter steel plant *s* Sauerstoffblasstahlwerk *n*

oxygen core lance *s (steelmaking)* Sauerstoffkernlanze *f*

oxygen cylinder *s* Sauerstoffflasche *f*

oxygen deseaming *s* Sauerstoffhobeln *n*

oxygenization *s* Sauerstoffanreicherung *f*

oxygen jet *s* Sauerstoffstrahl *m*

oxygen lance *s (steelmaking)* Sauerstoffstrahlrohr *n*, Sauerstofflanze *f*

oxygen lancing *s* Sauerstoffbohren *n*

oxygen powder lance *s* Sauerstoffpulverlanze *f*

oxygen steelmaking process *s* Sauerstoffkonverterverfahren *n*

oxy-hydrogen flame, *(welding)* Knallgasflamme *f*

oxy-hydrogen welding, Wasserstoff-Sauerstoffschweißung *f*

P

pack *v.t.* dichten, abdichten

pack *s* (Blech:) Sturz *m; (data syst.)* Stapel *m*

pack annealing *s* Sturzenglühung *f*

pack annealing furnace *s* Sturzenglühofen *m*

packing *s* Packung *f*, Dichtung *f*, Liderung *f*, Manschette *f; (Formsand:)* Verdichtung *f*

packing felt *s* Dichtungsfilz *m*

packing ring *s* Dichtungsring *m*, Dichtring *m*

pack rolling *s* Sturzwalzen *n*, Sturzenwalzung *f*

pad *s* Unterlage *f*, Zwischenlage *f*, Scheibe *f*

padded plate, Raupenblech *n*

padding *s* Unterlage *f*

paddling door *s* (e. Roheisenmischers:) Arbeitstür *f*

padlock *s* Hängeschloß *n*, Vorhängeschloß *n*

pail *s* Eimer *m*

paint *v.t.* anstreichen, streichen

paint *s* [streichfertige] Farbe *f*

paint coat *s* Farbanstrich *m*

painter *s* Anstreicher *m*

paint roller mill *s* Farbreibemaschine *f*

paint spray gun *s* Farbspritzpistole *f*

paint-spraying equipment *s* Farbspritzanlage *f*

paint thinner *s* Lackbenzin *n*, Testbenzin *n*

paintwork *s* Anstrich *m*

pair *v.t.* paaren

pair *s* Paar *n*

pair of gears *(gearing)* Räderpaar *n*

pairing *s (gearing, telev.)* Paarung *f*, Paarigkeit *f*

pale varnish, Klarlack *m*

palloid tooth system *s* Palloidverzahnung *f*

pan *s* (für Späne:) Fangschale *f*, Pfanne *f*, Wanne *f*

pan car *s* Muldenwagen *m*

pane *s* Glasscheibe *f*

panel *v.t. (civ.eng.)* bekleiden, verkleiden

panel *s* (Blech, Holz; *electr.)* Tafel *f; (railw.)* Joch *n*

panelling sheet *s* Bekleidungsblech *n*

panel raising cut *s (woodw.)* Abplattung *f*

pan grinder *s* Mischkollergang *m*

panorama windscreen *s (auto.)* Rundsichtverglasung *f*

pantograph *s* Storchschnabel *m*, Pantograph *m*

pantograph-controlled *p. a.* pantographengesteuert

pantograph die-sinking machine *s* Pantographgesenkfräsmaschine *f*

pantograph miller *s* Pantographnachformfräsmaschine *f*

paper *v.t.* tapezieren

paper-base laminate, Hartpapier *n*

paper hanger *s* Tapezierer *m*

paraffin *s* Paraffin *n*

paraffin wax *s* Paraffinwachs *n*

parallax distortion *s (opt.)* Parallaxenfehler *m*

parallel *a* gleichgerichtet, parallel

parallel *s (geom.)* Parallele *f; (metrol.)* Richtschiene *f*

PARALLEL ~ (configuration, entry, input, interface trunk, memory, operation, output, operation, programming, punch, ringing, system) Parallel~

parallel connection, *(electr.)* Parallelschaltung *f*

parallel-flanged beam, Parallelflanschträger *m*

parallel key, Flachkeil *m*

parasitic current, Fremdstrom *m*, Irrstrom *m*

parent metal, Grundmetall *n*, Trägerwerkstoff *m*

parkerize *v.t.* parkerisieren

parking attendant *s (auto.)* Parkplatzwächter *m*

parking brake *s* Feststellbremse *f*

parking light *s (auto.)* Standlicht *n*, Parkleuchte *f*

parking place *s* Parkplatz *m*

parking space *s (auto.)* Parklücke *f*

parkometer *s* Parkuhr *f*

parquet deal *s* Parkettdiele *f*

part-off *v.t. (metal cutting)* abtrennen, abstechen

part *s* Teil *m & n; (mach.)* Organ *n*

partial view, Teilansicht *f*

particle *s* Teilchen *n*, Körper *m*

parting line *s* Teilfuge *f*, Trennfuge *f*

partition wall *s* Trennwand *f*

parts list *s* Stückliste *f*, Teileliste *f*

party-line *s (tel.)* Gemeinschaftsanschluß *m*

pass in *v.i.* einströmen

pass off *v.t.* ableiten, fortführen

pass through *v.i.* durchfließen; – *v.t.* (Leitungen:) durchführen

pass *s* Durchgang *m; (rolling)* Stich *m*, Gang *m; (rolling mill)* Kaliber *n*

passage *s* Kanal *m*, Durchgang *m*; Gang *m*, Weg *m*; Durchlauf *m*

passenger *s* Fahrgast *m; (auto.)* Mitfahrer *m*

passenger car *s* Personenkraftwagen *m*, Auto *n*, Wagen *m*

pass-over mill *s* Übergabewalzwerk *n*

pasteboard *s* Pappe *f*

paste carburizing *s (heat treatment)* Pastenaufkohlen *n*

paste color *s* Pastenfarbe *f*

patch *v.t. (road building, welding)* ausflikken, ausbessern; (Ofenfutter:) flicken

patent *v.t.* (Draht:) bleihärten, patentieren

patent *s* Patent *n*

PATENT ~ (agent, application, attorney, claim, dispute, engineer, infringement, law, protection, specification) Patent~

patentee *s* Patentinhaber *m*

patent locknut *s* Palmutter *f*

path *s* Bahn *f*, Weg *m*; Gang *m*

path computer *s* Bahnrechner *m*

patrol car *s* Streifenwagen *m*

pattern *s* Bauart *f*, Ausführung *f*, *(founding)* Modell *n; (radar)* Schirm *m; (surface finish)* Bild *n; (data syst.)* Muster *n*

pattern draw *s* (e. Formmaschine:) Modellabhub *m*

pattern-making *s* Modellherstellung *f*

pattern milling attachment *s* Modellfräseinrichtung *f*

pattern plate *s (foundry)* Modellplatte *f*

pattern shop *s* Modelltischlerei *f*

PAUSE ~ (exit, indication, signal) Pausen~

pavement *s* Straßendecke *f*, Pflaster *n*

pavement concrete *s* Deckenbeton *m*

paving brick *s* Pflasterziegel *m*

paving stone *s* Pflasterstein *m*

pawl *s* Sperrklinke *f*, Sperrzahn *m*, Schaltklinke *f*, Klinke *f*

payload s *(auto.)* Nutzlast f
payload space s *(auto.)* nutzbarer Laderaum
pay-off reel s *(rolling mill)* Ablaufhaspel f
pay station s Fernsprechautomat m
peak s Spitze f; (e. Kurve:) Scheitel m
peak current s Spitzenstrom m
peak load s *(electr.)* Belastungsspitze f
peak-traffic hour s Hauptverkehrszeit f
peak voltage s Spitzenspannung f
peak voltmeter s Scheitelspannungsmesser m
pearlite s *(cryst.)* Perlit m
pearlitic cast iron, Perlitguß m
pedal s Pedal n
pedestal s Ständer m, Sockel m, Bock m
peeling machine s *(threading)* Schälmaschine f
peen v.i. (e. Schweißnaht:) hämmern
pencil s (Licht:) Bündel n
pencil wheel s *(tool)* Schleifstift m
pendant s (e. Lampe:) Pendel n
pendant control panel s Hängetafel f
pendant cord s Pendelschnur f
pendant push-button panel s Hängedruckknopftafel f
pendant switch s Schnurschalter m, Schwenkschalter m
pendulum s *(phys.)* Pendel n
pendulum impact machine s Pendelschlagwerk n
pendulum rectifier s Pendelgleichrichter m
pendulum-type screen wiper s *(auto.)* Pendelwischer m
penetrate v.t. durchdringen; *(ball.)* durchschlagen; *(welding)* einbrennen; – v.i. eindringen

penetration s Durchdringung f; *(ball.)* Durchschlag m; *(welding)* Einbrand m
penetration bead s *(welding)* Wurzelüberhöhung f
penstock s Düsenstock m
pentode s Fünfpolröhre f
percolate v.i. durchsickern
percolation s Durchsickerung f
percussion s *(forging)* Prellschlag m
percussion press s Spindelschlagpresse f
percussion riveter s Schlagnietmaschine f
percussion welding s Schlagschweißung f
perforate v.t. kaltlochen, perforieren, lochen
perforated brick, Lochstein m
perform v.t. ausführen, durchführen
performance s Arbeitsleistung f, Gebrauchsleistung f; Durchführung f
performance rating s *(work study)* Leistungsgradschätzen n
performance test s Leistungsprüfung f
period s Dauer f, Zeit f; *(electr.)* Periodendauer f
period of engagement, *(gearing)* Eingriffsdauer f
periodic a. periodisch
peripheral speed, Umfangsgeschwindigkeit f
periphery s Umfang m; Rand m
permanence s Dauerzustand m
permanent magnet, Dauermagnet m
permanent magnet steel, Dauermagnetstahl m
permanent-magnet moving-iron-instrument, Eisennadelinstrument n
permanent mold, Dauerform f

permanent-mold casting, Dauerformguß m

permanent-mold machine, Dauerformmaschine f

permanent ringing, (tel.) Dauerruf m

permanent set, (mat.test) bleibende Durchbiegung f

permanent way, (railw.) Eisenbahnoberbau m, Oberbau m

permanent way and fixed installations, Gleisanlage f

permanent way material, Eisenbahnoberbaumaterial n

permanent way roller, Gleisbettungswalze f

permeability s (magn.) Durchlässigkeit f

permeable a. durchlässig

permeable to moisture, feuchtigkeitsdurchlässig

permeable to water, wasserdurchlässig

permeameter s Eisenmeßgerät n

permissible stress, zulässige Spannung

permissible variation, Toleranz f, Spielschwankung f

permit s Zulassung f

permittivity s Dieelektrizitätskonstante f

perpendicular a. lotrecht, achsensenkrecht

perpendicular s (math.) Lot n

perpetuity s Dauerzustand m

perspective a. perspektivisch

perspective s Perspektive f

pervious a. durchlässig

petrol s Benzin n

PETROL ~ (blow torch, container, feed pump, filling station, filter, injection motor, injection pump, motor, pipe, pump, tank) Benzin~

petrol engine s Vergasermotor m

petroleum s Petroleum n, Erdöl n, Mineralöl n

petroleum asphalt s Erdölbitumen n

petrol gage s Benzinstandanzeiger m

petrol pump pillar s (auto.) Zapfsäule f

pewter s Hartzinn n

phantom circuit s (electr.) Viererleitung f

phase s (electr.) Phase f; Stufe f; Zustand m

PHASE ~ (angle, balance, distortion, factor, failure, indicator, lack, meter, modulation, regulator, sequence, shift, shifter, transformer) Phasen~

phase advancer s Phasenschieber m

phase opposition s Gegenphase f

phase-sequence indicator s Drehfeldrichtungsanzeiger m

phase splitting device s (Motor:) Hilfsphase f

phase-to-neutral voltage, Phasenspannung f

phase-to-phase short-circuit, (electr.) Phasenschluß m

phenolic molding material, Phenoplast-Preßmasse f

phenoplastic compression molding material, Phenoplast-Preßmasse f

Phillips nut s Kreuzlochmutter f

Phillips screw s Kreuzlochschraube f

phonograph record s Schallplatte f

phonometer s Schallmesser m

phosphor bronze s Phosphorbronze f

phosphorescent paint, Leuchtfarbe f

phosphorus s Phosphor m

photocell s Fotozelle f

photoelasticity s Spannungsoptik f

photoelectric cell, Fotozelle f, lichtelektrische Zelle

photometer s Beleuchtungsmesser m

photomicrograph *s* Mikroaufnahme *f*
photomicrography *s* Mikrofotografie *f*
photomontage *s* Fotomontage *f*
photo-print *s* Lichtpause *f*
photoradio *s* Bildfunk *m*
photoradiogram *s* Funkbild *n*
photostat *s* Fotokopie *f*
physics *pl.* Physik *f*
pick *v.t.* klauben, auslesen, aussortieren
pick up *v.t.* abgreifen
pick *s* Spitzhacke *f*
picking belt *s* Leseband *n*
picking table *s* Klaubetisch *m*
pickle *v.t.* beizen, abbeizen; (Bleche:) dekapieren
PICKLING ~ (bath, fluid, plant, solution) Beiz~
pickling basket *s* Beizkorb *m*
pickoff gear *s* Umsteckrad *n* (für Drehzahlenwechsel), Steckrad *n*
pick-up *s* (*steelmaking*) Aufnahme *f* (von Kohlenstoff); (*acous.*) Tonabnehmer *m*
pickup circuit *s* Abrufschaltung *f*
pick-up truck *s* Lieferkraftwagen *m*, Leichtlastwagen *m*; Gerätewagen *m*
picture *s* (*opt., radio*) Bild *n*
PICTURE ~ (frequency, screen, signal, tube) Bild~
picture feed interval *s* (*telev.*) Schaltzeit *f*
picture projector *s* Bildwerfer *m*
piece *s* Teil *m* & *n*, Stück *n*
piece-handling time *s* (*work study*) Stückzeit *f*
piece-production cost *pl.* Stückkosten *pl.*
piece rate *s* Akkordsatz *m*
piece rate plan *s* Akkordsystem *n*
piece work *s* Akkordarbeit *f*
pier *s* (*building*) Pfeiler *m*

pierce *v.t.* durchschlagen, durchstoßen; (Rohre:) lochen, dornen
piercer *s* (*tube rolling*) Lochdorn *m*, Pilgerdorn *m*, Stopfen *m*
piercer rod *s* (*rolling mill*) Lochdornstange *f*
piercing mill *s* Lochwalzwerk *n*
piercing press *s* Dornpresse *f*
pier foundation *s* Pfeilergründung *f*
piezo-electric loudspeaker, Kristallautsprecher *m*
pig *s* (*met.*) Massel *f*
pig bed *s* Masselbett *n*
pig breaker *s* Masselbrecher *m*
pig casting machine *s* Masselgießmaschine *f*
pig iron *s* Roheisen *n*
pig iron-ore process *s* Roheisen-Erz-Verfahren *n*
pig-iron production *s* Roheisenerzeugung *f*
pig iron-scrap process *s* Roheisenschrottverfahren *n*
pigment *v.t.* pigmentieren
pigment *s* Trockenfarbe *f*, Farbkörper *m*, Farbstoff *m*
pigment dye *s* Pigmentfarbstoff *m*
pig mold *s* Masselform *f*
pig nickel *s* Blocknickel *m*
pile *s* (*building*) Pfahl *m*; (*electr.*) Säule *f*; (*nucl.*) Meiler *m*, Brenner *m*, Ofen *m*
pile driver *s* (*civ.eng.*) Pfahlramme *f*
pile driving *s* (*civ.eng.*) Einrammen *n*
pile foundation *s* Pfahlgründung *f*
pile helmet *s* (*building*) Rammhaube *f*
pilger roll *s* Pilgerwalze *f*
piling *s* (*met.*) Paketierung *f*, Paketierverfahren *n*
piling frame *s* Rammgerüst *n*
pillar *s* Säule *f*

pillar-type switchgear s Schaltsäule f
pillion seat s Soziussattel m
pillow block s Stehlager n
pilot s Führungszapfen m
pilot carriage s *(boring mill)* Führungs-schlitten m
pilot injection s *(auto.)* Voreinspritzung f
pilot lamp s Kontrollampe f
pilot model s Versuchsmodell n
pilot motor s Kleinstmotor m
pimpling s *(painting)* Blasenbildung f
pin v.t. verstiften
pin s Bolzen m, Stift m; Zapfen m
pincers pl. Kraftzange f
pinch off v.t. abkneifen
pinch bug riveter s Handschlagnietma-schine f mit Bügel
pine-wood s Nadelholz n
pin-hole plug s (Konverter:) Nadelbo-den m
pinion s Ritzel n, Triebling m; *(rolling mill)* Kammwalze f; (e. Kette:) Nuß f
pinion housing s Kammwalzgerüst n
pinion shaft s Ritzelwelle f
pinion-type cutter s *(gear cutting)* Stoßrad n, Schneidrad n
pinned plate, Warzenblech n
pin spanner s Zapfenschlüssel m
pipe v.t. verrohren
pipe s Rohr n; (im Gußblock:) Primärlun-ker m, Kernlunker m, Saugtrichter m; *(auto.)* Leitung f
PIPE ~ (bend, branch, clip, connection, cutter, failure, fitter, fitting, flange, line, socket, spanner, stock and die, thread, vise) Rohr~
pipe laying s Rohrlegung f, Rohrverlegung f

pipeline construction s Rohrleitungsbau m
pipeline trench s Rohrleitungsgraben m
pipe tap s Gasgewindebohrer m
pipe wrench s Rohrschlüssel m, Rohrzan-ge f
piston s Kolben m
PISTON~ (area, blowing engine, clearance, cover, crown, displacement, engine, guide, head, packing, pin, pressure, pump, ring, rod, speed, stroke, valve) Kolben~
piston cup s *(auto.)* Manschette f
piston pin retention pliers pl. Seegerzan-ge f
piston skirt s Kolbenmantel m
piston stem s (Ventil:) Kolbenstange f
pit s Grube f; *(metal cutting)* Kolk m, Mulde f, Krater m; *(surface finish)* Narbe f, Grübchen n
pitch s Pech n; *(electr.)* Wickelschritt m; *(gearing, threading)* Teilung f; (e. Fe-der:) Steigung f; (e. Daches:) Neigung f
pitchblende s Uranpechblende f
pitch circle s Teilkreis m
pitch coal s Pechkohle f
pitch coke s Pechkoks m
pitch cone s *(gears)* Teilkegel m, Wälzke-gel m
pitch diameter s Flankendurchmesser m
pitch macadam s Pechschotter m
pitchpine s Gelbkiefer f
pit coal s Steinkohle f
pit furnace crane s Tiefofenkran m
pitman s Pleuel n; (e. Presse:) Druck-stange f
pit planer s Grubenhobelmaschine f
pit prop s Grubenstempel m
pitting s Lochfraß m, Grübchenbildung f

pit-type furnace s Tiefofen m
pivot s Drehzapfen m, Drehbolzen m; Schwenkpunkt m
pivot bearing s Führungslager n, Zapfenlager n, Schwenklager n
pivot bolt s (auto.) Lenkbolzen m
pivoted axle, Pendelachse f
pivoted bucket conveyor, Pendelbecherwerk n
pivoted lever, Schwenkhebel m, Drehhebel m
pivoted sash, Klappfenster n
pivoting a. drehbar
pivoting window, Drehfenster n
pivot-journal s Spurzapfen m
pivot pin s Drehzapfen m; (auto.) Achsbolzen m
PIV-variable speed transmission, PIV-Getriebe n
place s Platz m; Stelle f; Ort m; Standort m
placement s (road building) Einbau m
placement site s (road building) Vortriebsstelle f
plain bearing, Gleitlager n
plain carbon steel, unlegierter Kohlenstoffstahl
plain carbon tool steel, unlegierter Werkzeugstahl
plain concrete, unbewehrter Beton
plain grinder, Rundschleifmaschine f
plain grinding, Rundschleifen n
plain milling cutter, Walzenfräser m
plain milling machine, Einfachfräsmaschine f
plain steadyrest, feststehender Setzstock
plain text, Klarschrift f
plain toolpost, Stichelhaus n
plain turning slide, (lathe) Längsschlitten m

plan v.t. planen
plan s Plan m; Entwurf m
plan angle s (e. Meißels:) Einstellwinkel m
plane a. eben, flach, plan, glatt
plane v.t. (civ.eng.) planieren; (mach.) hobeln, behobeln
plane by the generating method, wälzhobeln
plane s Ebene f; Fläche f; (tool) Hobel m
plane iron s Hobeleisen n
plane knife s Hobeleisen n
planeness s Ebenheit f
planer s Langhobelmaschine f, Tischhobelmaschine f
planer bed s Hobelbett n
planer chuck s Hobelfutter n
planer-miller s Langhobelfräsmaschine f, Doppelständerfräsmaschine f
planetary gearing, Umlaufgetriebe n, Planetengetriebe n
planetary-type bevel gearing, Kegelradumlaufgetriebe n
planet wheel s Planetenrad n, Umlaufrad n
planing attachment s Hobeleinrichtung f
planing head s Hobelsupport m
planing iron grinder s Hobeleisenschleifmaschine f
planing machine s Langhobelmaschine f
planing stroke s Hobelstrich m
planing tool s Hobelmeißel m
planish v.t. glattdrücken, glätten; (Walzgut:) polieren, fertigschlichten; (Bleche:) ausbeulen
planishing stand s (rolling mill) Poliergerüst n
planishing tool s Ausbeulwerkzeug n
plank s Bohle f
plankbed car s Pritschenwagen m

planking s Verschalung f
planning s Planung f
plant s Betriebsanlage f, Betrieb m, Anlage f; Werk n, Fabrik f; (building) Geräte npl.
plan view s Grundriß m
plaster v.t. vergipsen, verputzen
plaster background s Putzuntergrund m
plasterer s (building) Putzer m
plastering s (building) Verputzerei f
plastering trowel s (building) Glättkelle f
plaster lime s Gipskalk m
plaster work s Verputz m
plastic a. bildsam
plastic deformation, (explosive metalforming) Umformen n
plastic flow in crystals, (explosive metalforming) Kristallplastizität f
plastic foams pl. Schaumstoff m
plasticizer s Weichmacher m
plastic metal deformation s Metallumformung f
plastic refractory clay, Klebsand m
plastics pl. Kunststoff m
plastics industry s Kunststoffindustrie f
plate s Platte f; Scheibe f, Tafel f; Grobblech n; (e. Kupplung:) Lamelle f; (e. Feder:) Blatt n
PLATE ~ (bending machine, flanging machine, gage, joggling machine, polishing machine, shear, straightening machine, welding) Blech~
plate cam s Kurvenscheibe f
plate capacitor s Plattenkondensator m
plate-edge planer s Blechkantenhobelmaschine f
plate girder s vollwandiger Träger
plate glass s Dickglas n
plate mill s Blechwalzwerk n
plate mill stand s Blechgerüst n

plate mill train s Blechstraße f
plate molding shop s Modellformerei f
platen s (planer) Aufspannplatte f
plate rectifier s Plattengleichrichter m
plate roll s Grobblechwalze f
plate rolling mill s Grobblechwalzwerk n
plate shears pl. Grobblechschere f, Tafelschere f
plate spring s Tellerfeder f
plate valve s Tellerventil n
platform s Podest n, Bühne f
platform truck s Pritschenwagen m
play s (techn.) Spiel n; (Lager:) Luft f
pliability s Biegsamkeit f
plier s (Draht:) Zange f
plot v.t. einzeichnen, eintragen; skizzieren; (drawing) anreißen, abtragen; (Meßwerte:) auftragen
plow bolt s Pflugschraube f
plow-type raking machine s (building) Fugenpflug m
plug s Stopfen m; (electr.) Stecker m, Stöpsel m; (rolling) Lochdorn m; (e. Hahnes) Küken n
Plug ~ (fuse, hole, panel, pin, switch) Stecker~
plug adapter s Fassungssteckdose f
plug board s (electr.) Steckerfeld n
plug box s Steckdose f
plug connection s (electr.) Steckkontakt m, Steckeranschluß m
plug-ended cord, Stöpselschnur f
plug mill s Stopfenwalzwerk n
plug screw s Füllschraube f
plug socket s Steckdose f
plug spanner s (auto.) Kerzenschlüssel m
plug tap s (tapping) Mittelschneider m
plug welding s Lochschweißung f
plumb s Senklot n

plumbago s [mineralischer] Graphit m
plumber s Klempner m, Installateur m
plumbers' tool s Klempnerwerkzeug n
plumbers' wiping s Schmierlötung f
plumbing work s Klempnerarbeit f, Installation f
plunge v.t. eintauchen; (mach.) cf. plunge-cut
plunge-cut v.t. (grinding) einstechen; (milling) tauchfräsen
plunge-cut s (grinding) Einstich m
PLUNGE-CUT ~ (grinding) (attachment, feed, grinder, grinding, grinding wheel, lever, method, motion, traverse) Einstech~
plunge-cut milling machine s Tauchfräsmaschine f
plunge-cut thread grinding s Gewindeeinstechschleifen n
plunge-mill v.t. tauchfräsen
plunge program control s Einstechprogrammsteuerung f
plunger s Tauchkolben m; (power press) Verdrängerkolben m
plunger piston s Tauchkolben m
plunger pump s Kolbenpumpe f
plunge-thread grinding s Kurzgewindeschleifen n
plunge-thread milling s Kurzgewindefräsen n
plunge valve s Einstechventil n
plywood panel s Sperrholzplatte f
plywood sheet s Sperrholzplatte f
plywood veneer s Sperrfurnier n
pneumatic a. pneumatisch
pneumatic hammer, (forge) Lufthammer m
pneumatic press, Luftpresse f
pneumatic riveting, Durchlaufnietung f

pneumatic tire, Luftreifen m
pneumatic-tired p.a. luftbereift
pneumatic-tired car, Gespannfahrzeug n
pneumatic vacuum braking, (auto.) Saugluftbremsung f
pocket s (welding) Blase f
pocket caliper square s Taschenschieblehre f
pocket lamp s Taschenlampe f
pocket scriber s Reißnadel f
point v.t. anspitzen
point s Spitze f; Stelle f; (e. Schraube:) Kuppe f
POINT ~ (charge, contact, lattice, load, measurement, tooth system, value) Punkt~
point of contact, (gearing) Wälzpunkt m
point of fracture, Bruchstelle f
point of intersection, Schnittpunkt m
point of weld, Schweißstelle f
point-to-point circuit s Punkt-Verbindung f
pointed a. spitz
pointer s Zeiger m, Nadel f
poisoning s Vergiftung f
poke v.t. stochen
poke hole s Schürloch n
poker s Stocheisen n, Schüreisen n
polar coordinate, Polarkoordinate f
polarity s Polarität f
polarize v.t. polarisieren; polen
pole s (magn., math., electr.) Pol m; (telec.) Mast m
POLE ~ (arc, changer, pitch, shoe, spider, strength, terminal, tester) Pol~
pole changing s Polumschaltung f
pole-changing motor, polumschaltbarer Motor

pole-changing switch, Polumschalter *m,* Polwender *m*

pole post clamp *s* (e. Batterie:) Klemme *f*

polish *v.t.* polieren, glätten; *(rolling mill)* fertigschlichten

polish *s* Politur *f*

polished plate glass, Kristallspiegelglas *n*

polishing lathe *s* Polierdrehmaschine *f*

pollute *v.t.* verunreinigen

pollution *s* Verschmutzung *f*

polyatomic *a.* mehratomig, vielatomig

polygon *s* Vielkant *m,* Vieleck *n*

polygonal turning machine, Mehrkantdrehmaschine *f*

polyhedron *s* Vielkant *m,* Vieleck *n*

polymerous *a. (chem.)* vielgliedrig

polynominal *a. (math.)* vielgliedrig

polyphase *a.* vielphasig; *s.a.* multiphase

polyphase earth, Mehrfacherdschluß *m,* Doppelerdschluß *m*

polyvinyl chloride *s* Polyvinylchlorid *n*

pony rougher *s* Vorstreckgerüst *n*

poor lime, Magerkalk *m*

poplar *s* Pappel *f*

poppet valve *s* Saugventil *n*

porcelain *s* Porzellan *n*

pore *s* Pore *f*

pore filler *s (woodw.)* Porenfüller *m*

porosity *s* Porigkeit *f*

porous *a.* porös

port *s (steelmaking)* Ofenkopf *m*

portability *s* Ortsbeweglichkeit *f*

portable *a.* ortsbeweglich; tragbar; fahrbar; transportierbar

portable drill, Bohrapparat *m*

portable electric tool, Elektrohandwerkzeug *n*

portable lamp, Handlampe *f*

portable receiver, Kofferempfänger *m*

portable standard, Stehlampe *f*

portal automatic *s* Portalautomat *m*

Portland cement concrete *s* Portlandzementbeton *m*

position *v.t.* einlegen; (Schneidwerkzeuge:) einstellen, positionieren

position *s* Stellung *f;* Lage *f;* Stelle *f;* Stand *m*

positional accuracy, Positionsgenauigkeit *f*

position coupling key *s (tel.)* Verbindungsschalter *m*

position finding *s* Ortung *f*

positive *a.* zwangsläufig

positive caster, *(auto.)* Nachlauf *m*

positive pole, Pluspol *m*

post *s* Säule *f*

post drilling machine *s* Wandbohrmaschine *f*

pot anneal *v.t.* kastenglühen

pot annealing furnace *s* Topfglühofen *m,* Kastenglühofen *m*

potash-mine *s* Kalibergwerk *n*

potash salt *s* Kalidüngesalz *n*

potassium chloride *s* Chlorkali *n*

potassium nitrate *s* Kalisalpeter *m*

potassium silicate *s* Kaliwasserglas *n*

potential *s (electr.)* Potential *n,* Spannung *f*

potential difference *s (electr.)* Spannungsunterschied *m*

potential drop *s* Potentialgefälle *n,* Spannungsgefälle *n*

potential regulator *s* Spannungsregler *m*

potential tester *s (electr.)* Spannungsprüfer *m*

potential transformer *s* Spannungswandler *m*

potentiometer s Potentiometer s, Spannungsleiter m

pot galvanize v.t. feuerverzinken

pothole s (road building) Schlagloch n

pound v.t. (Erze:) pochen

pour v.t. (met.) gießen, vergießen; (concrete) einbringen

pourability s (founding) Gießfähigkeit f, Vergießbarkeit f

pouring bay s Gießhalle f

pouring chute s (concrete) Austragungsschurre f

pouring cup s Gießlöffel m

pouring gate s (founding) Eingußtrichter m

pouring nozzle s (e. Pfanne:) Gießschnauze f

pouring platform s Gießbühne f

pouring spout s Gießrinne f

pour point s (Öl:) Fließpunkt m

powder v.t. feinmahlen

powder s (techn.) Pulver n, Staub m, Mehl n

powder carburizing s (heat treatment) Pulveraufkohlen n

powder cutting s Pulverbrennschneiden n

powdered coal, Staubkohle f

powdered coal firing, Kohlenstaubfeuerung f

powdered lime, (steelmaking) Staubkalk m

powder metallurgy s Pulvermetallurgie f

power v.t. antreiben

power s Kraft f, Leistung f, Stärke f; Vermögen n; Energie f; Potenz f

POWER ~ (amplifier, connection, demand, distribution, drive, gas, hammer, reserve, socket, source, transmission) Kraft~

power brake s Servobremse f

power breakdown s Stromausfall m

power cable s Starkstromkabel n

power circuit-breaker s Lastschalter m

power consumer s Stromverbraucher m

power consumption s Kraftverbrauch m; Energieverbrauch m; Leistungsverbrauch m

power converter station s Umformerstation f

power current s Starkstrom m, Kraftstrom m

power drag scraper s Schleppschrapper m

power economy s Energiewirtschaft f

power factor s (electr.) Leistungsfaktor m

power-factor meter s Leistungsfaktormesser m

power failure safety system s Strommangelsicherung f

power feed s (e. Maschinentisches:) Selbstgang m

power feed cable s Stromzuführungskabel n

power feed motion s (mach.) Vorschubselbstgang m

power flow s (auto.) Kraftfluß m

power fuel s Treibstoff m

power hacksaw s Bügelsäge f, Hacksäge f

power input s Stromaufnahme f, Leistungsaufnahme f

power installation s Starkstromanlage f

power jack s (auto.) Kraftheber m

power line s Starkstromleitung f

power loss s (electr.) Leistungsverlust m

power mains s Starkstromnetz n, Kraftnetz n

power meter s (electr.) Leistungsmeßgerät n

power-operated chuck, Kraftspannfutter n

power output s Kraftleistung f; (electr.) Abgabeleistung f; Leistungsabgabe f; (radio) Ausgangsleistung f

power output stage s (radio) Endstufe f

power output tube s (radio) Endröhre f

power plant s Starkstromanlage f, Kraftanlage f; (auto.) Triebwerk n

power press s Presse f

power-press extrusion s Strangpreßverfahren n

power punch s Stanzpresse f

power rapid traverse s (mach.) Eilselbstgang m, Schnellverstellung f (e. Maschinentisches)

power rating s (Motor:) Leistungsangabe f

power saw s Maschinensäge f, Sägemaschine f

power station s Elektrizitätswerk n, Kraftwerk n

power supply s (electr.) Stromzufuhr f, Energieversorgung f

power supply cable s (electr.) Anschlußkabel n

power supply mains s Stromversorgungsnetz n

power supply switch s Netzschalter m

power take-off gear s (auto.) Verteilergetriebe n

power take-off shaft s (auto.) Zapfwelle f

power transformer s Leistungstransformator m

practice s Praxis f; Betrieb m; Arbeitsweise f; Technik f

PRE-~ (assemble, blow, cool, dry, fabricate, machine, mix, pierce, punch, set, stress, tension, treat) vor~

pre-assembly s Vormontage f

precautionary measure, Vorsichtsmaßnahme f

preceding pass s (rolling mill) Vorkaliber n

precious metal, Edelmetall n

precipitate v.t. ausfällen, fällen, niederschlagen

precipitation brittleness s Alterungssprödigkeit f

precipitation hardening s (met.) Ausscheidungshärtung f

precision s Genauigkeit f, Präzision f

PRECISION ~ (adjustment, bearing, face grinder, grinder, index center, instrument, jig boring machine, machine, measuring machine, measuring outfit, sliding bearing, switch, test, thread, turning, work) Präzisions~, Genauigkeits~

precision-bore v.t. genaubohren, feinbohren, feinstbohren

precision casting s Genauguß m

precision-drill v.t. genaubohren

precision engineering s Feinwerktechnik f

precision-forge v.t. formschmieden

precision-grind v.t. feinschleifen

precision lathe s Feindrehmaschine f, Präzisionsdrehmaschine f, Mechanikerdrehmaschine f

precision-machine v.t. feinstbearbeiten, feinbearbeiten, genaubearbeiten

precision measurement s Feinmessung f

precision measuring equipment s Feinmeßeinrichtung f

precision mechanics pl. Feinmechanik f

precision plug gage s Prüflehrdorn m

precision scale s Feinmaßstab m, Präzisionsmaßstab m

precision spirit level s Feinmeßwaage f, Genauigkeitswasserwaage f

precision surface grinder s Feinflächenschleifmaschine f

precision tool s Feinmeßwerkzeug n, Präzisionswerkzeug n

precision-turn v.t. feindrehen

precombustion chamber s (engine) Vorkammer f

precombustion chamber engine s Vorkammermotor m

precompression s (auto.) Vorverdichtung f

predetermined standard rates, (cost accounting) Richtkosten pl., Plankosten pl.

preforming tool s (plastics) Vorpreßwerkzeug n

pre-heat v.t. vorheizen, vorwärmen

preheater s Vorwärmer m

preheat flame s Vorwärmflamme f

preheating s Vorwärmung f

preheating furnace s Vorwärmofen m

pre-ignition s Frühzündung f

preliminary heating, Vorwärmung f

preliminary test, Vorprobe f

preliminary treatment, Vorbehandlung f

preliminary work, Vorarbeit f

pre-load v.t. vorbelasten, vorspannen

pre-load s Vorlast f

preloading s Vorspannung f

premature ignition, Frühzündung f

preparation s Vorbereitung f; (Kohlen, Erz:) Aufbereitung f; (concrete) Bereitung f; (welding) Einrichten n

preparation plant s Aufbereitungsanlage f

preparation time s (welding) Einrichtezeit f

prepare v.t. vorbereiten, herrichten; (Formsand, Kohlen:) aufbereiten; (concrete) bereiten

prepayment meter s Münzzähler m

preselect v.t. vorwählen

preselection s Vorwahl f

preselection control s Vorwählschaltung f

preselector s Vorwähler m

preservative s Imprägnierungsmittel n

preservative coating, Schutzüberzug m

preserve v.t. erhalten, schonen; imprägnieren

preserve can lacquer s Konservendosenlack m

preset value, (work study) Vorgabewert m

press v.t. (cold work) pressen, drücken; prägen; (Knöpfe, Uhrdeckel:) prägeziehen

press against v.t. anpressen, andrücken

press hot v.t. warmpressen

press bed s Pressenunterteil n

press brake s Biegepresse f, Abkantpresse f

press-burnish v.t. prägepolieren

press-cast v.t. preßgießen

press casting s Preßguß m

press-cast process s Preßgießen n

pressed part, Preßteil n, Preßling m

press-forge v.t. warmstauchen

press key s Drucktaste f

pressroom s Presserei f

press tool s Preßwerkzeug n

pressure s Druck m; (Dampf:) Spannung f

PRESSURE ~ (adjustment, compensation, contact, control valve, drop, fluctuation, gas, gradient, hose, indication, indicator, lubrication, lubrication unit, oil, release, relief, stage, switch, tubing, valve, vessel, wave) Druck~

pressure above the atmosphere, Überdruck m

pressure angle s (gearing) Eingriffswinkel m

pressure box s Druckdose f

pressure butt welding s Preßstumpfschweißen n

pressure casting s Druckguß m

pressure die-cast v.t. druckgießen

pressure die-casting s Druckguß m, Preßguß m

pressure die-casting machine s Preßgießmaschine f

pressure die-casting process s Druckgußverfahren n

pressure-forge v.t. warmstauchen

pressure gage s Druckmesser m, Manometer n

pressure gas welding s Gas-Wulstschweißen n, Gas-Preßschweißen n

pressure governor s Druckregler m

pressure grouting machine s (concrete) Einpreßmaschine f

pressure grouting process s (concrete) Einpreßverfahren n

pressure head s Druckhöhe f

pressure investment s (shell molding) Druckaufgabe f

pressure lubricator s Druckschmierapparat m, Preßöler m

pressure reducing valve s Druckminderventil n

pressure relief valve s Überdruckventil n

pressure-weld v.t. preßschweißen

pressure weldable a. preßschweißbar

pressure welding s Preßschweißen n

pre-stressed concrete, Spannbeton m

pre-treatment s Vorbehandlung f

pre-turn v.t. (lathe) schälen

preventive measure, Schutzmaßnahme f

PRIMARY ~ (armature, battery, cell, circuit, coil, current, terminal, voltage, winding) Primär ~

primary aluminum pig, Hüttenaluminium n

primary cutting edge, (Meißel:) Hauptschneide f

prime v.t. grundieren

prime coat s Grundanstrich m

prime color s Grundfarbe f

prime cost pl. Selbstkosten pl.

prime number s Primzahl f

primer s Grundanstrich m, Grundierfarbe f

priming coat s Grundanstrich m, Grundierung f

priming signal s (data syst.) Vorbereitungssignal n

print s Abdruck m; Lichtpause f, Pause f

printer s (data syst.) Beschrifter m

printing ink s Druckfarbe f

printing-receiving apparatus s (telegr.) Druckempfänger m

prism s Prisma n

private branch exchange switchboard, (tel.) Nebenstellenanlage f

private siding, (railw.) Privatanschlußgleis n

procedure s Arbeitsweise f, Hergang m, Vorgang m, Verfahren n

process v.t. bearbeiten, verarbeiten

process s Verfahren n; Vorgang m

PROCESS ~ (interfacing, signal, study, variable) Prozeß~

process chart s (work study) Fertigungsplan m, Durchlaufplan m

process engineering s Verfahrenstechnik f

processing s (data syst.) Arbeitsablauf m, Verarbeitung f

PROCESSING ~ (block, program, request, sequence, state, time, unit) Verarbeitungs~, Bearbeitungs~

processor *s* Verarbeiter *m*

produce *v.t.* erzeugen, herstellen

producer *s* Hersteller *m*; (Gas:) Generator *m*, Erzeuger *m*

producer gas *s* Gaserzeugergas *n*, Generatorgas *n*

production *s* Erzeugung *f*, Herstellung *f*, Fertigung *f*

PRODUCTION ~ (cost, cost center, job, part, process, time, tolerance) Fertigungs~

PRODUCTION ~ (capacity, grinding machine, lathe, machine, machine tool, milling machine, planning) Produktions~

production engineer *s* Betriebsingenieur *m*, Fertigungsingenieur *m*

production engineering *s* Betriebstechnik *f*, Fertigungstechnik *f*

production facility *s* Betriebsmittel *n*

production gage *s* Fabrikationslehre *f*

production man *s* Betriebsmann *m*

production shop *s* Fabrikationsbetrieb *m*, Fertigungsbetrieb *m*

production standard *s* Fertigungsstandard *m*; *(cost accounting)* Zeitstandard *m*

profile *v.t. (mach.)* formen, profilieren, formgeben; *(lathe)* formdrehen; *(miller)* nachformfräsen

profile *s* Form *f*, Gestalt *f*, Profil *n*, Fasson *f*; Umriß *m*

profile distortion *s* Profilverzerrung *f*

profile-mill *v.t.* formfräsen

profile miller *s cf.* profile milling machine

profile milling machine *s* Nachformfräsmaschine *f*, Schablonenfräsmaschine *f*

profiler *s cf.* profile milling machine

profile tracer *s* Umrißfühler *m*

profile-true *a.* profilgerecht

profile-turn *v.t.* formdrehen, profildrehen

profile turning attachment *s* Formdreheinrichtung *f*

profiling work *s* Fassonarbeit *f*

profitability *s* Rentabilität *f*

profitability factor *s (auto.)* Nutzungsfaktor *m*

program *v.t.* programmieren

PROGRAM ~ (control, milling, panel, plug, selector, setting) Programm~

PROGRAM ~ *(data syst.)* (alert, alternation, alteration, area, bank, bus, channel, class, compatibility, control, cycle, debugging, documentation, drum, error, execution, flowsheet, identification, interface, interrupt, linkage, memory, module, record, request, selector, statement, storage, switch, tape) Programm~

program cycle *s* Programmablauf *m*

programmability *s* Programmierbarkeit *f*

programmer *s* Programmplaner *m*, Programmierer *m*

programming *s* Programmierung *f*

PROGRAMMING ~ (aid, error, method, module, system, technique) Programmierungs~, Programmier~

progression *s (math.)* Reihe *f*; (von Drehzahlen:) Abstufung *f*, Stufung *f*

progressive assembly, Fließbandmontage *f*

progressive ratio, *(gearing)* Stufensprung *m*

project *v.t.* planen, *(opt.)* projizieren; – *v.i.* hervorragen, auskragen, überkragen, vorstehen

project *s* Plan *m*, Entwurf *m*; *(building)* Vorhaben *n*

projected-scale instrument, Projektionsskaleninstrument *n*

projectile s Geschoß n

projection s Vorsprung m, Überhang m, Ausladung f; Ansatz m, Nase f; (surface finish) Erhebung f

PROJECTION ~ (eye-piece, optics, plane, reading, screen, tube) Projektions~

projection fine reading device, Projektionsfeinablesegerät n

projection-type rotary table, Projektionsrundtisch m

projection weld s Buckelnaht f, Dellennaht f, Warzenpunktschweißnaht f

projection welding s Warzenpunktschweißung f, Buckelschweißung f, Dellenschweißung f, Reliefschweißung f

projector s Projektionsapparat m

projector lamp s Projektionslampe f

project planning s Bauplanung f

prompter s (data syst.) Wecker m

Prony brake s Bremszaun m

Prony motor s Hilfsmotor m

prop s (building) Spreize f; (mining) Stempel m

propagate v.i. (phys.) sich fortpflanzen, sich ausbreiten

propagation s (von Wellen:) Fortpflanzung f

propeller s Luftschraube f

propeller shaft s (auto.) Gelenkwelle f, Kardanwelle f

proportion v.t. bemessen; verteilen

proportional test bar, Proportionalstab m

proportioning mixer s Mischbrenner m

prop stand s (motorcycle) Kippständer m

propulsion s Antrieb m; (Raketen:) Vortrieb m

protect v.t. schützen, schonen

protect by fuses, (electr.) absichern

protected fuse, Schutzsicherung f

protection hood s Schutzhaube f

protective boot, (auto.) Faltenbalg m

protective clothing, (welding) Schutzanzug m

protective coat, Schutzschicht f, Schutzüberzug m

protective contact, Schutzkontakt m

protective cover, Schutzschicht f

protective earthing, Schutzerdung f

protective-gas arc welding, Schutzgas-Lichtbogenschweißung f

protective gas welding, Schutzgasschweißung f

protective layer, (welding) Schutzschicht f

protective measure, Schutzmaßnahme f

protective motor switch, Motorschutzschalter m

protective switch, Schutzschalter m

protractor bevel s Winkellibelle f

protrude v.i. vorstehen, herausragen, hervorragen

provisional a. behelfsmäßig

Prussian blue, (painting) Preußischblau n

psychrometer s Feuchtigkeitsmesser m

puddle v.t. puddeln

puddle mill s Luppenwalzwerk n

puddle steel s Puddelstahl m

puddling furnace s Puddelofen m

puddling hearth s Puddelherd m

pug mill s Mischkollergang m, Knetmischer m

pull s Zug m; Spannung f

pull broach s Ziehräumnadel f

pulley s (Riemen:) Scheibe f; (Kette:) Rolle f

pulley face s Scheibenkranz m

pulling power s Zugkraft f; (auto.) Anzugsvermögen n; (Riemen, Kette, Seil:) Durchzugskraft f

pull-off roll s Abrollwalze f

pull-out torque s (e. Motors:) Kippmoment n

pull-over mill s Überhebewalzwerk n

pull switch s Zugschalter m

pull test s Zerreißversuch m

pull test machine s Zerreißmaschine f

pull-type broaching machine s Ziehräummaschine f

pulp s (Aufbereitung:) Schlamm m; (met.) Trübe f

pulpit s Steuerkanzel f

pulsating bending fatigue strength, Biegeschwellfestigkeit f

pulsating fatigue strength, Schwellfestigkeit f

pulsating load s (welding) Stoßbelastung f

pulsating stress s Schwellbelastung f

pulsation welding s Vibrationsschweißung f

pulse s Impuls m, Stoß m

PULSE ~ (amplifier, converter, counter, duration, energy, frequency, modulation, radiation, switch, transformer, transmitter, width) Impuls~

PULSE ~ (data syst.) (gate, message, ratio, signal, spacing, train) Impuls~

pulsed resistance welding, Impulsschweißbetrieb m

pulse frame storage s Rahmenspeicher m

pulse period s Impulsabstand m

pulse repetition s Impulsfolge f

pulverize v.t. feinmahlen

pulverized-coal burner, Kohlenstaubbrenner m

pulverized-coal fired, staubkohlengefeuert

pulverizer s Zerkleinerungsmaschine f

pulverulent a. pulverig

pumice s Bimsstein m, Bims m

pumice concrete s Bimsbeton m

pumicestone slag s Schaumschlacke f

pump v.t. fördern, pumpen

pump s Pumpe f

PUMP ~ (barrel, casing, crank, cylinder, delivery, lever, motor, piston, stroke, switch, valve) Pumpen~

punch s (tool) Stempel m, Oberstempel m; Lochstempel m; (mach.) Lochstanze f; (progr.) Locher m

punched card, Lochkarte f

punched card control, Lochkartensteuerung f

punched hole, Stanzloch n

punched tape, Lochband n, Lochstreifen m

punched tape control, Lochbandsteuerung f, Lochstreifensteuerung f

puncher s (data syst.) Locher m, Stanzer m (für Lochkarten)

punching s (operation:) Stanzen n; (result:) Putzen m

punching and cutting die s Schnittstempel m

punching department s Stanzerei f

punching die s Stanzmatrize f, Stanze f

punching machine s Stanze f, Lochstanze f

punching press s Stanzpresse f, Schnittpresse f, Schnittstanze f

punching tool s Stanzwerkzeug n

punch milling attachment s Stempelfräseinrichtung f

punch operator s Datentypistin f, Locherin f

punch plier s Lochzange f

punch press s Lochstanze f

punch stem opening *s (power press)* Zapfenspannloch *n*

puncture *v.i. (electr.)* durchschlagen

puncture *s (auto.)* Reifenpanne *f; (electr.)* Durchschlag *m*

purification *s* (Wasser:) Aufbereitung *f; (Abwasser:)* Klärung *f*

purlin *s (building)* Pfette *f*

purpose-made tile, Formziegel *m*

push *s (mech.)* Stoß *m,* Druck *m*

push and pull lever, Doppelhebel *m*

push bench *s (rolling mill)* Stoßbank *f*

push broach *s* Räumdorn *m*

push broaching *s* Stoßräumen *n*

push-button control *s* Druckknopfsteuerung *f*

push-button switch *s* Druckknopfschalter *m*

pusher *s (rolling mill)* Einstoßvorrichtung *f,* Drücker *m*

pusher-type furnace *s* Stoßofen *m*

push key *s* Drucktaste *f*

push-pull *s* Gegentakt *m*

PUSH-PULL ~ (amplifier, circuit, deflection, microphone, rectifier, stage, transformer) Gegenakt~

push-pull switch *s* Druckzugschalter *m*

push rod *s* (e. Ventilsteuerung:) Stoßstange *f*

push-type broaching machine *s* Stoßräummaschine *f*

putty *v.t.* kitten, auskitten

putty *s* Ölkitt *m,* Kitt *m*

putty compound *s* Spachtelmasse *f*

pyrites *pl.* (Kupfer:) Kies *m*

Q

quadrant s *(lathe)* Wechselräderschere f, Stelleisen n; (e. Zirkels:) Stellbogen m

quadrant gear s Stelleisenrad n

quadratic equation, quadratische Gleichung

quadruple fission *(nucl.)* Vierfachspaltung f

quality s Güte f, Beschaffenheit f, Eigenschaft f, Qualität f; Fähigkeit f

quality characteristic s Güteeigenschaft f

quality control s Qualitätsüberwachung f, Gütekontrolle f

quality factor s Gütefaktor m

quality index figure s Gütezahl f

quality inspector s Abnahmebeamter m

quality specification s Abnahmevorschrift f, Gütevorschrift f

quantum of action, *(phys.)* Wirkungsquantum n

quantum of energy, Energiequant n

quantum number s Quantenzahl f

quantum state s Energieniveau n

quarryman s Steinbrucharbeiter m

quarry rock s Bruchgestein n

quartz s Quarz m

QUARTZ ~ (clock, crystal, filter, glass, lamp, oscillator, rectifier, tube, valve) Quarz~

quartzite-brick s Tondinasstein m

quench v.t. (Koks:) löschen; (Stahl:) abschrecken, härten

QUENCH ~ (aging, bending test, bending test specimen, hardening, hardness) Abschreck~

quench and temper v.t. (Stahl:) vergüten

quench-age hardening s Abschreckalterung f

quench-aging property s (von Al-Legierungen:) Vergütbarkeit f

quenched and tempered condition, (von Stahl:) Vergütungszustand m

quenched and tempered steel, Vergütungsstahl m

quenched spark, Löschfunken m

quenched spark gap, Löschfunkenstrekke f

quenched spark-gap transmitter, Löschfunkensender m

quencher car s *(coking)* Löschwagen m

quenching s (Koks:) Löschung f; (Stahl:) Abschreckung f, Härtung f

QUENCHING ~ (bath, effect, medium, point, stress, temperature) Abschreck~

quenching and tempering, (von Stahl:) Vergütung f

quenching and tempering furnace, Vergüteofen m

quenching condenser s Löschkondensator m

quenching frequency s *(electr.)* Pendelfrequenz f

quenching tower s Löschturm m

query v.t. *(data syst.)* abfragen

QUEUING ~ (circuit, code, field, list) Warte~

quick-action clamp, Momentschraubzwinge f

quick-action collet chuck, Schnellspannfutter n

quick-break fuse, Hochleistungssicherung f

quick-break switch, Schnappschalter m

quick-change gear, Schnellschaltgetriebe n

quick-change gearbox, Nortonräderkasten *m*

quick-change gear drive, Schnellwechselgetriebe *n; s.a.* quick-change gear mechanism

quick-change gear mechanism, Wechselrädergetriebe *n*, Schwenkradgetriebe *n*, Nortongetriebe *n*, Schnellwechselgetriebe *n*

quick clay, Quickbeton *m*

quick delivery van, Schnellastkraftwagen *m*

quick-lime, ungelöschter Kalk, gebrannter Kalk

quick make-and-break switch, Momentschalter *m*

quick-motion effect, Zeitraffung *f*

quick return motion, *(lathe)* Eilrücklauf *m*

quick sand, Fließsand *m*

quick-service toll exchange, *(tel.)* Schnellamt *n*

quiet *v.t.* (Schmelzbad:) beruhigen

quill *s (mach.)* Pinole *f*, Hülse *f*

quilted mat, gesteppte Matte

quotient *s (math.)* Teilzahl *f*

R

rabbet *v.t.* *(incorr.)* cf. rebate

rabbet plane *s (corruption term)* cf. rebate plane

raceway *s* (e. Lagers:) Rollbahn *f*, Laufring *m*

racing car *s* Rennwagen *m*

racing-car engine *s* Rennmotor *m*

racing course *s* Rennstrecke *f*

rack *s* Gestell *n*; Bock *m*; *(gearing)* Zahnstange *f*

rack and pinion drive, Zahnstangenantrieb *m*

rack gearing *s* Zahnstangengetriebe *n*

rack pinion *s* Zahnstangenritzel *n*

rack tooth cutter *s* Zahnstangenfräser *m*

rack-tooth system *s* Planverzahnung *f*

rack-type cutter *s* Hobelkamm *m*, Kammeißel *m*

radar *s* Radar *n*

RADAR ~ (antenna, beacon, beam, echo, engineering, equipment, installation, location, measurement, network, picture screen, screen) Radar ~

radar-controlled *p.p.* radargesteuert

radar ranging *s* Radarmessung *f*

radar trace *s* Radarzeichen *n*

radial *a.* quer; radial

radial *s* cf. radial drilling machine

radial ball bearing, Radialkugellager *n*

radial bearing, Querlager *n*

radial drilling machine, Schwenkbohrmaschine *f*, Auslegerbohrmaschine *f*, Radialbohrmaschine *f*

radial face, *(gears)* Zahnstollen *m*

radial flow turbine, Radialturbine *f*

radial load, (e. Lagers:) Querdruck *m*

radial planing, Rundhobeln *n*

radial play, (e. Lagers:) Radialspiel *n*, Querspiel *n*

radial potential, (electr.) Radialspannung *f*

radial run-out, *(gears)* Rundlaufabweichung *f*

radian frequency *s (phys.)* Kreisfrequenz *f*

radiant *a.* strahlend

radiant-tube heating, (e. Ofens:) Strahlrohrbeheizung *f*

radiate *v.t.* ausstrahlen, strahlen

radiation *s* Strahlung *f*, Ausstrahlung *f*

RADIATION ~ (density, dose, drier, efficiency, energy, field, frequency, heat, heating, intensity, loss, pyrometer, receiver, resistance, source) Strahlungs~

radiator *s* Heizkörper *m*; Strahler *m*; *(auto.)* Kühler *m*

radiator coil *s (auto.)* Kühlschlange *f*

radiator cover *s (auto.)* Kühlerhaube *f*

radiator cowl *s* Kühlerverkleidung *f*

radiator fan *s (auto.)* Lüfter *m*

radiator grille *s (auto.)* Kühlerschutzgitter *n*

radiator shutter *s (auto.)* Kühlerjalousie *f*

radiator union *s (auto.)* Kühlerverschraubung *f*

radio *s* Radio *n*, Rundfunk *m*, Funk *m*; *s.a.* broadcast; wireless

RADIO ~ (advertising, channel, communication, direction-finder, direction-finding, landing equipment, location, message, position finding, receiver, silence, technician, telephone, telephone traffic, tower, transmitter) Funk~

RADIO ~ (coil, dealer, industry, receiver, transmission) Rundfunk~

radioactive *a.* radioaktiv

radioactive contamination, radioaktive Verseuchung

radioactive deposit, radioaktiver Niederschlag

radioactivity *s* Radioaktivität *f*

radio beacon *s* Funkfeuer *n*, Funkbake *f*

radio engineering *s* Funktechnik *f*, Rundfunktechnik *f*

radio frequency *s* Hochfrequenz *f*

RADIO-FREQUENCY ~ (choke, current, measurement, pentode, resistance, test, transformer, voltage) Hochfrequenz~

radio-frequency biasing *s* Hochfrequenzüberlagerung *f*

radiogram *s* Funkspruch *m*

radiograph *s* Röntgenaufnahme *f*, Röntgenbild *n*

radiographic inspection, Röntgenuntersuchung *f*

radio identification *s* Funkkennung *f*

radio interference *s* Funkstörung *f*, Rundfunkstörung *f*, Radiostörung *f*

radio interference suppression *s* Funkentstörung *f*

radiologist *s* Röntgenologe *m*

radiology *s* Röntgenologie *f*

radio navigation *s* Funkflug *m*, Funksteuerung *f*, Radionavigation *f*

radio patrol car *s* Funkstreifenwagen *m*, Peterwagen *m*

radio-photography *s* Röntgenphotographie *f*, Funkbildübertragung *f*

radioscopy *s* Röntgendurchleuchtung *f*

radio set *s* Rundfunkgerät *n*, Radioapparat *m*, Funkgerät *n*

radio-telegraph circuit *s* Funkfernschreibleitung *f*

radio telegraphy *s* Funktelegrafie *f*, Radiotelegrafie *f*

radio telephony *s* Funktelefonie *f*, Radiotelefonie *f*, Sprechfunk *m*

radio tube *s* Rundfunkröhre *f*, Radioröhre *f*

radio waves *pl.* Funkwellen *fpl.*, Radiowellen *fpl.*

radius *v.t.* abrunden

radius *s* Rundung *f*, Abrundung *f*; Kurve *f*, Krümmung *f*; *(math.)* Halbmesser *m*, Radius *m*; *(radial)* Ausladung *f*

radius of action, *(auto.)* Fahrbereich *m*

radius broaching *s* Halbrundräumen *n*

radius gage *s* Radienlehre *f*

radius grinding attachment *s* Radienschleifvorrichtung *f*

radius milling *s* Kurvenfräsen *n*

radius milling head *s* Radienfräskopf *m*

radius-planing attachment *s* Kurvenhobeleinrichtung *f*, Rundhobeleinrichtung *f*

radome *s* Radarkuppel *f*

rafter *s* *(building)* Dachsparren *m*

rail *s* *(planer)* Ausleger *m*; *(railw.)* Schiene *f*

RAIL ~ (base, chair, drilling machine, fishing, joint, rolling mill, track, web) Schienen~

rail bending and straightening machine, Schienenbiege- und -richtmaschine *f*

rail-borne vehicle construction, Schienenfahrzeugbau *m*

rail-brake car retarder *s* Gleisbremse *f*

rail cambering machine *s* Schienenbiegemaschine *f*

rail diesel car *s* Schienenbus *m*

rail-elevating motor *s* *(planer)* Querbalkenverstellmotor *m*

rail-head *s* *(planer)* Höhensupport *m*

railing *s* Geländer *n*

rail-mounted excavator, Gleisbagger *m*

rail-borne vehicle, Schienenfahrzeug n
railroad s Eisenbahn f; s.a. railway
RAILROAD ~ (accident, bridge, car, carriage, construction, coupling, engineering, gate, gravel, junction, line, rail, service, signal, system, tank car, tariff, tie, traffic, transportation, workshop) Eisenbahn~
railroad connection s Eisenbahnverbindung f, Bahnanschluß m
railroad crossing s Eisenbahnübergang m, Eisenbahnkreuzung f, Bahnübergang m, Gleiskreuzung f
railroad signalling s Eisenbahnsicherungswesen m
railroad track s Gleis n
rail spike s Schienennagel m
rail switch s Weiche f
rail-traverse motor s (planer) Querbalkenmotor m
railway s Eisenbahn f; Bahn f; s.a. railroad
railway embankment s Eisenbahndamm m, Bahndamm m
railway freight s Bahnfracht f
railway motor s Bahnmotor m
railway rate s Bahnfrachtsatz m
railway siding s Bahnanschlußgleis n
railway superstructure s Eisenbahnoberbau m
railway system s Bahnnetz n
railway trackage s Gleisanlage f
railway track-work s Gleisarbeiten fpl.
railway wagon s Güterwagen m
rainpipe s Regenfallrohr n
rainproof a. regenfest
raise v.t. heben; erhöhen; hochstellen; (woodw.) abplatten; – v.i. (Schmelzbad:) aufwallen
raise edges, (Bleche:) hochkanten

raise to a higher power, (math.) potenzieren
raised countersunk head, Linsensenkkopf m
raising and lowering, Auf- und Abbewegung f
rake s (e. Werkzeugschneide:) Spanbrust f
rake angle s Spanwinkel m
ram up v.t. (Formsand:) aufstampfen
ram s Stößel m; (broaching) Schlitten m; (forging) Bär m; (power press) Preßstempel m; (coke oven) Stempel m
RAM ~ (drive mechanism, guide, head, slide, slideways, stroke, ways) Stößel ~
ram side s (e. Koksofen:) Ausstoßseite f
ram-type turret lathe s Sattelrevolverdrehmaschine f
random test s Stichprobe f
range s Bereich m; Reichweite f; Küchenherd m; (Drehzahlen:) Reihe f, Stufe f
range of adjustment, Verstellbereich m
range of stroke, Hubbereich m
range of variation, Streubereich m
rap v.t. (molding) abklopfen
rapid advance, (e. Maschinentisches:) Eilvorlauf m
rapid traverse, (mach.) Schnellgang m, Eilgang m
rarefy v.t. (Gas:) verdünnen
rare gas, Edelgas n
rasp s Raspe f
raster s (telev., opt.) Raster m
ratchet s Ratsche f
ratchet and pawl mechanism, Zahngesperre n, Sperrgetriebe n, Rückschaltwerk n
ratchet brace s Bohrknarre f
ratchet gearing s Sperrgetriebe n

ratchet lever s Knarrenhebel m
ratchet pipe stock s Knarrenkluppe f
ratchet wheel s Sperrklinkenrad n, Sperr-
    rad n, Klinkenrad n, Zahnscheibe f
ratchet wrench s Knarrenschlüssel m
rate v.t. (Leistungen:) bemessen
rate s Geschwindigkeit f; Stufe f
rate of crystalline growth, Kristallisations-
    geschwindigkeit f
rate of deformation, (forging) Umformge-
    schwindigkeit f
rate of deposition, (welding) Auftragege-
    schwindigkeit f
rate of die-casting, Druckgießgeschwindig-
    keit f
rate of flame propagation, (welding) Zünd-
    geschwindigkeit f
rate of pouring, (founding) Gießgeschwin-
    digkeit f
RATED ~ (current, frequency, load, size,
    speed, torque, voltage) Nenn~
rated fatique limit, Gestaltfestigkeit f
rated output, Solleistung f, Nennleistung f
rated payload, (auto.) Nenn-Nutzlast f
rated value, Sollwert m
rate fixing s (cost accounting) Akkordbe-
    rechnung f
rate setting s (time study) (Vorgabezeiter-
    mittlung f
rating s Bewertung f; (work study) Lei-
    stungsbemessung f; (e. Motors:) Nenn-
    leistung f, Leistung f
rating plate s (mach.) Leistungsschild n
ratio s Verhältnis n
ratio system s (Kosten:) Schlüssel m
rattler star s (founding) Putzstern m
raw data, Originaldaten, unverarbeitete
    Daten
rawhide s Rohhaut f

raw linseed oil, Rohleinöl n
raw material, Rohstoff m
raw silk, Rohseide f
ray s (opt.) Strahl m
ray cone s Strahlenkegel m
ray filter s Strahlenfilter m
rayon s Kunstseide f
RE--~ (adjust, calk, center, draw, drill, grind,
    lap, lubricate, mill, polish, ream, roll,
    sharpen, turn, weld, work) nach~
reach s Reichweite f; Bereich m; (mach.)
    Ausladung f
reactance s (electr.) Blindwiderstand m
reaction s Rückwirkung f, Reaktion f; (ra-
    dio) Rückkopplung f; s.a. feedback
reaction turbine s Überdruckturbine f
reactive a. reaktionsfähig
reactive current, Blindstrom m
reactive effect, Rückwirkung f
reactive volt-ampere-hour meter, Blind-
    verbrauchszähler m
reactor s (electr.) Drosselspule f, Drossel f;
    (atom.) Reaktor m
reactor control s Reaktorsteuerung f
reactor output s Reaktorleistung f
read v.t. ablesen
readability s Ablesbarkeit f
reader s Leser m, Lesegerät n
reader sorter s Sortierleser m
read error s Magnetbandlesefehler m
reading s Ablesung f; Anzeige f
READING ~ (accuracy, device, magnifier,
    microscope, telescope) Ablese~
readjustment s Nachstellung f, Nachrege-
    lung f
readout control s (data syst.) Auslesekon-
    trolle f
ready for assembly, einbaufertig, montage-
    fertig

ready for connection to the mains, netzan-schlußfertig

ready for duty, einsatzbereit

ready for operation, betriebsfertig

ready for use, gebrauchsfertig

ready-made a. fabrikfertig

ready-mixed concrete, Fertigbeton m

real module, (gearing) Stirnmodul m

real power, (electr.) Wirkleistung f

real time (data syst.) Realzeit f, Echtzeit f

REAL-TIME~ (input, output, processing, system) Realzeit~

ream v.t. (mach.) reiben, aufreiben, ausrei-ben (mittels Reibahle)

reamer s Reibahle f

rear axle, (auto.) Hinterradachse f

rear axle casing, (auto.) Hinterachsgehäu-se n

rear axle drive, (auto.) Hinterachsantrieb m, Hinterradantrieb m

rear axle shaft, (auto.) Hinterachswelle f, Hinterradwelle f

rear axle torque bar, (auto.) Hinterachs-strebe f

rear deck, (auto.) Heck n

rear-engine drive, (auto.) Heckantrieb m

rear-mounted engine, (auto.) Heckmotor m

rear sight, Kimme f

rear wall, Rückwand f

rear wheel, Hinterrad n

rear window, (auto.) Rückfenster n

re-balance v.t. nachwuchten

rebate v.t. (Holz:) falzen

rebate s (Holz:) Falz m

rebate plane s Falzhobel m, Simshobel m

rebound s Rückstoß m; Rücksprung m; Rückprall m

rebound hardness s Rücksprunghärte f

rebound hardness test s Rückprallhärte-prüfung f

rebuild v.t. wiederaufbauen

recall s (tel.) Rückruf m

recap v.t. (Autoreifen:) besohlen

recapture v.t. wiedereinfangen

recarburization s (met.) Rückkohlung f

recarburize v.t. (met.) wiederaufkohlen, rückkohlen

recarburizer s Aufkohlungsmittel n

RECEIVE~ (amplifier, buffer, frequency, line, path, pause, program, sequence, terminal) Empfangs~

received power, (radio) Empfangsleistung f

receiver s (com.) Abnehmer m; (radio) Empfänger m; (tel.) Hörer m

RECEIVER ~ (alignment, amplification, chassis, coil, tuning, valve) Empfänger~

receiver output volume s Empfängerlaut-stärke f

RECEIVING ~ (antenna, apparatus, cir-cuit, installation, instrument, noise, po-wer, set, station, valve) Empfangs~

recent development, Neuentwicklung f

receptacle s Behälter m, Gefäß n

reception s (e. Werkzeuges:) Aufnahme f; (radio) Empfang m

reception confirmation s (data syst.) Empfangsbestätigung f

recess v.t. (metal cutting) einstechen, aus-stechen, eindrehen, aussparen; (woodw.) ausschneiden

recess s Aussparung f; Kerbe f; (metal cutting) Eindrehung f, Einstich m

recess copying s Einstechkopieren n

recessed headlamp, (auto.) Einbau-scheinwerfer m

recessed head machine screw, Kreuzlochschraube f

recessed switch, *(electr.)* Einbauschalter m

RECESSING ~ (cam, feed, method, slide, slide rest) Einstech~

recessing tool s Einstechmeißel m, Ausstechmeißel m, Hakenmeißel m

rechuck v.t. (Werkstücke:) umspannen

reciprocal s Kehrwert m

reciprocal of amplification, *(electron.)* Durchgriff m

reciprocal milling, Pendelfräsen n

reciprocate v.i. pendeln

reciprocating compressor s Kolbenverdichter m

reciprocating engine s Kolbenmotor

reciprocating rolling process s Pilgerschrittverfahren n

reciprocating table s Pendeltisch m

reciprocating trough s Schüttelrinne f

reclaim v.t. rückgewinnen

reclamation s Rückgewinnung f

reclining seat s *(auto.)* Liegesitz m

recoil s *(electron., nucl.)* Rückstoß m

RECOIL ~ (atom, effect, electron, orbit, potential, spring) Rückstoß~

recoiler s Aufwickelhaspel f

recondition v.t. (Werkzeuge:) aufarbeiten, zurichten

reconstruct v.t. wiederaufbauen; umbauen

reconstruction s Umbau m; Wiederaufbau m

record v.t. aufzeichnen, eintragen, registrieren, anzeigen

record s Anzeige f; Protokoll n; *(radio)* Aufnahme f; (von Daten:) Satz m

recorder s Anzeiger m; *(auto.)* Tachograph m; *(acoust.)* Aufnahmegerät n

recording s *(radio)* Aufnahme f

RECORDING ~ (chart, drum, equipment, galvanometer, instrument, paper) Registrier~

recording coach s *(railw.)* Meßwagen m

recording tape s Tonband n

record player s Plattenspieler m

recover v.t. rückgewinnen

recovery s Rückgewinnung f, Gewinnung f; (Benzol:) Wäsche f

recovery vehicle s *(auto.)* Kranwagen m

rectangle s Rechteck n

rectangular a. rechtwinklig, rechteckig

rectification s *(electr.)* Gleichrichtung f

rectifier s Gleichrichter s

RECTIFIER ~ (anode, cathode, cell, circuit, instrument, valve) Gleichrichter~

rectify v.t. *(electr.)* gleichrichten

recuperative furnace, Rekuperativofen m

red brass, Rotguß m

red brittlenes, Rotbruch m

redesign v.t. umgestalten, umbauen

red-hardness s Rotgluthärte f, Rotwarmhärte f

red heat, Rotglut f

red lead, Bleimennige f

redness s Rotglut f

redraw cold, kaltnachziehen

redress v.t. (Werkzeuge:) aufbereiten

red-short a. rotbrüchig

red-shortness s Rotbruch m

red toner, Permanentrot n

reduce v.t. herabsetzen; verkleinern; (Blei:) frischen; (Drehzahlen:) zurückschalten; (Kartuschhülsen:) reduzieren

reducer s Reduzierstück n

reducing pipe *s* Übergangsrohr *n*

reducing press *s* Geschirrziehpresse *f*, Räderziehpresse *f*

reducing slag *s (met.)* Reduktionsschlacke *f*

reducing valve *s* Reduzierventil *n*

reduction *s* Verkleinerung *f*; Abnahme *f*; *(gearing)* Untersetzung *f*

reduction gearing *s* Überholungsgetriebe *n*

reed frequency meter *s* Zungenfrequenzmesser *m*

reel *v.t.* (Wellen, Rohre:) richten; friemeln, glätten

reel *s* Haspel *f*; *(mach., progr.)* Spule *f*; Rolle *f*; (Kabel:) Trommel *f*

reeling machine *s* (Rohre:) Glättwalzwerk *n*

re-engage *v.t.* wiedereinschalten; wiedereinrücken

reface *v.t.* (Ventilkegel:) schleifen

reference *s* Bezug *m*

REFERENCE ~ (edge, frequency, line, plane, point, profile, surface, temperature, tick, voltage) Bezugs~

reference circuit *s* Eichleitung *f*

reference gage *s* Revisionslehre *f*

reference gage block *s* Prüfendmaß *n*

reference number *s (progr.)* Schlüssel *m*

reference value *s* Richtwert *m*

referenced quantity, Bezugsgröße *f*, bezogene Größe

refill *v.t.* nachfüllen; *(auto.)* tanken

refine *v.t.* raffinieren; (Stahl:) frischen, garen; veredeln

refined copper, Raffinatkupfer *n*, Garkupfer *n*

refined iron, Frischeisen *n*

refined lead, Raffinatblei *n*, Weichblei *n*

refined product, Raffinat *n*

refined spelter, Raffinalzink *n*

refinery *s* Raffinerie *f*, Raffinationsanlage *f*

refinery process *s* Frischherdverfahren *n*

refining furnace *s* Raffinationsofen *m*

refining hearth *s* Frischherd *m*

refining plant *s* Raffinationsanlage *f*

refining process *s* Frischverfahren *n*

refining slag *s* Fertigschlacke *f*

reflect *v.t. (opt.)* zurückwerfen; – *v.i.* rückstrahlen

reflecting power *s* Rückstrahlvermögen *n*

reflection *s* Rückstrahlung *f*

reflector *s (auto.)* Rückstrahler *m*; *(opt.)* Spiegel *m*

reflex circuit *s* Reflexschaltung *f*

reflux *s* Rückstrom *m*

refract *v.t. (opt.)* brechen

refraction *s* Strahlenbrechung *f*

refractive index, *(opt.)* Brechungszahl *f*

refractive power, *(opt.)* Brechungsvermögen *n*

refractometer *s (opt.)* Brechungsmesser *m*

refractoriness *s* Hitzebeständigkeit *f*; (Steine:) Feuerbeständigkeit *f*

refractory *a.* hitzebeständig; feuerfest

refractory *s* feuerfester Baustoff

refractory clay, Schamotte *f*

refractory mortar, feuerfester Mörtel

refrigerating technique *s* Kältetechnik *f*

refrigerator *s* Kühlmaschine *f*

refrigerator vehicle *s* Kühlwagen *m*

refuel *v.t. (auto.)* tanken

refuse *s* Abfall *m*; *(met.)* Gekrätz *n*

regeneration *s* Wiedergewinnung *f*; *(data syst.)* Entzerrung *f*

regenerative chamber, Regenerativkammer *f*

regenerative coke oven, Regenerativkoksofen *m*

regenerative gas firing, Regenerativgasfeuerung *f*

regenerative gas furnace, Regenerativflammofen *m*

regional broadcasting station, Regionalsender *m*

register *v.t.* aufzeichnen, anzeigen; registrieren

register *s* Register *n*

register tally *s* Zähler *m*

registration number *s (auto.)* Zulassungsnummer *f*

regrind *s* Nachschliff *m*

regrip *v.t.* wiederfestspannen

regular equipment, (e. Maschine:) Normalausrüstung *f*

regular section, Normalprofil *n*

regularity *s* Gesetzmäßigkeit *f*

regulate *v.t.* regeln; steuern

regulating resistance *s* Regulierwiderstand *m*

regulating switch *s* Regelschalter *m*

regulating valve *s* Regelventil *n*

regulating wheel *s (grinding)* Regelscheibe *f*

regulation *s* Regelung *f*, Regel *f*; Vorschrift *f*

regulator *s* Regler *m*

reheat *v.t.* wiedererhitzen, nachwärmen

reheating furnace *s* Wärmofen *m*, Glühofen *m*; Nachwärmofen *m*

reinforce *v.t.* verstärken, versteifen, verfestigen; *(concrete)* bewehren, armieren

reinforced concrete, Stahlbeton *m*

reinforced concrete beam, Stahlbetonbalken *m*

reinforced concrete carcase, Stahlbetonskelett *n*

reinforced concrete construction, Stahlbetonbau *m*

reinforced concrete floor, Stahlbetondecke *f*

reinforced concrete ribbed floor, Stahlbetonrippendecke *f*

reinforced concrete sheet pile, Stahlbetonbohle *f*

reinforced seam, *(welding)* Wulstnaht *f*

reinforcement *s* Verstärkung *f*, Verfestigung *f*, Versteifung *f*; *(welding)* Wulst *m*

reinforcement of weld, Nahtüberhöhung *f*

reinforcement bar cutter *s* Betoneisenschneider *m*

reinforcing bar *s* Bewehrungsstab *m*

reinforcing steel *s* Bewehrungsstahl *m*

reinforcing steel mat *s* Stahlmatte *f*

rejection *s* Beanstandung *f*, Abnahmeverweigerung *f*

relative deformation, *(forging)* bezogene Formänderung *f*

relaxation circuit *s (electr.)* Kippkreis *m*

relaxation generator *s* Relaxationsgenerator *m*

relaxation oscillator *s* Kippgenerator *m*

relay *v.t.* (Gleisanlagen:) erneuern

relay *s* Relais *n*

RELAY ~ (broadcasting station, coil, contact, control, magnet, station, terminal, transmission, winding) Relais~

release *v.t.* loslassen, freigeben; auslösen; *(mech.)* entspannen; *(electr.)* lösen

release *s* Entlastung *f*; Freigabe *f*; Auslösung *f*; *(electr.)* Auslöser *m*

release signal *s* Freigabesignal *n*

relief *s* Entlastung *f*; Abhub *m*; *(mach.)* Hinterdrehung *f*

relief angle s (e. Schneidmeißels:) Freiwinkel m

relief-grind v.t. hinterschleifen, freischleifen

relief-grinding attachment s Hinterschleifeinrichtung f

relief-mill v.t. hinterfräsen

relief-turn v.t. hinterdrehen

relief-turning tool s Hinterdrehmeißel m

relieve v.t. entlasten; abheben; (metal cutting) freischneiden, freiarbeiten

relieve stresses, entspannen

relieving attachment s Hinterdreheinrichtung f

reline v.t. (Ofenfutter:) ausflicken

relish v.t. (Holz:) zapfenausschneiden

reluctance s magnetischer Widerstand

re-machine v.t. nacharbeiten

re-machining s Nachbearbeitung f

remainder s Rest m

remedial measure, Hilfsmaßnahme f

remedy s Abhilfe f

remelt v.t. umschmelzen

remelting furnace s Umschmelzofen m

remelting process s Umschmelzverfahren n

remelt iron s Umschmelzeisen n

remote control, Fernschaltung f, Fernsteuerung f, Fernbedienung f

remote-guided p.a. (Raketen:) ferngesteuert

removable a. abnehmbar, herausnehmbar

removal s Beseitigung f, Entfernung f; Abfuhr f, Abnahme f; Ausbau m; Abtragung f

removal of chips, Spanabfuhr f

removal of cinder, Entschlackung f

removal of phosphorus, Entphosphorung f

removal of slag, Entschlackung f

removal van s Möbelwagen m

remove v.t. entfernen, beseitigen; abnehmen, herausnehmen; abtragen

remove slag, entschlacken

remove the form, (building) ausrüsten

rendering mortar s Verstreichmörtel m

renew v.t. erneuern, auswechseln

renewal s Erneuerung f

repair v.t. ausbessern, instandsetzen; (Ofenfutter:) flicken

repair s Instandsetzung f, Reparatur f

repair pit s (auto.) Arbeitsgrube f

repair shop s Instandsetzungsbetrieb m

repair stand s Montagebock m

repeated impact bending strength, Dauerschlagbiegefestigkeit f

repeated impact tension test, Dauerschlagzugversuch m

repeated impact test, Dauerschlagversuch m

repeated stress test, Schwingungsversuch m

repeated torsion test, Drehschwingungsversuch m

repeater s (rolling mill) Umführung f

repeater station s (tel.) Verstärkeramt n

repetition s Wiederholung f

repetition of dynamic stress, Dauerschwingbeanspruchung f

repetition drilling s Serienbohren n

replace v.t. ersetzen, auswechseln, austauschen

replaceability s Austauschbarkeit f

replaceable a. austauschbar

replacement s Ersatz m

report s Bericht m; Meldung f

reproduce v.t. wiedergeben, reproduzieren; (metal cutting) nachformen

reproduction s (radio) Wiedergabe f;
(mach.) Nachformung f
repulsion s Rückstoß m
repulsion motor s Repulsionsmotor m
request s (data syst.) Abfrage f, Anforde-
rung f
re-run s (programming) Programmwieder-
holung f
resaw s Trennbandsäge f
reserve s Reserve f
reserve power s Leistungsreserve f
reserve tank s Reservetank m
reservoir s Sammelbehälter m, Wanne
f
reservoir capacitor s Sammelkonsensa-
tor m
reset v.t. (e. Maschine:) umrichten-um-
stellen; (Werkzeuge:) umspannen
reset counter s Nullstellzähler m
resetting time s (mach.) Umstellzeit f
re-sheared sheet, Fassonblech n
residence telephone s (tel.) Hausan-
schluß m
RESIDUAL ~ (charge, current, discharge,
magnetism, moisture, voltage) Rest~
residue s Rückstand m, Rest m
resilience s Federungsvermögen n
resilient a. federnd
resin s Harz n
resin oil s Harzöl n
resinous bitumen, Harzbitumen n
resistance s (chem.) Beständigkeit f;
(electr., mech.) Widerstand m
resistance to corrosion, Rostbeständigkeit
f
resistance to cracking, (concrete) Rißfe-
stigkeit f
resistance to deflection, Biegesteife f
resistance to failure, Bruchsicherheit f

resistance to incipient cracking, Anbruch-
sicherheit f
resistance to plastic deformation, Form-
änderungsfestigkeit f
resistance to scaling, Zunderbeständigkeit
f
resistance arc furnace s Lichtbogen-Wi-
derstandsofen m
resistance butt welding s Widerstands-
stumpfschweißen n
resistance furnace s Widerstandsofen m
resistance fusion welding s Widerstands-
schmelzschweißung f
resistance pressure welding s Wider-
standspreßschweißung f
resistance seam welding s Widerstands-
nahtschweißung f
resistance thermometer s Widerstands-
thermometer n
resistance welding s Widerstandsschwei-
ßung f
resistance wire s Heizdraht m
resistant a. beständig
resistant to caustic cracking, laugenrißbe-
ständig
resistant to caustic solutions, laugenbeständig
resistant to deformation at elevated temperatures, warmfest
resistant to heat, (Stahl:) hitzebeständig
resistivity s Widerstandsfähigkeit f
resistor s (als Bauelement:) Widerstand m
resolution s Auflösung f
resolvable a. zerlegbar
resonance s Resonanz f
RESONANCE ~ (amplification, amplifier,
capture, energy, range, relay, transformer, voltage) Resonanz~

RESONANT ~ (circuit, field, radiation, resistance, vibration) Resonanz~

resonant frequency, Eigenschwingung f

resonate v.i. (acoust.) mitschwingen, einschwingen

respirator s Gasmaske f

respond (to) v.i. ansprechen

response s Ansprechen n; (Frequenzen:) Gang m; (electr.) Wiedergabe f

response entry s (data syst.) Antworteintrag m

response time s (e. Meßgerätes:) Einstellzeit f

rest s Ruhe f, Stillstand m; Rest m; (mach.) Auflage f, Bock m, Support m

restart v.t. (Motor:) wiedereinschalten; – v.i. wiederanlaufen

rest position s Ruhestellung f

result s Ergebnis n, Resultat n; Befund m

retainer s Läppkäfig m

retainer ring s (auto.) Sprengring m; Dichtungsring m

retainer ring gage s Sprengringlehre f

retap v.t. (Innengewinde:) nachschneiden

retard v.t. verzögern, hemmen; (nucl.) bremsen

retardation s Verzögerung f; (nucl.) Bremsung f

retardation jet s Bremsstrahl m

retarding field s (radio) Bremsfeld n

retarding-field potential s Bremsspannung f

retentivity of hardness, Anlaßbeständigkeit f

reticulation s (painting) Eisblumenbildung f

retighten v.t. wiederfestziehen

re-tool v.t. (Meißelanordnung) umstellen

retort coking s Retortenverkokung f

retort furnace s Muffelofen m

retort residue s (Zinkgewinnung) Räumasche f

retrace period s (telev.) Rücklaufzeit f

retract v.t. zurückziehen

retraction s Abhub m

retread v.t. (Autoreifen:) runderneuern

return s Rückkehr f; Rücklauf m; (electr.) Rückleitung f

RETURN~ (data syst.) (address, buffer, code, instruction, statement) Rückkehr~, Rücksprung~

return conductor s (electr.) Rückleiter m

return crank s Gegenkurbel f

return current s (electr.) Rückstrom m

return flow s Rückfluß m

return line s (electr.) Rückleitung f

return motion s Rückgang m

return pass s (Walzgut:) Rückgang m

return pipe s (als Rohrleitung:) Rückleitung f

return stroke s Rückhub m

return travel s Rückgang m

return wire s Nulleiter m, Rückleitung f

reuse v.t. wiederverwenden

reverberatory furnace, Flammofen m

reverberatory smelting, Flammofenschmelzen n

reversal s Umkehr f

reversal of stress, (beim Dauerversuch:) Lastwechsel m

reversal of travel, Bewegungsumkehr f

reverse v.t. umsteuern, umschalten, umkehren, wenden

reverse polarity, (electr.) umpolen

reverse current s Gegenstrom m

reverse gear s (auto.) Rückwärtsgang m
reverse image s Spiegelbild n
reverse phase s Gegenphase f
reverse plate s (mach.) Wendeherz n
reverse scavenging s (auto.) Umkehrspülung f
reverse speed s Rückwärtsgeschwindigkeit f
reversible motor, Reversiermotor m
reversing clutch s Rücklaufkupplung f, Umschaltkupplung f
reversing contactor s Wendeschütz n, Umkehrschütz n
reversing gear mechanism s Wendegetriebe n, Umkehrgetriebe n
reversing lamp s (auto.) Rückfahrleuchte f
reversing mechanism s cf. reversing gear mechanism
reversing mill s Umkehrwalzwerk n, Reversierwalzwerk n
reversing mill train s Reversierstraße f
reversing mirror s Umkehrspiegel m
reversing motor s Umsteuermotor m Umkehrmotor m
reversing plate mill s Reversierblechwalzwerk n
reversing prism s Umkehrprisma n
reversing rolling stand s Reversierwalzgerüst n
reversing starter s Umkehranlasser m
reversing switch s Wendeschalter m
REVISION~ (column, service, tape) Änderungs~
revolution s Umdrehung f, Drehung f, Rotation f
revolution counter s Drehzahlmesser m, Tourenzähler m, Umlaufzähler m, Umdrehungszähler m

revolve v.t. drehen; – v.i. umlaufen, rundlaufen, kreisen
revolving grate s Drehrost m
rework s Nacharbeit f
rheostat s Rheostat m
rheostatic starter, Regelanlasser m
rhombic a. rautenförmig
rhombus s Raute f
rib v.t. verrippen
rib s Rippe f; (molding) Feder f; (e. Schleifscheibe:) Rille f
ribbed pattern floor plate, Rippenblech n
ribbon microphone s Bandmikrofon n
riddle v.t. sieben
riddle s Schüttelsieb n
ride v.i. (motorcycle) fahren
rider s (motorcycle) Fahrer m; (e. Waage:) Laufgewicht n
ridge s (building) Dachfirst m
riffler s Lochfeile f
rig v.t. (Masten:) abspannen
right-angled a. rechtwinklig
right-angled triangle, rechtwinkliges Dreieck
right-hand a. rechtsgängig, rechtsläufig, rechts
RIGHT-HAND ~ (cutting edge, cutting tool, flank, helix, movement, rotation, spiral, steering, thread, traffic) Rechts~
rightward welding, Vorwärtsschweißung f, Rechtsschweißung f
rigid a. steif, starr, stabil, fest
rigidity s Steife f, Starrheit f, Stabilität f, Festigkeit f
rigid milling machine, Starrfräsmaschine f
rigid planing machine, Starrhobelmaschine f

rim s Rand m; (met.) Randzone f; (auto.) Felge f; (e. Rades:) Kranz m

rim clutch s Bandkupplung f

rim gear s Tellerrad n; Zahnkranz m

rimmed steel, unberuhigter Stahl

rimmed steel ingot, unruhig vergossener Block

rimming steel s unberuhigter Stahl, Randblasenstahl m, Massenstahl m

rim tape s (auto.) Felgenband n

rim tool s Reifenheber m

rim wrench s Radmuttersteckschlüssel m

rim zone s Randzone f, Randschicht f

ring v.t. (tel.) anrufen

ring balance s Ringwaage f

ring burner s Kranzbrenner m

ring compression coupling s Hülsenkupplung f

ringer s (electr.) Klingel f

ring gage s Lehrmutter f

ringing s (tel.) Anruf m, Ruf m

ringing current s Klingelstrom m

ringing tone s (tel.) Rufzeichen n

ringing wire s Klingeldraht m

ring lap s Läppring m

ring nut s Lochmutter f

ring-oiling bearing s Ringschmierlager n

rinse v.t. spülen, abbrausen

rip v.t. (woodw.) sägen, trennen

rip and edging saw, Trenn- und Besäumkreissäge f

ripping and cutting-off saw, Trenn- und Abkürz-Kreissäge f

ripping band saw s Spaltbandsäge f

ripple ratio s Brummfaktor m

ripple voltage s Brummspannung f

rise s Steigung f; Zunahme f

riser s (founding) Steiger m

risk of accident, Unfallgefahr f

risk of breakage, Bruchgefahr f

river pier s Strompfeiler m

rivet v.t. nieten, vernieten

rivet s Niet m & n

rivetability s Nietbarkeit f

riveted joint, Nietverbindung f

riveter s Nietmaschine f

rivet head s Nietkopf m

rivet header s Nietkopfsetzer m

riveting s Nietung f

riveting hammer s Niethammer m

riveting machine s Nietmaschine f

rivet point s Nietkopf m

rivet set and header, Nietwerkzeug n

rivet shank s Nietschaft m

road s Weg m; Straße f; Fahrbahn f

roadability s (auto.) Straßenlage f, Fahreigenschaft f

road bridge s Straßenbrücke f

road builder s Straßenbauer m

road building s Straßenbau m

road building machine s Straßenbaumaschine f

road building slag s Straßenbauschlacke f

road clearance s (auto.) Bodenabstand m

road construction s Straßenbau m

road contractor s Straßenbauunternehmer m

road driving s Straßenfahrt f

road engineer s Straßenbauingenieur m

road gravelling s Straßenbeschotterung f

road junction s Straßenkreuzung f, Straßengabelung f

road-making s Straßenbau m

road map s Autokarte f

road marking s Streckenkennzeichnung f

road-marking machine s Strichziehmaschine f

road roller s Straßenwalze f

roadster *s* Sportzweisitzer *m*
road-sweeping machine *s* Kehrmaschine *f*
road tractor *s* Straßenzugmaschine *f*
road traffic *s* Straßenverkehr *m*
road transport vehicle *s* Lastwagen *m*
road user *s (auto.)* Verkehrsteilnehmer *m*
road vehicle *s* Straßenfahrzeug *n*
road vehicle balance *s* Straßenfahrzeug-waage *f*
roadway *s* Fahrbahn *f*
roast *v.t.* rösten, brennen
roasting reaction method *s* Röstreaktionsverfahren *n*
roasting reduction method *s* Röstreduktionsverfahren *n*
rock *v.i.* schaukeln
rock *s* Fels *m*, Gestein *n*, Stein *m*
rock debris *pl.* Gesteinstrümmer *pl.*
rocker *s* Wippe *f*, Wiege *f*, Rollkufe *f*; (e. Kohlebürste:) Brücke *f*
rocker arm *s* Schwinge *f*, Kurbelschwinge *f*; *(auto.)* Kipphebel *m*
rocker gear *s (crank shaper)* Kulissenrad *n*
rocket *s* Rakete *f*
ROCKET ~ (battery, control, engine, fuel, nozzle, projectile, propulsion) Raketen~
rocking lever *s (slotter)* Schwinghebel *m*
rock oil *s* Mineralöl *n*
Rockwell hardness test *s* Rockwellhärteprüfung *f*
rock wool *s* Steinfaser *f*
rod *s* Rundstange *f*, Stange *f*, Stab *m*; Welle *f*; *(metrol.)* Latte *f*
rod antenna *s* Stabantenne *f*
rod milling *s* Drahtwalzen *n*
roentgenogram *s* Röntgenbild *n*
roentgen tube *s* Röntgenröhre *f*

roll *v.t.* rollen; walzen; (Gewinde:) drükken, rollen
roll *s* Walze *f*
roll body *s* Walzenballen *m*
roll drafting machine *s* Walzenkalibriermaschine *f*
rolled brass, Walzmessing *n*
rolled product, Walzerzeugnis *n*
roller *s* Laufrolle *f*; *(rolling mill)* Walze *f*
roller bearing grease *s* Rollenlagerfett *n*
roller bed balance *s* Rollgangwaage *f*
roller burnishing *s* Polierwalzen *n*
roller cage *s* Rollenkäfig *m*
roller chain drive *s* Rollenkettengetriebe *n*
roller chain sprocket *s* Rollenkettenrad *n*
roller crushing *s* (Schleifscheiben:) Rollprofilieren *n*
roller-hearth furnace *s* Rollenherdofen *m*
roller-level *v.t.* (Stangen, Draht:) richten
roller leveller *s* Rollenrichtmaschine *f*
roller race *s* (e. Lagers:) Rollenlaufbahn *f*
roller screw gage *s* Rollenlehre *f*
roller seam weld *s (welding)* Rollennaht *f*
roller shutter *s* Rolladen *m*
roller spot welding machine *s* Rollenpunktschweißmaschine *f*
roller steady *s* Rollenlünette *f*, Rollensetzstock *m*
roller supported step bearing, Rollenspurlager *n*
roller thrust bearing *s* Druckrollenlager *n*
roller thrust ring bearing *s* Rollenkranzlager *n*
roller-type capacitor *s* Wickelkondensator *m*
roller-type conveyor balance *s* Rollbahnwaage *f*

roller-type electrode s *(welding)* Rollenelektrode f

roll feed press s Presse f mit Walzenvorschubeinrichtung

roll film s Rollfilm m

roll groove s Walzkaliber n

roll housing s Walzenständer m

rolling barrel s Putztrommel f

rolling bearing s Wälzlager n

rolling edge s Walzkante f

rolling element s (e. Lagers:) Wälzkörper m

rolling equipment s *(railw.)* Wagenpark m

rolling fin s Walznaht f

rolling friction s Rollreibung f

rolling gear s Wälzrad n

rolling gear transmission s Wälzgetriebe n

rolling key clutch s Drehkeilkupplung f

rolling mill s Walzwerk n

rolling mill engineer s Walzwerker m

rolling-mill practice s Walzwerksbetrieb m

rolling motion s Wälzung f

rolling skin s Walzhaut f

rolling stock s Walzgut n

rolling train s *(rolling mill)* Walzstraße f, Strecke f

roll mandrel s Walzdorn m

roll motion s Wälzung f

roll-over type furnace s Rollofen m

roll pass s Walzkaliber n

roll piercing process s Schrägwalzverfahren n

roll scale s Walzzunder m, Walzschlacke f

roll scale car s *(rolling mill)* Sinterwagen m

roll stand s Walzgerüst n

roll turning lathe s Walzendrehmaschine f

roof s Dach n; *(auto.)* Verdeck n

ROOF ~ (boarding, covering, drainage, gutter, shingle) Dach~

roof antenna s Dachantenne f

roofing s Bedachung f

ROOFING ~ (felt, felt nail, nail, slate, tile) Dach~

roofing material s Dachbedeckungsmaterial n

roofing sheet s Dachbedeckungsblech n, Pfannenblech n

roof lamp s Deckenleuchte f

roof tiler s Dachdecker m

roof truss s Dachstuhl m

room lighting s Raumbeleuchtung f

root s *(gearing, threading)* Zahnfuß m, Grund m, Zahngrund m, Fuß m; *(welding)* Wurzel f

root of a thread, Gewindegrund m

root of the weld, Schweißwurzel f

root bead s *(welding)* Wurzelraupe f

root circle s *(gearing)* Zahnfußkreis m

root fusion zone s Wurzeleinbrand m

root layer s *(welding)* Wurzellage f

root line s *(gearing)* Fußlinie f

root-mean-square value s quadratischer Mittelwert

root penetration s *(welding)* Wurzelverschweißung f

rope s Seil n

ROPE ~ (black, drive, guide pulley, lay, loop, sheave, slippage, tension) Seil~

ropeway bucket s Hängebahnkübel m

rose-bit s Kegelsenker m

rose chucking reamer s Grundreibahle f

rosin s *cf.* resin

rotary a. drehbar

rotary boring tool, Drehbohrmeißel m

rotary bridge crane, Brückendrehkran m

rotary broaching machine, Rundräummaschine f

rotary broaching method, Rundräumverfahren n

rotary bucket excavator, Schaufelradbagger m

rotary calcining kiln, Drehtrommelröstofen m

rotary cement kiln, Zementdrehofen m

rotary converter, *(electr.)* Drehumformer m

rotary crane, Drehkran m

rotary drier, *(road building)* Trommeltrockner.m

rotary drum, *(concrete)* Drehtrommel f

rotary drum mixer, *(concrete)* Trommelmischer m, Freifallmischer m

rotary field, *(electr.)* Drehfeld n

rotary furnace, Drehofen m

rotary hearth furnace, Dreherdofen m

rotary indexing table, *(mach.)* Rundteiltisch m

rotary indexing-table machine, Rundtischschaltmaschine f

rotary kiln, (Zement:) Drehofen m

rotary milling machine, Rundlauffräsmaschine f, Karussellfräsmaschine f

rotary motion, Drehbewegung f, Kreisbewegung f

rotary piercing mill, Schrägwalzwerk n, Hohlwalzwerk n

rotary piston compressor, Drehkolbenverdichter m

rotary piston mechanism, Drehkolbengetriebe n

rotary puddling furnace, Puddeldrehofen m

rotary pump, Kreiselpumpe f, Umlaufpumpe f

rotary screen, Siebtrommel f

rotary selector, Drehwähler m

rotary shave cutter, *(gear cutting)* Schabrad n

rotary shear, umlaufende Schere

rotary switch, Drehknopfausschalter m

rotary table, Drehtisch m, Rundtisch m, Revolvertisch m

rotary-table grinder, Rundtischschleifmaschine f

rotary-table miller, Rundtischfräsmaschine f

rotary-table milling, Rundlauffräsen n

rotary-type regulator, Drehregler m

rotary valve engine, Drehschiebermotor m

rotate *v.t.* drehen; – *v.i.* rundlaufen, umlaufen, kreisen

rotating field instrument *s* Drehfeldinstrument n

rotation *s* Drehung f, Umlauf m, Umdrehung f, Rotation f; Gang m

rotor *s (electr.)* Läufer m, Rotor m

ROTOR ~ (circuit, current, starter, voltage, winding) Läufer~

rottenness *s* Faulbrüchigkeit f

rough *a.* uneben, rauh; grob

rough *v.t. (metal cutting)* schruppen; *(rolling)* vorstrecken

rough down *v.t. (rolling)* vorstrecken, strecken, vorwalzen, herunterwalzen

ROUGH~ *(metal cutting)* (copy, cut, drill, face, polish, ream, slot, work) vor~

rough-broach *v.t.* vorräumen, schruppräumen

rough cast glass, Rohglas n

roughcast plastering, Rauhputz m

roughcast wall, *(building)* Anwurfwand f

rougher s *(forge)* Vorschmiedegesenk n; *(rolling mill)* Vorwalzgerüst n

rough-finish v.t. vorschlichten, grobschlichten

rough-forge v.t. vorschmieden, grobschmieden

rough forging, Schmiederohling m

rough-form v.t. formschruppen

rough-grind v.t. grobschleifen, vorschleifen, schruppschleifen

rough grinder, Schruppschleifmaschine f

roughing s *(metal cutting)* Schruppen n; *(rolling)* Streckwalzen n

ROUGHING ~ (broach, capacity, cut, cutter, feed, lathe, machine, reamer, speed, tool, work) Schrupp~

roughing block s *(Drahtfabrikation)* Grobzug m

roughing pass s *(rolling mill)* Vorstich m

roughing roll s Vorwalze f

roughing stand s Vorwalzgerüst n

roughing train s *(rolling mill)* Vorstraße f

rough-lap v.t. schruppläppen, vorläppen

rough-machine v.t. vorarbeiten, vorbearbeiten, schruppen

rough-mill v.t. schruppfräsen, vorfräsen

roughness s Rauhigkeit f, Rauheit f

rough-turn v.t. schruppdrehen, vordrehen

round v.t. abrunden

round bar steel, Rundstahl m

round belt coupling, Riemenschloß n

round billet, *(met.)* Rundknüppel m

round-column drilling machine, Säulenbohrmaschine f

rounded end, Linsenkuppe f

rounding s Abrundung f

round ingot, Rundblock m

roundness s Rundheit f, Rundung f

round thread, Rundgewinde n

route v.t. (Holz:) ausholen

route s *(auto.)* Strecke f

ROUTE ~ (diversion, memory, reversal, signal) Richtungs~

router s *(mach.)* Fräsmaschine für Handvorschub

route selection s *(road building)* Trassierung f

routine maintenance s Wartung f

ROUTING~ (list, procedure, table) Leitweg~

routing cutter s Blechschablonenfräser m

row s Reihe f

row of cutting teeth, (e. Schneidwerkzeuges:) Stollen m

rub v.t. reiben; – v.i. schleifen

rubber s Gummi n, Kautschuk m

RUBBER ~ (band, belt, cable, gasket, gloves, insulation, lining, mat, socket, solution, stopper, tire, tubing) Gummi~

rubber mallet s Gummihammer m

rubble v.t. *(road building)* beschottern

rubble s Geröll n; Abraum m

rugged a. kräftig, stark; stabil

ruin v.t. vernichten

rule s Regel f; *(metrol.)* Maßstab m; Lineal n, Meßlineal n, Strichmaß f

rule depth gage s Tiefenschieblehre f

rumble seat s *(auto.)* Notsitz m

run v.t. (e. Anlage:) fahren; (e. Maschine:) bedienen; – v.i. laufen

run against v.i. anfahren (gegen)

run concentric v.i. rundlaufen

run hot v.i. warmlaufen, heißlaufen

run idle v.i. leerlaufen

run out of truth v.i. unrundlaufen; (Schwungrad:) schlagen

run true v.i. [genau] rundlaufen

run s Verlauf m; Serie f (einer Produktion);

Gang *m* (eines Schmelzofens); *(welding)* Raupe *f*

run chart *s (data syst.)* Bedienungsanweisung *f*

runner *s (founding)* Gießtrichter *m*; (e. Kokille:) Kanal *m*

runner brick *s* (Kokillenguß:) Kanalstein *m*

running board *s (auto.)* Trittbrett *n*

running characteristics *pl.* Laufeigenschaften *fpl.*

running fit *s* Bewegungssitz *m*, Laufsitz *m*

run-of-mine coal *s* Förderkohle *f*

run-out table *s (rolling mill)* Auslaufrollgang *m*

run-up *s* (Motor:) Hochlauf *m*

runway *s* Laufbahn *f*; (e. Kranes:) Fahrbahn *f*

runway rail *s* Laufschiene *f*

rupture *v.t. & v.i.* reißen, zerreißen, brechen

rupture *s* Trennungsbruch *m*

rush-hour traffic *s (auto.)* Spitzenverkehr *m*

rust *v.i.* rosten, verrosten

rust *s* Eisenrost *m*, Rost *m*

rust preventative *s* Rostschutzmittel *n*

rust-proof *a.* korrosionsfest, rostsicher

rust protection *s* Rostschutz *m*

rust protection paint *s* Rostschutzfarbe *f*

rust resisting *a.* rostbeständig, korrosionsbeständig

rust-resisting property *s* Rostbeständigkeit *f*

S

sack *v.t.* einsacken, absacken

sack filling balance *s* Absackwaage *f*

sack-shaking balance *s* Ausschüttwaage *f*

saddle *s* *(grinder)* Quertisch *m; (lathe)* Längssupport *m*, Hauptschlitten *m; (miller)* Bettschlitten *m*, Unterschlitten; Konsolschlitten *m; (motorcycle)* Sattel *m*

saddle feed *s (miller)* Schlittenvorschub *m*

saddle key *s* Hohlkeil *m*

saddle roof *s* Satteldach *n*

saddler's drive punch *s* Lochpfeife *f*

saddle-type lathe *s* Schlittenrevolverdrehmaschine *f*

safeguard *v.t.* sichern; schützen

safe load, zulässige Belastung

safe stress, zulässige Beanspruchung

safety *s* Sicherheit *f*

SAFETY ~ (belt, clutch, code, coefficient, control lever, device, factor, glass, latch, lock, measure, regulation, release mechanism, switch, valve) Sicherheits~

safety film *s* Schutzschicht *f*

safety goggles, Schutzbrille *f*

safety regulation *s* Unfallverhütungsvorschrift *f*

safety straps *s (auto.)* Anschnallgurt *m*

sag *v.i.* durchhängen; sich durchbiegen

sag *s* Durchbiegung *f*, Durchhang *m*

salamander *s (blast furnace)* Ofensau *f*

sal ammoniac *s* Salmiak *m*

saloon car *s (auto.)* Innenlenker *m*

salt bath case hardening *s* Salzbadeinsatzhärtung *f*

salt bath furnace *s* Salzbadofen *m*

salt bath hardening *s* Salzbadhärtung *f*

salt bath nitriding *s* Nitrieren *n*

saltpeter *s* Kalisalpeter *m*, Salpeter *m*

salvage *v.t.* bergen; abwracken

sample *s* Muster *n*, Probe *f*

sample pulse *s (data syst.)* Abtastimpuls *m*

sample spoon *s (founding, steelmaking)* Probelöffel *m*

sampling *s* Probeentnahme *f*

sand *v.t.* sandschleifen, schmirgeln, abschleifen; (Holz:) schleifen

sand *s* Sand *m*

SAND ~ (core, mixer, mold, paper, preparation, preparation unit, riddle, slinger, stone) Sand~

sandblast *v.t.* sandstrahlen

sandblast cleaning *s* Sandstrahlreinigung *f*

sandblasting *s* Sandstrahlen *n*, Sandbestrahlung *f*

sand-blasting practice *s* Sandstrahlbläserei *f*

sandblasting sand *s* Gebläsesand *m*

sandblast nozzle *s* Sandstrahlgebläsedüse *f*, Sandblasdüse *f*

sandblast unit *s* Sandstrahlgebläse *n*

sand castings *pl.* Sandguß *m*

sanded plaster, Sandputzmörtel *m*

sander *s* Schmirgelschleifmaschine *f*

sand mold casting *s* Sandguß *m*

sand streaking *s (concrete)* Sandstreifenbildung *f*

sandwich material *s (plastics)* Verbundmaterial *n*

sanitary ware *s* Poterieguß *m*

saponifiable *a.* verseifbar

saponification value *s* Verseifungszahl *f*

saponify *v.t.* verseifen

sapwood s Splintholz n

saturated steam, Sattdampf m

saturation s Sättigung f

saw v.t. sägen

saw s Säge f

sawbench s Kreissäge f

sawblade s Sägeblatt n

sawdust s Sägemehl n

saw frame s Sägebügel m

saw mill s Sägewerk n; Sägegatter n

sawn building timber, Bauschnittholz n

saw set plier s Schränkzange f

sawtooth generator s Sägezahngenerator m

scab s (forging, founding, rolling) Schale f (als Oberflächenfehler) – pl. (durch Mattschweiße:) Spritzer pl.

scabbiness s (surface finish) Unsauberkeit f

scaffold v.t. & v.i. (der Gicht:) hängen

scaffold s (building) Baugerüst n, Gerüst n

scaffold beam s Gerüstbalken m

scaffolding s (building) Gerüstbau m, Rüstung f

scaffolding cramps s Gerüstklammer f

scaffold pole s Gerüststange f

scale v.i. zundern, verzundern; verschlukken; – v.t. einteilen

scale s Skala f; Maßeinteilung f; Maßstab m; (forging, rolling) Zunder m, Sinter m; (boiler) Stein m

scale platform s Brückenwaage f

scales pl. Waage f

scan v.t. (telev.) abtasten

scanning s (telev.) Bildabtastung f, Abtastung f

SCANNING ~ (beam, line, sequence, speed) Abtast~

scantling s Halbholz n

scar s (Oberflächenfehler) Narbe f

scarf v.t. (welding) abschrägen

scarification s (road building) Aufreißen n

scatter v.i. streuen; sprühen; (Lichtbogen:) tanzen

scattered radiation, Streustrahlung f

scattering s Streuung f

scattering range s Streubereich m

scavenge v.t. (Motor:) spülen, ausspülen

scavenger pump s (auto.) Ölsaugpumpe f

scavenging air s (auto.) Spülluft f

scavenging port s (auto.) Spülschlitz m

scleroscope hardness s Kugelfallhärte f

scoop s (Kohlen:) Schaufel f

score v.t. verschrammen; (metalcutting) fressen

score s (metal cutting) Riefe f

scored a. riefig

scorify v.t. verschlacken

scotch v.t. (Schlacke:) absteifen

scotch block s Gleissperre f

scour v.t. scheuern; (building) auswaschen, unterspülen

scouring s (building) Unterwaschung f, Auskolkung f; (Ofenfutter:) Ausfressung f

scouring barrel s (Drahtfabrikation) Scheuertrommel f

scrap v.t. verschrotten

scrap s Schrott m, Ausschuß m, Bruch m

SCRAP ~ (briquetting press, crushing plant, dealer, heat stock yard, yard) Schrott~

scrap baling press s Paketierpresse f

scrape v.t. schaben

scrape off v.t. abstreichen

scraper s (civ.eng.) Schrapper m (Öl:) Abstreifer m; (Werkzeug:) Schaber m

scraper bucket s Schrapperkübel m

scraper hoist *s* Schrapperwinde *f*

scraper ring *s* (Öl:) Abstreifring *m*

scratch *v.t.* verschrammen, verkratzen

scratch *s* Kratzer *m*, Ritz *m*

scratch coat *s (building)* Unterputz *m*

scratch gage *s* Streichmaß *n*

scratch hardness *s* Ritzhärte *f*

scratch hardness tester *s* Ritzhärteprüfer *m*

screen *v.t.* durchsieben, sieben; *(radio)* abschirmen; (Erz:) klassieren

screen *s* Sieb *n*; *(building)* Blende *f*; *(opt.)* Raster *m*; *(radio, telev.)* Schirm *m*

screen grid *s (radio)* Schirmgitter *n*

screw *v.t.* verschrauben

screw *s* Schraube *f*, Kopfanziehschraube *f*; Spindel *f*

SCREW ~ (connection, cutting machine, cutting tool, extractor, gage, head, jack, pump, slot, slotting cutter, steel, thread) Schrauben~

screw body *s* Schraubenschaft *m*

screw conveyor *s* Schneckenförderer *m*

screwcutting *s* Gewindeschneiden *n*

screwcutting gearbox *s* Gewinderäderkasten *m*

screwcutting lathe *s* Schraubendrehmaschine *f*

screw dolly *s* Nietwinde *f*

screwed cap, Gewindekappe *f*

screwed contact, Schraubkontakt *m*

screwed nipple, Gewindenippel *m*

screwed pipe joint, Rohrverschraubung *f*

screwed socket, Gewindemuffe *f*

screw feeder *s* Aufgabeschnecke *f*

screw-in circuit-breaker *s (electr.)* Schraubautomat *m*

screwing *s* Verschraubung *f*

screw-in type fuse *s (electr.)* Schraubsicherung *f*

screw joint *s* Verschraubung *f*

screw pitch gage *s* Steigungslehre *f*

screw plate stock *s* Kluppe *f*

screw plug *s* Gewindestopfen *m*, Verschlußschraube *f*

screw plug gage *s* Gewindelehrdorn *m*

screw press *s* Spindelpresse *f*

screw spindle *s* Gewindespindel *f*

screw thread gage *s* Gewindelehre *f*

screw thread micrometer caliper *s* Gewindeschraublehre *f*

screw threading machine *s* Schraubenscheidmaschine *f*

screw union *s* Rohrverschraubung *f*

scribe *v.t.* anreißen (mittels Reißnadel)

scriber point *s* Anreißspitze *f*

scroll *s* (e. Planfutters:) Zahnkranz *m*

scroll chuck *s* Universalspannfutter *n*

scrub *v.t. (met.)* berieseln

scrubber *s (met.)* Berieselungsturm *m*, Wäscher *m*

scrubbing process *s* Waschprozeß *m*

scum *s (met.)* Abstrich *m*

seal *v.t.* abdichten, dichten; versiegeln; verkitten; plombieren

seal *s* Abdichtung *f*, Dichtung *f*; Verschluß *m*; Abschluß *m*

sealed assembly rolling process, Walzschweißverfahren *n*

sealing *s* Abdichtung *f*, Dichtung *f*

SEALING ~ (effect, gap, grease, thread) Dicht~

SEALING ~ (cement, material, ring) Dichtungs~

sealing agent *s* Dichtmittel *n*; *(painting)* Absperrmittel *n*

sealing compound s Dichtungsmasse f; (plastics) Vergußmasse f

sealing joint s Dichtung f

sealing liquid s Sperrflüssigkeit f

sealing run s (welding) Kappnaht f

sealing screw s Dichtungsschraube f

sealing wax s Siegellack m

seal weld s Dichtnaht f

seam v.t. falzen

seam s Naht f; Fuge f; (mach.) Falz m; (founding) Gußnaht f; (rolling) Walznaht f, Überwalzung f; (welding) Schweißnaht f

seaming machine s Blechfalzmaschine f

seamless a. nahtlos

seamless drawn tube, nahtlos gezogenes Rohr

seam-weld v.t. nahtschweißen

seam welding machine s Nahtschweißmaschine f

search antenna s Suchantenne f

sea sand s (founding) Silbersand m

season v.t. (Holz:) trocknen, austrocknen, ablagern; (Werkzeuge:) entspannen, altern

seasoning kiln s (Holz:) Trockenofen m

seat v.t. (Ventile:) einschleifen

seat s Sitz m; (e. Feder:) Teller m; (e. Schneide:) Pfanne f

seat adjuster s (auto.) Sitzversteller m

seat back s (auto.) Rückenlehne f

seat face s (e. Ventils:) Sitzfläche f

SECONDARY ~ (battery, current, electron, element, radiation, voltage, winding) Sekundär~

secondary air, Zweitluft f, Falschluft f

second-hand car, (auto.) Altwagen m

secret-position switch s Geheimschalter m

section s Abschnitt m, Teil m; (drawing, geom.) Schnitt m, Querschnitt m

sectional area, (drawing) Schnittfläche f

sectional assembly view, Montageplan m

sectional boiler, Gliederkessel m

sectional drawing, Schnittzeichnung f, Riß m

sectional steel, Formstahl m, Profilstahl m

sectional view, Schnittbild n

section groove s (rolling mill) Formkaliber n

section mill s Profilwalzwerk n

section rolling s Profilwalzen n. Formwalzen n

section rolling mill s Formstahlwalzwerk n

section shearing machine s Profilschere f

section steel s Profilstahl m, Formstahl m

section wire s Formdraht m

secure a. sicher, fest

secure v.t. sichern, befestigen, feststellen, fixieren; (Kerne:) einsetzen

sedan s (auto.) Innenlenker m, Limousine f

sediment s Niederschlag m, Bodensatz m, Satz m

seep v.i. sickern

seepage water s Sickerwasser n

segment s Segment n

segmental chip, Bruchspan m

segmental sawblade, Segmentsägeblatt n

segregate v.i. (met.) ausseigern

segregation s (met.) Seigerung f

seize v.i. klemmen, sich verklemmen; (Lager:) fressen, sich festfressen

seizure s (data syst.) Belegung f (e. Teilnehmerleitung)

select v.t. wählen

selection s Wahl f

selective a. (radio) trennscharf

selective assembly, Aussuchpaarung f
selective hardening, Teilhärtung f
selectivity s *(radio)* Trennschärfe f
selector s Wähler m
selector dial s Wählscheibe f
selector switch s Wahlschalter m
selenium rectifier s Selengleichrichter m
selenium cell s Selenzelle f
self-aligning ball bearing, Pendelkugellager n
self-aligning roller thrust bearing, Axial-Pendelrollenlager n
self-braking motor, Bremsmotor m
self-centering p.a. selbstzentrierend
self-discharging truck, Selbstentlader m
self-excitation s Eigenerregung f
self-fluxing ore, selbstgehendes Erz
self-hardening steel, Selbsthärter m, naturharter Stahl, Lufthärter m
self-ignition s *(auto.)* Selbstzündung f
self-induced vibration, *(metal cutting)* selbsterregte Schwingung
self-locking p.a. selbstschließend, selbsthemmend
self-lubricating p.a. selbstschmierend
self-modulation s *(electr.)* Eigendämpfung f
self-priming p.a. selbstansaugend
self-stabilizing dynamo, Querfelddynamo f
self-support v.i. freitragen
self-supporting p.a. freitragend
self-tapping screw, Blechschraube f, Schneidschraube f
semi-automatic a. halbautomatisch
semi-automatic lathe, Halbautomat m
semicircle s Halbkreis m
semi-circular milling cutter, Pilzfräser m
semi-conductor s Halbleiter m

semi-continuous rolling train, halbkontinuierliche Walzstraße
semi-diesel s Glühkopfmotor m
semi-finished product, Halbfabrikat n, Halbzeug n
semi-finishing impression, Vorschmiedegravur f
semi-finishing mill train, Halbzeugstraße f
semi-forging s *(forging)* Zwischenformung f
semi-killed steel, halbberuhigter Stahl
semi-trailer s Sattelanhänger m, Einachsanhänger m
send buffer s *(data syst.)* Sendepuffer m
sense of rotation, Drehsinn m
sensible heat, Eigenwärme f
sensitive a. feinfühlig, empfindlich; *(gearing)* feinstufig
sensitive to corrosion, korrosionsempfindlich
sensitive drill press, Handhebelbohrmaschine f
sensitive feel, Feingefühl n
sensitively adjustable a. (Drehzahlbereich:) feingestuft
sensitiveness s (e. Meßgerätes:) Empfindlichkeit
sensitivity to weld cracking, Schweißrißempfindlichkeit f
sensitometric measurement, Empfindlichkeitsmessung f
separate v.t. trennen, abtrennen; ausscheiden
separate drive, Eigenantrieb m
separate excitation, *(electr.)* Fremderregung f
separate motor drive, Einzelantrieb m
separate switch, Einzelschalter m

separate ventilation, (e. Motors:) Fremdlüftung f, Fremdbelüftung f

separation s Abscheidung f

separation of graphite, *(founding)* Graphitausscheidung f

separator s Scheider m, Abscheider m

sequence s Folge f, Reihenfolge f, Aufeinanderfolge f

sequence control s Folgesteuerung f

sequence control drum s Programmwalze f

sequence switch s Programmschalter m

serial hand tap, Satzbohrer m

serial number, Fabrikationsnummer f

series s Reihe f, Serie f

series capacitor s Vorschaltkondensator m

series characteristics pl. *(electr.)* Reihenschlußverhalten n

series circuit s Reihenkreis m

series connection s Hintereinanderschaltung f, Reihenschaltung f

series excitation s Reihenschlußerregung f

series generator s Reihenschlußstromerzeuger m

series motor s Reihenmotor m

series-parallel connection, Reihenparallelschaltung f

series-production s Serienbau m

series resistance s Vorschaltwiderstand m, Vorwiderstand m, Reihenwiderstand m

series resistor s Vorschaltwiderstand m, Vorwiderstand m

series voltage s Reihenspannung f

series-wound motor, Hauptschlußmotor m, Hauptstrommotor m, Reihenschlußmotor m

serrate v.t. riffeln; kerbverzahnen

serrated lock washer, Fächerscheibe f, Zahnscheibe f

serrated shaft, Kerbzahnwelle f

serration s Kerbverzahnung f, Riffelverzahnung f

service s Dienstleistung f; Wartung f; *(railw.)* Betrieb m

SERVICE ~ (area, code signal, computer, message, program, request, signal, traffic, user) Dienst~, Bedienungs~

service cable s *(electr.)* Verbraucherleitung

service call s *(tel.)* Dienstgespräch n

service circuit s Betriebsstromkreis m

service cost pl. Dienstleistungskosten pl.

service department s Kundendienstabteilung

service funnel s *(auto.)* Einfülltrichter m

service interruption s Betriebsunterbrechung f

service life s Nutzungsdauer f, Lebensdauer f

service line s *(tel.)* Dienstleistung f

service station s Großtankstelle f

service voltage s Gebrauchsspannung f

servicing s Wartung f; *(auto.)* Wagenpflege f

servo-motor s Stellmotor m, Steuermotor m

servo-assisted steering mechanism, *(auto.)* Servolenkung f

servo-brake s Servobremse f

servo-control s Servosteuerung f

servo-motor s Servomotor m, Steuermotor m

servo-steering s *(auto.)* Hilfslenkung f

set v.t. *(mach.)* beistellen; adjustieren; (Sägen:) verschränken, schränken;

(Schneidwerkzeuge:) anstellen, einstellen, zustellen; – *v.i.* (Zement:) abbinden, erstarren

set out *v.t.* (e. Verteilerfeld:) abstecken

set up *v.t.* (e. Maschine:) einrichten, rüsten

set *s* Satz *m*, Aggregat *n*; *(radio)* Gerät *n*; (Säge:) Schrank *m*, Schränkung *f*; (Batterie:) Gerät *n*; *(data syst.)* Satz *m* (von Daten)

set collar *s* Stellring *m*

set hammer *s* Schellhammer *m*

set head *s* (e. Niets:) Setzkopf *m*

set pin *s* Paßstift *m*

set screw *s* Stellschraube *f*

setter *s (mach.)* Einrichter *m*

setting *s (metal cutting)* Einstellung *f*

SETTING ~ (accuracy, collar, cost, device, diagram, dial, error, gage, handle, knob, mandrel, member, scale, screw, spindle) Einstell~

setting angle *s (metal cutting)* Anstellwinkel *m*

setting bracket *s* Einstellbock *m*

setting point *s* (Fett:) Erstarrungspunkt *m*, Stockpunkt *m*

setting position *s (metal cutting)* Arbeitsstellung *f*

setting time *s* (Zement:) Bindezeit *f*

setting up *s (mach.)* Einstellung *f*

setting-up time *s* Rüstzeit *f*

setting-up work *s (mach.)* Einrichtearbeit *f*

settle *v.i.* sich ablagern, sich setzen

settle out *v.t.* niederschlagen, ausscheiden; – *v.i.* sich absetzen

settlement crack *s* (e. Bodenbelages:) Setzriß *m*

settling tank *s* Setzbett *n*

setup time *s (mach.)* Einrichtezeit *f*, Rüstzeit *f*

sewage *s* Abwasser *n*

SEWAGE ~ (chlorination, clarifying, disposal, flow) Abwasser~

sewer *s* Abwasserkanal *m*

sewerage *s* Kanalisation *f*

sewer construction *s (civ.eng.)* Kanalbau *m*

sewer pipe *s* Kanalisationsrohr *n*

sewer tunnel *s* Kanalisationstunnel *m*

shackle *s* (Feder:) Lasche *f*, Bund *m*; (Kette:) Schäkel *m*; (Vorhängeschloß:) Bügel *m*

shackle eye *s* Bügelhaken *m*

shackle hook *s* (Kette:) Wirbelhaken *m*

shade *v.t. (painting)* abstufen

shade *s (painting)* Farbton *m*, Farbtönung *f*, Abstufung *f*

shadow crack *s* Zerschmiedungsriß *m*

shaft *s (building)* Pfeiler *m*; *(mach.)* Welle *f*; *(mining, blast furnace)* Schacht *m*

shaft collar *s* Wellenbund *m*

shaft extension *s* Wellenstumpf *m*

shaft furnace *s* Schachtofen *m*

shaft pinion *s* Schaftritzel *n*

shaft stub *s* Wellenstumpf *m*

shake *v.t.* rütteln

shake *s* (e. Lehre:) Spiel *n*; (Holz:) Riß *m*

shaking screen *s* Schüttelsieb *n*, Schwingsieb *n*

shaking table *s (concrete)* Rütteltisch *m*

shaking trough *s* Schüttelrinne *f*

shaky *a.* (Holz:) kernrissig

shale *s* Schiefer *m*

shale oil *s* Schieferöl *n*

shallow cut digging *s* Flachbaggerung *f*

shallow-form *v.t. (cold work)* napfziehen

shank *s* Schaft *m*

shank ladle s *(founding)* Gabelpfanne f
shank tool s Schaftwerkzeug n
shank-type cutter s Schaftfräser m
shank-type keyway cutter s Nutenfräser m
shank-type tool s Schaftmeißel m
shape v.t. *(metal cutting)* stoßen, waagerechtstoßen, hobeln; *(cold work)* formgeben, formen, profilieren, verformen, umformen; *(woodw.)* fräsen
shape by the generating method, wälzstoßen
shape s Form f, Gestalt f; Profilteil n
shaped knurl, Formrändel n
shaped part, Formteil n, Profilteil n
shaped plate, Formblech n
shape flowing s spanlose Formgebung
shaper s Waagerechtstoßmaschine f
shaper cutter s Schneidrad n
shape roll s Profilwalze f
shape rolling mill s Profilwalzwerk n
shaping s *(metal cutting)* Waagerechtstoßen n; *(cold work)* Verformung f, Umformung f, Formgebung f, Formung f; *(woodw.)* Fräsen n
shaping length s Hobellänge f
shaping machine s Waagerechtstoßmaschine f
shaping pass s *(rolling)* Fertigstich m; *(rolling mill)* Formkaliber n
shaping stroke s Hobelstrich m
shaping tool s Hobelmeißel m
shaping width s Hobelbreite f
shared channel, *(radio, telev.)* Gemeinschaftswelle f
sharp adjustment, Scharfeinstellung f
sharp bend, Knick m
sharpen v.t. schärfen, schleifen
sharpness s Schärfe f

sharp thread, Spitzgewinde n
sharp tuning, *(radio)* Scharfeinstellung f, Feinabstimmung f
shatter crack s Zerschmiedungsriß m
shave v.t. *(mach.)* schaben
shaving cutter s Schabfräser m
shear v.t. scheren, schneiden, beschneiden, abschneiden; (Walzgut:) besäumen
shear s Schere f; *(mat.test.)* Schub m; (e. Maschinenbettes:) Wange f
SHEARING ~ (action, crack, deformation, die, effect, force) Abscher~
shearing strength s Scherfestigkeit f Schubfestigkeit f
shear pin s Abscherstift m, Abscherbolzen m, Scherstift m
shear-pin clutch s Abscherkupplung f
shear stress s Scherspannung f, Scherbeanspruchung f, Schubspannung f
shear test s Scherversuch m
shear value s Abscherwert m
sheath v.t. verkleiden
sheath s (Kabel:) Mantel m
sheathed cable, bewehrtes Kabel
sheathed electrode, ummantelte Elektrode
sheathed hose, ummantelter Schlauch
sheathing s Ummantelung f
sheath splitting knife s (für Kabel:) Messer n
sheave s (Seil:) Scheibe f; (Kette:) Rolle f
sheet v.t. *(building)* verschalen
sheet s Blatt n; *(techn.)* Blechtafel f; Feinblech n
sheet suitable for presswork, Preßblech n
SHEET ~ (bending machine, bordering machine, brass, doubling machine, furnace, gage, leveller, pack, pack heating

furnace, polishing machine, rolling, rolling mill, strip) Blech~

sheet bar s *(met.)* Platine f

sheet bar rolling mill s Platinenwalzwerk n

sheet bar shear s *(rolling mill)* Platinenschere f

sheet gasket s Scheibendichtung f

sheet glass s Tafelglas n

sheeting s Blechverkleidung f; *(building)* Spundung f, Verschalung f

sheeting driver s Spundwandramme f

sheet lead s Bleiblech n, Walzblei n

SHEET METAL ~ (cage, folding, machine, gage, guard, stamping, strip, template, trough, worker, working machine) Blech~

sheet metal articles pl. Blechwaren f pl.

sheet metal container s Blechpackung f

sheet metal goods pl. Blechwaren f pl.

sheet mill stand s Feinblechgerüst n

sheet pile s Spundbohle f

sheetpile driving s Spundwandrammung f

sheet roll s Feinblechwalze f

sheet rolling train s Feinblechstraße f, Feinstraße f

sheet steel housing s Blechmantel m

shell s (Kessel:) Mantel m; *(electron.)* Schale f, Hülle f; *(founding)* Randzone f

shellac s Schellack m

shell casting s Maskengußstück n

shell core s *(shell molding)* Maskenkern m

shell end mill s Walzenstirnfräser m, Aufsteckfräser m, Stirnfräser m

shell-mold v.t. maskenformen

shell mold s Maskenform f, Formmaske f

shell-molded casting s Formmaskenguß m, Maskengußstück n

shell molding s Schalengußverfahren n

shell molding machine s Maskenformmaschine f

shell molding process s Formmaskenverfahren n

shell molding-type foundry s Maskenformgießerei f

shell reamer s Aufsteckreibahle f

shell-sand s Muschelsand m

shelly limestone, Muschelkalk m

shelving rack s Regal n

sherardizing s Pulververzinkung f, Staubverzinkung f

shield v.t. abschirmen

shield s Schutzschild n; Schutzblech n; *(magn.)* Schirm m

shielded arc welding, Schutzgasschweißung f, verdecktes Lichtbogenschweißen

shielding plate s *(welding)* Schutzschiene f

shift v.t. verschieben, versetzen; (Hebel:) verstellen, schalten; (Riemen:) umlegen

shift s Verschiebung f, Versetzung f; (Arbeit:) Schicht f; (Hebel:) Schaltung f; *(electr.)* Verschiebung f; *(milling)* Umschlag m; *(radio)* Verwerfung f

SHIFT ~ (code, instruction, mechanism, register) Umschalt~, Verschiebe~, Schiebe~

shift drilling s Umschlagbohren n

shifter s (Riemen:) Umleger m

shifting s Verschiebung f

shifting motor s Verstellmotor m

shim v.t. (mit Blech:) unterlegen

shim s Unterlagblech n, Blecheinlage f; Distanzscheibe f

shine v.i. leuchten, strahlen

shingle s *(building)* Schindel f

shingle nail s Dachschindelnagel m
shipbuilding s Schiffbau m
shipbuilding bulb angle s Schiffbau-Wulstwinkel m
shipbuilding plate s Schiffsblech n
ship propeller s Schiffsschraube f
shock s (mech.) Stoß m, Schlag m
shock absorber s Stoßdämpfer m, Stoß-fänger m; (auto.) Schwingungsdämpfer m
shock absorber spring s Dämpfungsfe-der f
shock excitation s Stoßerregung f
shock hazard s Berührungsgefahr f
shockless a. stoßfrei
shock wave s (explosive metal-forming) Druckwelle f, Stoßwelle f
shoe s (Bremse, Setzstock:) Backe f
shoot v.t. (concrete) sprengen
shop s Werkstatt f; Betriebshalle f; Anstalt f; Betrieb m; Fabrik f
shop accident s Betriebsunfall m
shop test s Werkstattmessung f
shore v.t. (building) abstützen, absteifen
short-brittle a. faulbrüchig
short-circuit v.t. kurzschließen
short circuit s Kurzschluß m
SHORT-CIRCUIT ~ (armature, current, period, power, voltage) Kurzschluß~
short-cycle annealing s Kurzzeittempe-rung f
short-distance reception s (radio) Nah-empfang m
shorten v.t. kürzen, abkürzen
shortness s Brüchigkeit f, Faulbrüchigkeit f
short taper, Kurzkegel m
short test bar, Kurzstab m
short thread, Kurzgewinde n

short-time test s Kurzzeitversuch m, Kurz-versuch m
shot s Granalien fpl.; Stahlkies m; Schrot-kugeln fpl.
shot backup s (shell molding) Stahlsand-hinterschüttung f
shot-blast v.t. freistrahlen, kugelstrahlen
shot-firing cable s (civ.eng.) Zündkabel n
shot-peen v.t. kugelstrahlen
shot welding s Momentschweißung f
shoulder v.t. (metal cutting) absetzen
shoulder s (techn.) Absatz m, Schulter f; (e. Lagers:) Bord n; (e. Welle:) Ansatz m, Bund m, Abstufung f
SHOULDER ~ (forging, milling, turning) Ansatz~
shoulder grinding s Rundschleifen n, An-schlagschleifen n
shouldered p.a. abgesetzt
shouldered shaft, Absatzwelle f
shovel s Baggerlöffel m, Schaufel f
shovel crane s Baggerkran m, Kranbagger m
shovel excavator s Löffelbagger m
shrink v.i. schwinden; schrumpfen
shrink on v.t. warmaufziehen, auf-schrumpfen
shrinkage s Schwindung f, Schrumpfung f
shrinkage allowance s Schwindmaßzuga-be f
shrinkage crack s Schwindungsriß m, Schrumpfriß m
shrinkage shake s (Holz:) Schwindriß m
shrink fit s Schrumpfpassung f, Edeltreib-sitz m
shrinkhole s (met.) Schwindhohlraum m, Lunker m
shrinking s Schwinden n, Schrumpfen n; (founding) Lunkern n

shrink rule s Schwindmaß n

shrouded contact plug, Schutzkontaktstecker m, Schukostecker m

shunt v.t. (electr.) parallelschalten; überbrücken; (railw.) rangieren

shunt s (electr.) Nebenschluß m, Parallelschaltung f; (railw.) Nebengleis n

shunt capacitor s Parallelkondensator m

shunt characteristic s (electr.) Nebenschlußverhalten n

shunt element s (tel.) Querglied n

shunt field winding s Nebenschlußwicklung f

shunt generator s Nebenschlußstromerzeuger m

shunt inductor s Paralleldrossel f

shunting locomotive s Rangierlokomotive f

shunting movement s Rangierbewegung f

shunting tower s Rangierstellwerk n

shunt-wound motor, Nebenschlußmotor m

shut-down s (e. Betriebes:) Stillegung f

shut off v.t. absperren

SHUTOFF ~ (cock, slide gate, valve) Absperr~

shutter v.t. (building) einschalen, verschalen

shutter s (photo.) Verschluß m

shuttering s (building) Verschalung f, Schalung f

shuttering board s Verschalungsbrett n, Schalbrett n

shuttle service s Pendelverkehr m

siccative s Sikkativ n

side s Seite f; (e. Gewindes:) Flanke f; (e. Winkels:) Schenkel m

side band s (radio) Seitenband n

side bar s (e. Kette:) Lasche f, Steg m

side-blown converter, seitlich blasender Konverter

sidecar s (motorcycle) Beiwagen m

sidecar jack s (auto.) Seitenwagenheber m

side carriage s (lathe) Seitensupport m

sidecar rider s (motorcycle) Beifahrer m, Mitfahrer m

side cutting plier s Seitenschneider m

side cutting tool s Seitenmeißel m

side discharge car s Seitenentleerer m, Seitenkipper m

side-dump truck s Seitenkipper m

side elevation s Seitenriß m

side lamp s (auto.) Positionsleuchte f

side match line s (forging) Gesenkführung f

side milling cutter s Scheibenfräser m

side reflector s (auto.) Seitenstrahler m

side seaming machine s Längsfalzmaschine f

side toolbox s (grinder) Seitensupport m

side view s Seitenansicht f

sideways adv. seitlich

siding s (railw.) Gleisanschluß m

Siemens-Martin-steel s Siemens-Martin-Flußstahl m

sieve v.t. sieben

sieve s Sieb n

sift v.t. durchsieben

sight v.t. (opt.) anvisieren, visieren

sight distance s Sichtweite f

sight-feed lubricator s Öltropfgefäß n

sight-glass s Schauglas n

sighting device s Visiereinrichtung f

sighting microscope s Anvisiermikroskop n

sight rail s (surveying) Visiergerüst n

sight-seeing car *s* Rundfahrtwagen *m*

sign *s* Zeichen *n; (math.)* Vorzeichen *n*

signal *s* Zeichen *n,* Signal *n;* Kommando *n*

SIGNAL~ (excitation, frequency, generator, level, line, regeneration, scanner, suppression, transformation) Signal~

signal beams *s (radar)* Peilstrahl *m*

signal engineering *s* Schwachstromtechnik *f*

signal generator *s* Meßsender *m*

signal lamp *s* Merklampe *f,* Warnlampe *f*

signal level *s (radio)* Zeichenpegel *m*

signalling *s* Kommandogabe *f; (railw.)* Signalwesen *n*

signal strength *s (radio)* Lautstärke *f*

signal voltage *s* Eingangsspannung *f,* Empfangsspannung *f*

silence *s (radio)* Stille *f*

silencer *s (motorcycle)* Auspufftopf *m*

silent chain, Zahnkette *f*

silent chain drive, Zahnkettentrieb *m*

silent running, (e. Getriebes:) ruhiger Lauf

silica brick *s* Silikastein *m*

silicate slag *s* Silikatschlacke *f*

silico-manganese steel *s* Mangansiliziumstahl *m*

silicon *s* Silizium *n*

silicon blow *s (steelmaking)* Warmblasen *n*

siliconize *v.t. (met.)* aufsilizieren

sill *s (building)* Schwelle *f,* Bodenschwelle *f; (e. Schmelzofens:)* Türschwelle *f*

silo *s* Silo *m*

silver extraction *s* Silbergewinnung *f*

silver foil *s* Silberfolie *f*

silver refinery *s* Silberscheideanstalt *f*

silver steel *s* Silberstahl *m*

simplex phantom circuit *s (data syst.)* Kunstschaltung *f*

simplex telegraphy, Einfachtelegrafie *f*

simplify *v.t.* vereinfachen

single-acting *a.* einfachwirkend

single-armature converter, Einankerumformer *m*

single-beam trolley, Einschienenlaufkatze *f*

single-bevel butt weld, Einfach-V-Naht *f*

single-bit axe, Spaltaxt *f*

single-cam operated automatic turret lathe, Einkurvenautomat *m*

single-circuit receiver, Einkreisempfänger *m*

SINGLE-COLUMN ~ (construction, gang drilling machine, jig boring machine, model, slotting machine, tire boring mill, vertical turret lathe) Einständer~

single conductor, *(electr.)* Einzelleiter *m*

single-cone pulley, (Riementrieb:) Einscheibe *f*

single-contact switch, einpoliger Schalter

single-core *a. (electr.)* einadrig

single-core cable, Einleiterkabel *n*

single-cycle method, Einzelverzahnung *f*

single-cylinder engine, Einzylindermotor *m*

single dial control, *(radio)* Einknopfabstimmung *f*

single earth, Einfacherdschluß *m,* Einzelerdschluß *m*

single-ended *a.* einseitig

single-ended spanner, Einfachschlüssel *m*

single-flank tool, Einflankenwerkzeug *n*

single-groove sheave, *(rope drive)* Einrillenscheibe *f*

single-head engineers' wrench, Einfachschlüssel *m*

single indexing, Einfachteilen *n*

single indexing error, Einzelteilungsfehler *m*

single-J butt weld, J-Naht *f*

single-jet blowpipe, Einflammenbrenner *m*

SINGLE-LEVER ~ (control, engagement, gear shifting, locking, selector) Einhebel~

single-lip cutter, *(engraving)* Frässtichel *m*

single-passage crusher, Einstufenzerkleinerer *m*

single-phase *a.* einphasig

SINGLE-PHASE ~ (alternating current, current, generator, induction motor, locomotive, motor, rectifier, transformer, winding) Einphasen~

single-piece work, Einzelfertigung *f*

single-plate clutch, Einscheibenkupplung *f*

single-point cutting tool, Einzahnmeißel *m*

single-pulley drive, Einscheibenantrieb *m*

SINGLE-PURPOSE ~ (lathe, machine, machine tool, milling machine) Einzweck~

single-ram broaching machine, Einstößelräummaschine *f*

single-rib grinding wheel, Einprofilschleifscheibe *f*

single-row ball bearing, einreihiges Kugellager

single-row grooved-type ball bearing, Radiaxlager *n*

single-row spot welding, Reihenpunktschweißung *f*

SINGLE SIDE-BAND ~ (modulation, receiver, telephony, transmission, transmitter) Einseitenband~

single-sleeve valve engine, *(auto.)* Einschiebermotor *m*

SINGLE-SPINDLE ~ (automatic machine, drilling machine, full automatic, machine, manufacturing-type milling machine, milling machine, semi-automatic lathe) Einspindel~

single-stage *a.* einstufig

single-stand mill, eingerüstiges Walzwerk

single thread, eingängiges Gewinde

single thrust ball bearing, Längskugellager *n*

SINGLE-TOOTH ~ (chaser, clutch, feed, indexing, operation) Einzahn~

single-track *a.* eingleisig

single-U butt joint, *(welding)* U-Stoß *m*

single-U butt weld, Tulpennaht *f,* U-Naht *f*

single-unit circuit, *(electr.)* Blockschaltung *f*

single-V-butt weld, V-Naht *f,* V-Stoß *m*

single-way switch, Einwegschalter *m*

sink *v.t. (civ. eng.)* abteufen; (Rohre:) ziehen

sinkhead *s (founding)* Gießkopf *m,* verlorener Kopf, Saugmassel *f*

sinter *v.t.* sintern, rösten, brennen; – *v.i.* sintern, verschlacken; festbrennen

sinter *s* Sinter *m*

sintered carbide metal, Sinterhartmetall *n*

sintered-powder metal, Sintermetall *n*

sintering plant *s* Sinteranlage *f*

sinter roasting *s* Sinterröstung *f*

siphon off *v.t.* (Flüssigkeiten:) abziehen

siphon *s* Saugheber *m*

site *s (building)* Platz *m,* Terrain *n,* Stelle *f*

site engineer *s* Bauleiter *m*

site office s Baubüro n
situation s Lage f; Stellung f
six-cylinder engine, Sechszylindermotor m
six-lane highway, sechsspurige Autostraße
six-spindle automatic machine, Sechsspindelautomat m
six-wheeler end tipper, Dreiachshinterkipper m
six-wheeler tractor, Dreiachssattelzugmaschine f
six-wheeler truck, Dreiachslastkraftwagen m
size v.t. (cold work) maßprägen; kalibrieren; (Holz:) abrichten; (Erz, Kohle, Sand:) klassieren
size s Größe f, Baugröße f; Maß n, Abmessung f, Dimension f
size across flats, Maß n über Eck
size allowance s Maßzugabe f
size control s Maßüberwachung f, Maßkontrolle f
size grinding s Maßschleifen n
size line s Strichmarke f
size tolerance s Maßtoleranz f
sizing s Maßprägen n; Abrichten n; Klassierung f; (grinding) Maßsteuerung f
sizing attachment s Maßschleifeinrichtung f
sizing balance s Sortierwaage f
sizing die s Feinzugmatrize f
sizing press s Kalibrierpresse f
sizing roll s (rolling mill) Maßwalze f
skeleton frame-type motor s Einbaumotor m
skeleton structure s Skelettbau m
skelp s (rolling) Röhrenstreifen m
sketch s Abriß m, Skizze f

skew a. schief, windschief
skew gear s Schraubrad n
skew gear transmission s Schraubgetriebe n
skid v.i. (auto.) schleudern
skid s (e. Stoßofens:) Gleitschiene f
skidding risk s (auto.) Rutschgefahr f
skid-proof a. gleitsicher
skid track s (auto.) Bremsspur f
skill s Fertigkeit f
skilled a. sachkundig
skim v.t. (Schlacke:) abstreichen
skimmer s (Schlacke) Abstreifer m
skin s (founding) Gußhaut f
skin pass mill s Dressierwalzwerk n
skin turning tool s Schälmeißel m
skip car s Kippkübel m
skip-charging s (blast furnace) Kippgefäßbegichtung f
skip feed s (e. Maschinentisches:) Sprungvorschub m
skip-filling s (blast furnace) Kippgefäßbegichtung f
skip hoist s Kippgefäßaufzug m
skive v.t. Schneckenräder:) schälen
skiving tool s Schälmeißel m
skull s (e. Konverters:) Mündungsbär m
skylight s (building) Oberlicht n
skyway s Hochstraße f
slab v.t. (mtal cutting) schälen
slab s (building) Platte f; Plattenbalken m; (met.) Rohbramme f; (plastics) Tafel f
SLAB ~ (charging machine, heating furnace, shears) Brammen~
slab billet s (met.) Flachknüppel m
slabbing mill s Brammenwalzwerk n
slabbing mill train s Brammenstraße f
slab ingot s (met.) Bramme f

slab-mill v.t. walzfräsen, schälfräsen, walzen

slab milling cutter s Walzfräser m, Schälfräser m

slab zinc s Plattenzink n

slack a. (Riemen, Seil:) schlaff

slack s Kohlengrus m; (e. Riemens:) Durchhang m

slacken v.t. abschwächen; (e. Feder:) entspannen, lockern; (e. Schraube:) lösen

slack lime s gelöschter Kalk

slackness s gelöschter Kalk

slackness s (e. Lagers:) Luft f, Spiel n

slag v.t. Schlacke abziehen; – v.i. verschlacken.

slag s Schlacke f, Asche f

SLAG ~ (brick, conrete, dump, inclusion, ladle, notch, pit, pumice, sand, spout, wool) Schlacken~

slag cement s Schlackenzement m Hüttenzement m

slag-forming period s (Birnenbetrieb) Verschlackungsperiode f

slake v.t. (Kalk:) löschen

slaking pit s Kalkgrube f

slaking slag s Zerfallschlacke f

slat s Latte f; Leiste f

slate s Schiefer m

slate roof s Schieferdach n

sleeper s (railw.) Schienenwelle f

sleeper bedding s Gleisbettung f

sleeper laying machine s Schwellenverlegemaschine f

sleeve s Hülse f, Buchse f; Muffe f; (lathe) Pinole f; (radial) Drehmantel m

sleeve brick s (e. Stopfenpfanne:) Lochstein m

sleeve coupling s Muffenkupplung f

sleeve-type engine s ventilloser Motor

slewing construction crane s Baudrehkran m

slewing crane s Drehkran m

slicing machine s (met.) (Gußblöcke:) Teilmaschine f

slide v.i. gleiten

slide s (power press) Stößel m

slide s (e. Räummaschine:) Stößel m; (e. Stanzpresse:) Preßstempel m; (e. Werkzeugmaschine:) Schlitten m, Schieber m

slide caliper rule s Schieblehre f, Schublehre f

slide rail s (Motor:) Spannschiene f

slide rest s (lathe) Support m

slide rule s Rechenschieber m

slide valve s Schieber m, Ventil n

slideways pl. Gleitbahn f

slide wire s (electr.) Schleifdraht m

slide-wire bridge s Schleifdrahtmeßbrücke f

slide-wire potentiometer s (electr.) Schleifdrahtkompensator m

SLIDING ~ (bearing, clutch, door, fit, gear, gear drive, gear shaft, key, resistance, roof, seat, shaft, table, window) Gleit~

sliding block s Kulissenstein m

sliding contact s Schleifkontakt m

sliding contact line s Schleifleitung f

sliding feed s (mach.) Leitvorschub m, Längsvorschub m

sliding jaw s Gleitbacke f

sliding shoe s Gleitschuh m

sliding T-bevel s Stellschmiege f

sliding ways pl. Gleitbahn

slime v.t. (Erze:) schlämmen

slime s (Elektrolysenbetrieb) Schlamm m, Trübe f

sling chain s Schlingkette f
slinger s *(foundry)* Schleuderformmaschine f
slip *v.i.* gleiten, rutschen
slip forward *v.i.* (Walzgut:) voreilen
slip into *v.t.* einschieben
slip s Schlupf m, Rutsch m
slip casting s *(founding)* Sturzgußverfahren n
slip gage s Meßblock m
slip gear s Schiebezahnrad n
slip line s *(forging)* Gleitlinie f
slippage s Schlupf m
slippery sett paving s Rutschpflaster n
slip plane s *(cryst.)* Gleitfläche f
slip-proof a rutschfest
slip regulator s Schlupfregler m
slip ring s *(electr.)* Schleifring m
SLIP-RING ~ (armature, current, rotor, starter, voltage) Schleifring~
slip-ring induction motor s Schleifringläufermotor m
slit s Schlitz m
slitting cutter s Schlitzfräser m
slivers *pl.* Walzsplitter *mpl.*
slope s Neigung f, Schräge f, Abfall m; *(electron.)* Steilwert m
sloping bench s Schrägrampe f
sloping loop channel s *(rolling mill)* Tieflauf m
slopping s (e. Konverters:) Auswurf m
slot *v.t.* schlitzen; nuten; *(metal cutting)* stoßen; hobeln; *(woodw.)* langlochen
slot s Schlitz m, Kerbe f; Langloch n
slot and key, Feder und Nut
slot meter s Münzzähler m
slotted grub screw, Gewindestift m mit Schlitz
slotted link *(kinematics)* Kulisse f

slotted round nut, Nutmutter f, Schlitzmutter f
slotter s Senkrechtstoßmaschine f; s. a. slotting machine
slotting cutter s Schlitzfräser m, Nutenfräser m
slotting machine s *(mach.)* Stoßmaschine f, Senkrechtstoßmaschine f; *(woodw.)* Langlochbohrmaschine f
slotting saw s Schlitzsäge f
slotting tool s Nutenmeißel m; Stoßmeißel m
slot welding s Dübelschweißung f
slow down *v.t.* drosseln, abdrosseln; verzögern; – *v.i.* (Drehzahlen:) auslaufen
slow-down time s Auslaufzeit f
slowing down s *(auto.)* Auslauf m
slow-motion camera s *(photo.)* Zeitdehner m
slow-motion picture s Zeitlupenaufnahme f
sludge s Klärschlamm m, Trübe f; *(grinding)* Schleifschlamm m
slug s *(forging)* Stangenabschnitt m, Knüppelabschnitt m
sluice *v.t.* *(hydr.eng.)* einspülen
sluice gate s *(hydr.eng.)* Schütz n
slurry s Schlämme f, Trübe f
small batch production, Kleinserienfertigung f
small-end bearing, *(auto.)* Kolbenbolzenlager n
small hardware, Kleineisenwaren *fpl.*
small hardware industry, Kleineisenindustrie f
small ironware, Kleineisenwaren *fpl.*
small-section rolling mill, Feinstahlwalzwerk n
small-sized factory, Kleinbetrieb m

small tool, Handwerkzeug n

small truck, Kleinlastkraftwagen m

smash v.t. zertrümmern; einschlagen

smashing s (nucl.) Zertrümmerung f

smelt v.t. erschmelzen, schmelzen; verhütten

smelt down v.t. (Erze:) niederschmelzen

smelting s Verhüttung f

smelting plant s Schmelzhütte f, Hütte f

smith v.t. schmieden (von Hand)

smith s Schmied m

smith forging s (operation:) Freiformschmieden; (product:) Freiformschmiedestück n

smith's shop s Schmiedewerkstatt f

smithy s Schmiedewerkstatt f

smoke s Rauch m, Qualm m

smooth a. glatt; ruckfrei; ruhig

smooth v.t. ebnen, glätten; planieren; schlichten; polieren

smoothing s (electr.) Glättung f

smoothing capacitor s Glättungskondensator m

smoothing iron s Bügeleisen n

smoothing rolls pl. Glättwalzwerk n

smooth plane s Schlichthobel m

snag v.t. grobschleifen

snaker s (forging) Vorkröpfgesenk n, Kröpfgesenk n

snap die s Nietkopfsetzer m, Döpper m

snap flask f (foundry) Abziehformkasten m

snap gage s Rachenlehre f; Tasterlehre f

snap head die s Nietstempel m; Schließkopfgesenk n

snap hook s Karabinerhaken m

snapshot s Momentaufnahme f

snap tool s Schellhammer m

snarly chip, Wirrspan m

snow chain s Schneekette f

snug fit s Paßsitz m

soak v.t. tränken, durchweichen; (met.) durchwärmen; – v.i. quellen

soaking s Durchweichung f, Durchtränkung f; (met.) Ausgleichsglühen n

soaking pit s (met.) Ausgleichsgrube f, Wärmegrube f, Tiefofen m

soaking zone s (e. Temperofens:) Heißtemperaturzone f

soap solution s Seifenlösung f

socket s (electr.) Dose f; (e. Kontaktanschlusses:) Sockel m; (e. Kabels:) Schuh m; (Rohr:) Muffe f; Stutzen m

socket with shrouded contacts, Kragensteckdose f

socket coupler s Kupplungssteckdose f

socketed pressure pipe, Muffendruckrohr n

socket head cap screw s Innensechskantschraube f

socket pipe s Muffenrohr n

socket screw wrench s Stiftschlüssel m

socket switch s Sockelschalter m, Fassungsschalter m

socket wrench s Aufsteckschlüssel m, Steckschlüssel m

soda s Soda n

soda solution s Sodalösung f

soda waterglass s Natronwasserglas n

sodium s Natrium n

sodium bicarbonate s Natron n

soft-anneal v.t. weichglühen, ausglühen

soft center steel sheet, Dreilagenstahlblech n

soften v.t. enthärten; (Werkblei:) vorraffinieren; – v.i. erweichen

softener s Weichmacher m

softening furnace s Vorraffinierofen m

softening point s Erweichungspunkt m

soft iron oscillograph, Dreheisenoszillograph m
soft lead, Weichblei n
soft skin, Weichhaut f
soft soap, Schmierseife f
soft solder, Weichlot n
soft steel, Flußstahl m
software s (data syst.) Programmausstattung f, Programmausrüstung f
softwood s Weichholz n
soil v.t. verschmutzen, verunreinigen
soil s Erdboden m, Erde f, Boden m
soil boring machine s Erdbohrmaschine f
soil corrosion s Bodenkorrosion f
soil mechanics pl. Bodenmechanik f
solar energy, Sonnenenergie f
solder v.t. weichlöten, löten
solder s Lot n
solderable a. lötbar
soldering copper s Lötkolben n
soldering fluid s Lötwasser n
soldering flux s Lötflußmittel n
soldering salt s Lötsalz n
soldering torch s Lötlampe f
solenoid s Spule f; Schaltmagnet m
solenoid-controlled valve, Elektromagnetventil n
solenoid switch s Magnetschalter m
solenoid valve s Magnetventil n
solid a. voll, massiv; fest; stabil
solid s Festkörper m
solid brick, Backstein m
solid casting, Vollguß m
solid construction, Vollwandkonstruktion f
solid expansion reamer, Spreizreibahle f
solid geometry, Raumgeometrie f
solidification s Erstarrung f
solidification point s Erstarrungspunkt m

solidify v.i. erstarren
solidifying process s (e. Klebstoffes:) Verfestigung f
solid-injection engine s Strahleinspritzmotor m
solid rope, Vollseil n
solid rubber tire (or tyre), (auto.) Elastikbereifung f
solid shaft, Vollwelle f
solid solution, Mischkristall n
solid tire (or tyre), Vollgummireifen m
solubility s Löslichkeit f
soluble oil, Bohröl n
solution s Lösung f, Auflösung f
solvent s Lösungsmittel n
sonic barrier, Schallgrenze f
soot v.i. verrußen
soot s Ruß m
sort v.t. sortieren, klassieren
sorter s Sortierer m
sorting s Sortieren n; (Erz, Kohle:) Klassierung f; Auslesepaarung f
sorting table s Klaubetisch m
sound v.i. tönen; – v.t. (auto.) hupen; (Echolot:) peilen
sound-absorbing p.a. schallschluckend, schalldämpfend
sound distortion s Lautverzerrung f
sound level s Lautstärke f
sound level meter s Lautstärkemesser m
sound ranging s Schallortung f, Horchortung f
sound reproduction s Tonwiedergabe f
sound vibration s Schallschwingung f
sound volume amplifier s Lautverstärker m
sound wave s Schallwelle f
source of power, Energiequelle f
source of trouble, Störquelle f

sow s *(met.)* Masselgraben m
space s Raum m; Abstand m; Lücke f
space charge s Raumladung f
space charge grid s Raumladungsgitter n
space geometry s Raumgeometrie f
space-lattice s *(cyst.)* Raumgitter n
space navigation s Raumluftschiffahrt f
spacer s Unterlegscheibe f, Abstandscheibe f, Zwischenlage f
space radiation s Raumstrahlung f
space ship s Raumschiff n
space-time s Raumzeit f
space vehicle s Raumfahrzeug n
spacing s Abstand m; Teilung f in gleichen Abständen
spacing collar s Beilegering m; *(milling)* Fräsdornring m
spade s Spaten m
span v.t. *(building)* überbrücken
span s Spannweite f; Stützweite f
spanner s Schraubenschlüssel m, Bedienungsschlüssel m
span wire s Spanndraht m
spar s Spat m
spare v.t. schonen
SPARE ~ (fuse, lamp, line, part, tire) Ersatz~
spare battery s Reservebatterie f
spare parts service s Ersatzteildienst m
spark v.i. funken
spark s Funke m
spark cutting process s Sparcatron-Verfahren n
spark discharge toughening s Funkenhärtung f
spark erosion s Elektroerosion f
spark frequency s Funkenfrequenz f
spark-gap s Funkenstrecke f

sparking s Funkenbildung f; (e. Kohlebürste:) Feuer n
sparking plug s Zündkerze f; s.a. spark plug
sparking plug cleaner s Zündkerzenreiniger m
sparking plug wrench s Zündkerzenschlüssel m
spark-machine v.t. elektrobearbeiten, erodieren
spark machining s elektroerosive Metallbearbeitung, Funkenerosion f
sparkover s *(electr.)* Funkenüberschlag m, Überschlag m
spark-over voltage s Überschlagsspannung f
spark plug s Zündkerze f, Kerze f
spark quenching condenser s Funkenlöschkondensator m
spark setting s *(auto.)* Zündeinstellung f
spark transmitter s Funkensender m
sparry gypsum s Gipsspat m
sparry limestone s Schieferkalk m
spar varnish s Bootslack m
spathic iron ore, Spateisenstein m
spatial a. räumlich
spatter s Spritzer m
spatter loss s *(welding)* Spritzverlust m
speaking circuit s *(tel.)* Sprechkreis m
specialist engineer s Fachingenieur m
special section, Spezialprofil n
specification s Vorschrift f; (Patent:) Beschreibung f, Schrift f; – pl. (e. Werkzeugmaschine:) Hauptabmessungen fpl.
specific gravity s Wichte f; Dichte f; Raumgewicht n
specify v.t. spezifizieren
speckled a. meliert

spectrum analysis s Spektralanalyse f

specular pig iron, Spiegeleisen n

speed s Geschwindigkeit f; Drehzahl f; (auto.) Gang m; (Getriebe:) Stufe f

SPEED ~ (adjustment, change, characteristics, chart, feed selector, indicator, plate, progression, range, rate, reduction, regulator, reversal, selection, switch, variation) Drehzahl~

speed buffer s (data syst.) Synchronzuordner m

speed change gears pl. (gearing) Schaltgetriebe n

speed control s Drehzahlregelung f, Drehzahlschaltung f, Drehzahlsteuerung f

speed counter s Drehzahlzähler m

speeder s Radmutterkurbel f

speed governor s Geschwindigkeitsregler m, Drehzahlregler m

speedometer s (auto.) Drehzahlmesser m, Tachometer n, Geschwindigkeitsmesser m, Tourenzähler m

speedometer light s (auto.) Tachometerleuchte f

speedometer-odometer s (auto.) Tachometer n mit Kilometerzähler

speed rate increment s (von Drehzahlen:) Geschwindigkeitsstufung f

speed reduction gear s Untersetzungsgetriebe n, Reduziergetriebe n

spelter s Hartlot n, Hartzink n

spelterizing s Hartverzinkung f

sphere s (geom.) Kugel f; Bereich m

spherical a. kugelig

spherical end measuring rod, Kugelendmaß n

spherical head rivet, Halbrundniet m

spherical indentation, Kalotte f

spherical roller bearing, Tonnenlager n

spherical triangle, Gleichdick n

spheroidal graphite cast iron, Sphäroguß m

spheroidize v.t. pendelglühen

spherolitic cast iron, Sphäroguß m, Kugelgrafitguß m

spider s (e. Ankers:) Nabe f; (e. Bremse:) Spinne f; (Pol:) Stern m

spider line s Fadenstrich m

spigot s Zapfen m

spigot and socket joint, Muffenverbindung f

spike maul s Nagelhammer m

spill s (founding) Kaltschweiße f

spin v.t. (Bleche:) drücken, kaltdrücken, metalldrücken, streckdrücken; (Hebel:) andrücken

spin s (nucl.) Spin m; (phys.) Drall m; (Seil:) Schlag m

SPIN ~ (angular momentum, direction, distribution, doubling, electron, energy, momentum, orbit) Spin~

spindle s Spindel f; (e. Ankers:) Achse f; (e. Kreissäge:) Welle f; (e. Revolverkopfes:) Schaltachse f

SPINDLE ~ (bearing, brake, collar, gear, gearing, housing, oil, quill, shank, speed, stop, stroke) Spindel~

spindle carriage s (miller) Ständerschlitten m

spindle head s (lathe) Spindelkopf m

spindle molder s (woodw.) Tischfräsmaschine f

spindle nose s Spindelkopf m, Spindelnase f, Spindelende n

spindle slide s (boring mill) Ständerschlitten m; (miller) Frässchlitten m

spinning lathe s Fließdrehmaschine f, Drückbank f

spiral *a.* spiralig, drallförmig, wendelförmig

spiral *s* Spirale *f*, Drall *m*, Wendel *m*

SPIRAL ~ (antenna, bevel gear, flute, grinding, orbit, spring, tooth) Spiral~

spiral gear *s* Spiralzahnrad *n*; (auch, weniger genau:) Schrägzahnrad *n*

spiral knurling *s* Kordelung *f*

spiral ratchet drill *s* Drillbohrer *m*

spiral tooth system *s* Bogenverzahnung *f*

spirit level *s* Wasserwaage *f*

spirit level clinometer *s* Libellenwinkelmesser *m*

spirit stain *s* Spiritusbeize *f*

spirit varnish *s* Spirituslack *m*, Spritlack *m*

splash guard *s (mach.)* Spritzblech *n*, Schmutzfang *m*

splash lubrication *s* Tauchschleuderschmierung *f*, Spritzschmierung *f*

splash-proof enclosure, Spritzwasserschutz *n*

splice *v.t.* (e. Seil:) spleißen

spline *v.t.* (Keilwellen:) nuten, fräsen

spline *s* (e. Keilwelle:) Keilzahn *m*

spline milling machine *s* Keilverzahnungsfräsmaschine *f*

splineshaft *s* Keilwelle *f*, Nutenwelle *f*

splineshaft grinder *s* Keilwellenschleifmaschine *f*

splineshaft milling machine *s* Keilwellenfräsmaschine *f*

spline-tooth *s* (e. Keilwelle:) Keilzahn *m*

splineway *s* (e. Keilwelle:) Keilnabe *f*, Keilbahn *f*, Nut *f*

splining *s* Keilverzahnung *f*

split *v.t.* spalten; schlitzen; (e. Lager:) teilen

split bearing *s* Lagerschale *f*

split-core type transformer *s* Zangenwandler *m*

split cotter pin *s* Splint *m*

split nut *s (lathe)* Leitspindelmutter *f*, Schloßmutter *f*

split-pole motor *s* Hilfsmotor *m*

splitting *s* Spaltung *f*, Aufspaltung *f*; *(phys.)* Zertrümmerung *f*

spoil *v.t.* vernichten; beschädigen

spoke shave *s* Schabhobel *m*

spoke wheel *s* Speichenrad *n*

spoking *s (radar)* Radeffekt *m*

sponge *s* Schwamm *m*

spoon scraper *s* Löffelschaber *m*

sport car *s* Sportwagen *m*

spot *s* Ort *m*, Stelle *f*

spot-face *v.t.* nabensenken, anstirnen

spot facer *s* Nabensenker *m*, Zapfensenker *m*

spot lamp *s* Punktstrahllampe *f*

spotlight *s (auto.)* Suchscheinwerfer *m*

spot lighting *s* Punktbeleuchtung *f*

spot primer *s* Fleckspachtel *m*

spot weld *v.t.* punktschweißen

spot weld *s* Punktschweißverbindung *f*

spot welding *s* Punktschweißung *f*

spot welding electrode *s (welding)* Punktelektrode *f*

spot welding machine *s* Punktschweißmaschine *f*

spout *s (met.)* Abstichrinne *f*

spray *v.t.* sprühen, berieseln, abbrausen, abspritzen

spray carburetor *s* Düsenvergaser *m*

sprayed roughcast, *(building)* Spritzbewurf *m*

spray gun *s* Spritzpistole *f*

spraying varnish *s* Spritzlack *m*

spray nozzle *s* Spritzdüse *f*

spray wire *s* Spritzdraht *m*

spread *v.t.* verbreitern; – *v.i.* sich ausbreiten

spread and level, *(road building)* einplanieren, einebnen

spreading *s* Streuung *f*, Ausbreitung *f*

spreading machine *s (concrete)* Verteiler *m*

spring *v. i.* federn; reißen

spring *s* Feder *f*, Tragfeder *f*; Federung *f*

SPRING ~ (balance, bolt, caliper, case, contact, dividers, plate, pressure, pressure gage, seat, shackle, steel, steel wire, temper, testing machine) Feder~

spring collet chuck *s* Zangenspannfutter *n*

spring-cushioned *a.* federnd

spring-load *v.t.* federn

spring-loaded *a.* federnd

spring-loaded bolt, Federbolzen *m*

spring-loaded lever, Federhebel *m*

spring-mount *v.t.* abfedern

spring-power hammer *s (forge)* Federhammer *m*

spring suspension *s* Federgehänge *n*

spring tester *s* Federprüfgerät *n*

spring washer *s* Federring *m*, Federscheibe *f*

sprinkle *v.t.* berieseln

sprocket *s* Kettenrad *n; (bicycle)* Kettenkranz *m*

sprocket chain *s* Zahnkette *f*, Gelenkkette *f*

sprocket cutter *s* Kettenradfräser *m*

sprocket wheel *s* Kettennuß *f*

sprue *s* Gießtrichter *m*, Einguß *m*

spun concrete, Schleuderbeton *m*

spun concrete pipe, Schleuderbetonrohr *n*

spun pipe, Schleudergußrohr *n*

spur gear *s* Stirnrad *n*

spur gear hob *s* Stirnradwälzfräser *m*

spur gearing *s* Stirnradgetriebe *n*

spur gear reversing mechanism *s* Stirnradwendegetriebe *n*

spur track *s* Anschlußgleis *n*

square *a.* quadratisch, viereckig; rechtwinklig; winkelrecht; (Gewinde:) flach

square *v.t.* säumen, besäumen, beschneiden, bestoßen, kanten; *(lathe)* kantigdrehen; *(woodw.)* kantenschleifen

square *s* Quadrat *n*, Vierkant *m*, Viereck *n*

square box wrench, Vierkantschraubenschlüssel *m*

square butt weld, *(welding)* I-Naht *f*, I-Stoß *m*

square drive hole, Innenvierkant *m*

squared timber, Kantholz *n*

square file, Vierkantfeile *f*

square guide, *(lathe)* Flachbahnführung *f*

square head bolt, Vierkantkopfschraube *f*

square head coach screw, Vierkantholzschraube *f*

square ingot, *(met.)* Vierkantblock *m*

square marking gage, Winkelstreichmaß *n*

square neck carriage bolt, Schloßschraube *f*

squareness *s* Winkelgenauigkeit *f*

square-nose tool, Flachmeißel *m*

square root *s* Quadratwurzel *f*

square socket screw wrench, Vierkantstiftschlüssel *m*

square steel, Vierkantstahl *m*

square stock, Vierkantmaterial *n*

square thread, Flachgewinde *n*

square turret, Vierkantrevolverkopf *m*

squaring fence *s (woodw.)* Besäumschiene *f*

squaring machine s Beschneidemaschine f

squeeze v.t. kneten; quetschen; drücken; (cold work) prägen, pressen

squeezer s (molding) Preßformmaschine f

squeezing table s (e. Formmaschine:) Preßtisch m

squirrel cage s Käfiganker m

squirrel-cage motor s Kurzschlußankermotor m, Kurzschlußmotor m, Käfigläufermotor m

squirrel-cage rotor s Kurzschlußanker m

squirt s (lubrication) Spritze f

stability s Standfestigkeit f; Starrheit f; Stärke f, Festigkeit f; Haltbarkeit f; Stabilität f; Beständigkeit f

stabilization s Stabilisierung f

stabilize v.t. (met.) stabilisieren

stable a. beständig; stabil

stack s Schornstein m; Kamin m; (e. Hochofens:) Schacht m

stack v.t. stapeln, schichten, aufschichten

stack brickwork s Schachtmauerwerk n

stack casing s (blast furnace) Schachtpanzer m

stack gas s Rauchgas n

stacking truck s Stapelwagen m

stack lining s (blast furnace) Schachtfutter n

stage s Stufe f; Stadium n; Bühne f

stage lighting s Rampenbeleuchtung f

stagger v.t. versetzen, staffeln

staggered riveting, Zickzacknietung f

staggered rolling train, gestaffelte Walzstraße

staggered seam, (welding) Zickzacknaht f

staggered spot weld, Zickzackpunktschweißung f

staggered tooth, (gears) Stufenzahn m

stagger-feed press s Presse f mit Werkstoffzuführung im Zickzackschritt

stain v.t. (Holz:) färben, beizen

stain s Fleck m; (surface finish) Grübchen n

stainless steel, korrosionsbeständiger Stahl, rostfreier Stahl

stair tread s Treppenstufe f

stake s (e. Ambosses:) Stöckel m

stall v.t. (Motor:) abwürgen

stamp v.t. (cold work) pressen, formdrükken; stanzen; (Uhrdeckel, Knöpfe:) prägeziehen; (Erz:) pochen

stamping s (operation:) Formdrücken n; (product:) Preßling m, Preßteil n

stamping die s Stanzmatrize f, Prägestanze f, Preßform f

stamping mass s (founding) Stampfmasse f

stamping quality s Preßgüte f

stamp mill s (met.) Pochwerk n, Pochmühle f

stamp pulp s Pochtrübe f

stand s Bock m; Gestell n; Podest n; Stativ n; (mach.) Ständer m; (Masse:) Stand m; (rolling mill) Gerüst n

standard s Norm f; (mach.) Ständer m; (fig.) Maßstab m

STANDARD ~ (bore, gear unit, lathe, thread) Einheits~

standard allowance, Standardvorgabe f

standard bar, Normalstab m

standard brick, Normalziegel m

standard cost charging rate, Standardverrechnungsanteil m

standard cost flow, Standardkostenverlauf m

standard design, Regelbauart f, Normalausführung f

standard flat plug gage, Normalflachlehre f

standard gage, *(railw.)* Normalspur f; Normallehre f

standard gold, Probiergold n, Münzgold n

standardize v.t. normen, typisieren

standardizing box s Kraftmeßdose f

standard lamp holder, *(electr.)* Normalfassung f

standard measure, Eichmaß n

standard motor, Regelmotor m, Normalmotor m

standard performance, *(work study)* Vorgabeleistung f

standard plug gage, Normallehrdorn m

standard practice budget, *(cost accounting)* Sollkosten pl.

standard product cost, Standarderzeugniskosten pl.

standard ring gage, Normallehrring m

standard section, Normalprofil n

standard specification s Normvorschrift f

standard square, *(tool)* Normalwinkel m

standard test bar, Normprobe f

standard time, Vorgabezeit f

stand-by time s (e. Maschine:) Wartezeit f

stand oil s Standöl n

standpipe s Steigrohr n

staple s Krampe f

starch s *(chem.)* Stärke f

starch paste s Stärkekleister m

star connection s Sternschaltung f

star crack s Zerschmiedungsriß m

star-delta switch s Sterndreieckschalter m

star gage s Kreuzlochlehre f

star handle s Griffkreuz n, Sterngriff m, Drehgriff m

start v.t. *(auto.)* anlassen; (Motor, Maschine:) einschalten, anfahren, einrükken, anstellen, andrehen, schalten; – v.i. anlaufen

start s (Gewinde:) Anschnitt m; (Motor:) Anzug m; (e. Schnecke:) Gang m

start button s Einschaltknopf m

starter s (Motor:) Anlasser m

STARTER ~ (cable, gear, knob, part, pinion, switch) Anlasser~

starter-dynamo s Lichtanlasser m

starter gear ring s *(auto.)* Starterkranz m, Anlasserzahnkranz m

starter motor armature s Anlasseranker m

starting s Einrückung f, Einschalten n; (Motor:) Anlauf m

STARTING ~ (acceleration, characteristic, traction, vortex) Anfahr~

STARTING ~ (capacity, connection, lever, reactor, resistance, resistor, switch, transformer, valve) Anlaß~

STARTING ~ (capacitor, clutch, condition, friction, speed) Anlauf~

starting current s Anlaufstrom m, Einschaltstrom m, Anlaßstrom m

starting lever s Einschalthebel m

starting motor s Anlaßmotor m, Einschaltmotor m

starting position s (Hebel:) Nullstellung f

starting power s *(auto.)* Anziehvermögen n

starting torque s Anlaufdrehmoment n, Anfahrmoment n, Einschaltmoment n

starting valve s *(auto.)* Anlaßventil n

starting winding s Anlaufwicklung f, Anlaßwicklung f

star voltage s Sternspannung f

star wheel s Handkreuz n

state s *(phys.)* Zustand m, Stadium n

state of rest, Ruhezustand *m*

staticizer *s (data syst.)* Serien-Parallel-Umsetzer *m*

static friction, Haftreibung *f*

statics *pl.* Statik *f*

station *s* Ort *m*, Stand *m; (electr.)* Pult *n*; Zentrale *f*, Werk *n; (radio)* Ort *m*

stationary *a.* feststehend, festgelagert, ortsfest, unbeweglich, fest, starr

station car *s* Kombiwagen *m*

statistics *pl.* Statistik *f*

stator *s* (e. Motors:) Ständer *m*, Stator *m*

STATUS ~ (block, field, interrogation, key, message, request, signal, table) Zustands~

STATOR ~ (circuit, coil, current, excitation, frame, winding) Ständer~

stay *v.t.* verspannen, verankern, abspannen

stay *s (tel., telegr.)* Anker *m*

stay bearing *s* Setzstocklager *n*

staybolt drilling machine *s* Stehbolzenbohrmaschine *f*

steady *a.* stetig, konstant

steady *s* (e. Werkzeugmaschine:) Setzstock *m*; Gegenführung *f*

steady jaw *s* Setzstockbacke *f*

steadyrest *s* Setzstock *m*, Festlünette *f*

steadyrest shoe *s* Setzstockbacke *f*

steady state, Dauerzustand *m*

steam *v.i.* dampfen

steam *s* Dampf *m*, Wasserdampf *m*

STEAM ~ (bath, boiler, coil, drive, engine, extraction, generation, generator, hammer, heating, jet, line, pipe, piping, piston, power, power plant, pressure, pressure gage, pump, stop stock, superheater, turbine, valve) Dampf~

steam-coal *s* Dampfkesselkohle *f*

steam curing vessel *s (concrete)* Dampfhärtekessel *m*

steam extraction branch *s* Anzapfstutzen *m*

steam gage *s* Dampfmesser *m*

steam header *s* Dampfverteiler *m*

steam jet atomizer *s* Dampfstrahlzerstäuber *m*

steam jet blower *s* Dampfstrahlgebläse *n*

steam power engine *s* Dampfkraftmaschine *f*

steam slide stop valve *s* Dampfabsperrschieber *m*

steam slide valve *s* Dampfschieber *m*

steam-tight *a.* dampfdicht

steam trap *s* Kondenstopf *m*

steel *s* Stahl *m*

STEEL ~ (construction, founder, grade, ladle, manufacture, mill, plant, plate, rule, scrap, shavings, sheet pile, skeleton construction, spring, square, straightedge, tape rule, tubing, wire rope, wool, works) Stahl~

steel band armoring *s* Stahlbandbewehrung *f*

steel casting *s* Stahlformgußstück *n*

steel-casting foundry *s* Stahlformgießerei *f*

steel fabric *s* Baustahlgewebe *n*

sheel-face *v.t.* verstählen, anstählen

steel foundry *s* Stahlgießerei *f*

steel-framed structure, Stahlhochbau *m*

steel grit *s* Stahlsand *m*

steel jacket *s* (e. Hochofens:) Panzer *m*

steelmaker *s* Stahlwerker *m*

steel parallel *s (tool)* Parallelstück *n*

steel protractor *s (metrol.)* Schrägmaß *n*

steel sheet piling *s* Spundwandstahl *m*

steel shot *s* Stahlsand *m*, Stahlkies *m*

steel side bar chain s Laschenkette f

steelware s Stahlwaren fpl.

steel-worker s Stahlwerker m

steep a. steil

steep taper, Kurzkegel m

steer v.t. (auto.) lenken

steering s (auto.) Lenkung f, Steuerung f

steering axle s (auto.) Lenkachse f

steering column s (auto.) Lenksäule f

steering column gear change s (auto.) Lenkradschaltung f

steering column lock s (auto.) Lenkschloß n

steering-column tube s (auto.) Lenkrohr n

steering control arm s (auto.) Lenkhebel m

steering gear s (auto.) Lenkgetriebe n, Lenkung f

steering-gear housing s (auto.) Lenkgehäuse n

steering linkage s (auto.) Lenkgestänge n

steering mechanism s (auto.) Lenkung f

steering shaft s (auto.) Lenkwelle f

steering swivel s (auto.) Achsschenkel m

steering wheel s (auto.) Lenkrad n, Steuerrad n, Steuer n

steering-wheel hub s (auto.) Lenkradnabe f

steering-wheel lock s (auto.) Lenkradschloß n

steering-wheel puller s (auto.) Lenkradabzieher m

steering worm sector s (auto.) Lenkkranz m

stem s (Schiene:) Steg m; (e. Ventils:) Spindel f, Schaft m

stencil v.t. (painting) schablonieren

stencil s (painting) Schablone f

step v.t. (metal cutting) abstufen, absetzen

step down v.t. (electr.) niederspannen, herunterschalten

step up v.t. (electr.) hinaufspannen

step s Stufe f; Absatz m

step-back welding s Pilgerschrittschweißung f

step by step adv. schrittweise

step-by-step seam welding, (welding) Rollenschrittverfahren n

step-by-step selector, (tel.) Schrittwähler m

step-by-step switch, (electr.) Schrittschaltwerk n

step-down transformer s Abwärtstransformator m

stepless a. (Getriebe:) stufenlos

stepped p.a. abgesetzt

stick v.t. (Formmasken:) verkitten; – v.i. kleben, festkleben, haften; schmieren

sticky a. klebrig

sticky slag, zähflüssige Schlacke

stiff a. steif

stiffen v.t. versteifen, absteifen, verfestigen; (e. Schalung:) aussteifen

stiffness s Steife f

still s (chem.) Abtreiber m

stirrer s Rührwerk n

stirrup s Bügel m; (für Gußblöcke:) Zange f

stitch v.t. (Matten:) steppen

stitch-weld v.t. heftschweißen, nahtschweißen

stock s Lagerbestand m, Vorrat m, Bestand m; Werkstoff m, Material n

STOCK ~ (diameter, feed, feed tube, removal, stand, support, tube) Werkstoff~

stock and die, Kluppe f

stocking cutter s Vorfräser m

stockpile v.t. (Rohre:) lagern

stockpiling s Haldenschüttung f

stock-taking s Bestandsaufnahme f

stock yard s Lagerplatz m

stoke v.t. stochen

stoke hole s Schürloch n

stoker s Heizer m

stone s Stein m

stone crusher s Steinbrecher m

stone jack s Lokomotivwinde f

stone quarry s Steinbruch m

stoneware s Steinzeug n

stoneware pipe s Steinzeugrohr n

stop v.t. anhalten; aussetzen; unterbrechen; sperren; (Motor:) ausschalten

stop with putty, verkitten

stop s Stillsetzung f; Haltestelle f; Anschlag m

STOP ~ (bar, bush, drum, finger, lever, pin, rail, shaft) Anschlag~

stop dog s (mach.) Anschlag m

stop-element check s (data syst.) Stoppschrittprüfung

stop lamp s (auto.) Bremsleuchte f

stop lamp switch s (auto.) Bremslichtschalter m

stop light s Bremslicht n, Stopleuchte f

stop light switch s (auto.) Stoplichtschalter m

stop lug s Anschlagnase f

stop mechanism s Anschlageinrichtung f

stopper s Verschlußstopfen m; Stöpsel m

stopper rod s Stopfenstange f

stop sign s (auto.) Haltezeichen n

stop/tail lamp s (auto.) Bremsschlußleuchte f

stop/tail/number plate lamp s Brems-Schluß-Kennzeichenleuchte f

stop watch s Stoppuhr f

storage s Speicherung f, Lagerung f

storage battery s Akkumulator m, Sammler m

storage bin s Sammelbunker m, Silo m

storage shed s Lagerschuppen m

storage yard s Lagerplatz m

store v.t. lagern, speichern, aufbewahren

store s Lager n; (programming) Speicher m

stored energy welding, Kondensatorschweißung f

storekeeper s Lagerhalter m, Lagermeister m, Magazinverwalter m

storekeeping s Lagerhaltung f

storeroom s Speicher m, Lagerraum m

stoving black s Einbrenn-Grundemaille f

straight a. gerade

straightedge s Strichmaß n, Abrichtlineal n, Richtlineal n

straight-edged a. kantengerade

straighten v.t. richten, ausrichten; begradigen

straightening anvil s Richtamboß m

straightening machine s Richtmaschine f

straightening press s Richtpresse f

straightening roll s Richtwalze f

straight feed, (milling) Zeilenvorschub m

straight line, Gerade f, Strecke f; (geom.) Strahl m; Fluchtlinie f

straight-lined a. geradlinig

straight-line milling, Geradfräsen n

straight-line spot welding, Reihenpunktschweißung f

straightness s Geradheit f

straight pane hammer, Kreuzschlaghammer m

straight-sided crank press, Doppelständer-Kurbelpresse f

straight-sided eccentric press, Doppelständer-Exzenterpresse f

straight-sided power punching press, Doppelständerstanzautomat *m*

straight-sided reducing press, Zweiständerräderziehpresse *f*

straight-sided trimming press, doppelständrige Abgratpresse

straight tooth, Geradzahn *m*

straight-tooth bevel gear, Geradzahnkegelrad *n*

straight-toothed *a.* geradverzahnt

straight-toothed gear, Geradzahnrad *n*

straight-tooth system, Geradverzahnung *f*

straight turning, Längsdrehen *n*

straight-turning slide, *(lathe)* Langdrehschlitten *m*

straight-waycock, Durchgangshahn *m*

straightway valve, Durchgangsventil *n*

strain *v.t.* recken; beanspruchen

strain *s* Belastung *f*, Beanspruchung *f*, Spannung *f*; Reckspannung *f*

strain age-harden *v.t.* reckaltern

strain age-hardening *s* Reckalterung *f*

strainer *s* Sieb *n*

strain gage *s* Dehnungsmesser *m*, Spannungsmesser *m*

strain harden *v.t.* kalthärten

strain hardenability *s* Kalthärtbarkeit *f*, Kalthärtung *f*

strain hardening *s* Kaltverfestigung *f*, Kaltaushärtung *f*

strain hardness *s* Kalthärte *f*

strain meter *s* *(road building)* Spannungsmesser *m*

strain rate *s* *(forging)* Umformgeschwindigkeit *f*

strand *s* (Kette, Seil:) Strang *m*; (Riemen:) Trum *m* & *n*

stranded wire, Litze *f*

strapped joint, *(welding)* Laschenstoß *m*

stray current *s* Streustrom *m*, Irrstrom *m*

streak *s* *(metallo.)* Streifen *m*

stream *s* Strom *m*, Strömung *f*; (Dampf, Luft, Wasser:) Strahl *m*; *(nucl.)* Bündel *n*

streamlined *a.* stromlinienförmig

streamlined car, Stromlinienwagen *m*

stream tin *s* Seifenzinn *n*

street crossing *s* *(auto.)* Kreuzung *f*

street lighting *s* Straßenbeleuchtung *f*

street mason *s* Plattenleger *m*

strength *s* *(mach.)* Festigkeit *f*, Stärke *f*

strengthen *v.t.* verfestigen

strength properties *pl.* Festigkeitseigenschaften *fpl.*

strength weld *s* Festigkeitsschweißung *f*, Festnaht *f*

stress *v.t.* spannen; beanspruchen

stress corrosion *s* Spannungskorrosion *f*

stress-relieve *v.t.* spannungsfrei glühen

stress-relieving anneal *s* Spannungsfreiglühen *n*, Entspannungsglühen *n*

stress-rupture property *s* Zeitstandwert *m*

stress-strain diagram *s* Spannungs-Dehnungs-Diagramm *n*

stretch *v.t.* recken, dehnen, längen, strecken

stretcher-level *v.t.* (Bleche:) richten

stretcher leveller *s* (Bleche:) Richtmaschine *f*

stretcher strains *pl.* (Oberfläche:) Fließfiguren *fpl.*

stretch-form *v.t.* streckziehen

stretching press *s* Streckziehpresse *f*

strickle *v.t.* *(molding)* schablonieren

strickle *s* *(molding)* Fahne *f*, Schablone *f*

strike *v.t.* schlagen; (Lichtbogen:) zünden

strike against *v.i.* anstoßen, stoßen, anlaufen (gegen)

strike off *v.t. (molding)* abstreichen

striking hammer *s* Schlagbär *m*

striking voltage *s (welding)* Zündspannung *f*

strip *v.t. (building)* ausschalen; (Gewinde:) abwürgen; (Kokillen:) abstreifen, abziehen

strip *s* Streifen *m*; (Holz:) Leiste *f; (met.)* Band *n*

STRIP ~ (mill, welder) Band~

strip flattener *s* Bandrichtmaschine *f*

stripper *s* (Blockformen:) Abstreifer *m; (foundry)* Abstreifformmaschine *f*

stripper crane *s* Stripperkran *m*

stripper gantry *s* Strippertorkran *m*

stripping plate machine *s* Durchzugformmaschine *f*

stripping plate molding machine *s* Abstreifformmaschine *f*

strip rolling mill *s* Streifenwalzwerk *n*

strip slitting line *s* Bandzerteilanlage *f*

strip steel *s* Bandstahl *m*

stroke *s* (Feile, Magnet:) Strich *m*; (Kolben:) Hub *m*

stroke counter *s* Hubzähler *m*

stroke indicator *s* Hubanzeiger *m*

stroke rate *s* Hubgeschwindigkeit *f*

stroke slide *s (saw)* Hubschlitten *m*

strong *a.* stark, kräftig, stabil, fest

structural concrete, Bauwerksbeton *m*

structural constituent, *(metallo.)* Gefügebestandteil *m*

structural constitution, *(cryst.)* Gefügeaufbau *m*

structural engineer, Statiker *m*

structural engineering industry, Eisenbauindustrie *f*

structural stability, *(met.)* Gefügebeständigkeit *f*

structural steel, Formstahl *m*, Baustahl *m*

structural steel sheet, Baublech *n*

structural steelwork, Stahlkonstruktion *f*

structural timber, Bauholz *n*

structural transformation, *(metallo.)* Gefügeumwandlung *f*

structure *s* Bauwerk *n*, Bau *m*; Gestalt *f*, Struktur *f; (met.)* Gefüge *n*

strut *v.t.* verstreben

strut *s* Strebe *f*

strut frame *s* Strebenfachwerk *n*

stub axle *s (auto.)* Vorderachsschenkel *m*

Stub's steel *m* Silberstahl *m*

stub-tooth gearing *s* Stumpfverzahnung *f*

stucco work *s* Stuckarbeit *f*

stud *s* Bolzen *m*, Stiftbolzen *m*; (e. Revolverkopfes:) Zapfen *m*

studded plate, Warzenblech *n*

studio *s (radio)* Studio *n*, Senderaum *m*

stud-link chain *s* Stegkette *f*

stud screw *s* Stiftschraube *f*

stud shaft *s* Herzwelle *f*

stud welding *s* Preßbolzenschweißung *f*

stuff *v.t.* (Leder:) einfetten

stuffing box *s* Stopfbuchse *f*

stuffing box collar *s* Stopfbuchsenbrille *f*

stuffing box packing *s* Stopfbuchsenpackung *f*

stuffing box sealing *s* Stopfbuchsendichtung *f*

stuffing box shell *s* Stopfbuchsengehäuse *n*

sturdiness *s* Festigkeit *f*, Stabilität *f*

sturdy *a.* kräftig, stabil, gedrungen

sub-assembly *s* Teilmontage *f*

sub-contractor *s* Zubringerfirma *f*

subcooling *s* Unterkühlung *f*

subcutaneous blowhole, *(surface finish)* Randblase *f*

subdivision *s* (Kosten:) Gliederung *f*

sub-exchange *s (tel.)* Hilfsamt *n*

sub-floor *s (building)* Untergrund *m*

subgrade planer *s (civ.eng.)* Erdplanumfertiger *m*

submarine cable *s* Seekabel *n*

submerge *v.t.* tauchen, untertauchen

submerged-arc welding, Unterpulverschweißen *n*

subscriber *s (tel.)* Teilnehmer *m*

subscriber dialling *s* Teilnehmerwahl *f*

subscriber station *s* Fernschreibstelle *f*

subscriber's cable *s (tel.)* Anschlußkabel *n*

subscriber's line *s* Fernsprechanschluß *m*, Anschlußleitung *f*, Teilnehmerleitung *f*

subscriber's number *s (tel.)* Rufnummer *f*, Anschlußnummer *f*

subscribers station *s (tel.)* Hauptanschluß *m*

subscript *s (math.)* Index *m*

subsoil *s* Untergrund *m*, Baugrund *m*

substance *s* Stoff *m*, Masse *f*, Materie *f*, Körper *m*, Bestandteil *m*

substitute *v.t.* ersetzen

substitute material *s* Austauschwerkstoff *m*, Ersatzstoff *m*

substructure *s (railw.)* Unterbau *m*

sub-supplier *s* Zulieferer *m*

subsurface erosion *s (building)* Unterwaschung *f*, Auskolkung *f*

subway crossing *s (railw.)* Unterführung *f*

successive operation, Folgeschnitt *m*

suction *s* Absaugung *f*

SUCTION ~ (bottle, flask, line, nozzle, plant, pump, slot) Absauge~

SUCTION ~ (connection, fan, lift, line, pipe, piston, valve) Saug~

suction strainer *s (lubrication)* Saugkorb *m*

suds *s* Lauge *f*, Seifenlauge *f*

sull-coat *v.t.* (Drahtringe:) abspritzen

sulphur *s* Schwefel *m*

sulphur-bearing *a.* schwefelhaltig

sulphuric acid, Schwefelsäure *f*

sulphurous acid, schweflige Säure

sulphur pickup *s* (im Schmelzbad:) Schwefelaufnahme *f*

summated voltage, *(electr.)* Summenspannung *f*

sump *s* (Öl, Späne:) Wanne *f*

sunk escutcheon, *(auto.)* Einlaßmuschel *f*

supercharge *v.t.* vorverdichten

supercharged engine, Kompressormotor *m*

supercharger *s (engine)* Vorverdichter *m*

superelevation *s (road building)* Überhöhung *f*

superficial *a.* oberflächig

superfine-bore *v.t.* feinstbohren

superfine boring machine, Feinstbohrwerk *n*

superfine grinding, Feinstschleifen *n*

superfine surface finish, Feinstschliff *m*

superfinish *v.t.* feinstbearbeiten

superfinishing lathe *s* Feinstdrehmaschine *f*

superfinishing machine *s* Feinstbearbeitungsmaschine *f*

superheat *v.t.* überhitzen

superheated steam, Heißdampf *m*

superheater *s* Überhitzer *m*

superheater coil *s* Überhitzerschlange *f*

superheater tube s Überhitzerrohr n
superhet s. cf. superheterodyne receiver
superheterodyne receiver, Überlagerungsempfänger m
superimpose v.t. überlagern
SUPERIMPOSED ~ (connection, frequency, telegraphy) Überlagerungs~
superpose v.t. & v.i. überlagern, vorschalten
superposition s Überlagerung f
superregeneration s Pendelrückkopplung f
SUPERSONIC ~ (frequency, inspection, sounding, speed, transmitter, vibration, wave) Ultraschall~
supersonics pl. Überschall m, Ultraschall m
superstructure s Überbau m, Oberbau m
supervise v.t. überwachen, beaufsichtigen
supervisor s (civ.eng.) Aufseher m
supplementary gear transmission, Zusatzgetriebe n
supply v.t. zuführen; versorgen, liefern; speisen
supply s Versorgung f; Lieferung f; Zufuhr f
SUPPLY ~ (installation, line, network, region) Versorgungs~
supply cable s Zuführungskabel n
supply service s Zubringerdienst m
support v.t. unterstützen, stützen, abstützen, lagern
support s Unterstützung f, Lagerung f, Lager n; Auflager n, Stütze f; Bock m
supporting axle s Tragachse f
supporting bearing s Stützlager n
supporting column s Stützpfeiler m
support rest s Stützauflage f
supporting stand s (work feeding) Ständer m

suppress v.t. unterdrücken
suppression capacitor s (radio) Entstörungskondensator m
suppressor grid s (electron.) Fanggitter n, Bremsgitter n
suppressor grid voltage s Bremsgitterspannung f
surface v.t. (metal cutting) plandrehen; planarbeiten; abflächen; (woodw.) abrichten
surface s Oberfläche f, Fläche f; (geom.) Mantel m
SURFACE ~ (appearance, condition, configuration, defect, discharge, finish, friction, hardening, hardness, layer, measurement, pressure, resistance, roughness, tension) Oberflächen~
SURFACE ~ (broaching, contact, grinder, grinding, milling) Flächen~
surface bands pl. (auf Blechen:) Fließfiguren fpl.
surface-broach v.t. außenräumen
surface broach s Räumzeug n
SURFACE BROACHING ~ (fixture, machine, tool) Außenräum~
surface compactor s (road building) Oberflächenverdichter m
surface-cooled motor, oberflächengekühlter Motor
surface decarburization s Oberflächenentkohlung f, Randentkohlung f
surface digging s Flachbaggerung f
surface digging machine s Flachbagger m
surface-fusion welding s Auftragschweißung f
surface gage s Parallelreißer m
surface plate s Abrichtplatte f, Anreißplatte f

surfacer s *(painting)* Spachtel m
surface speed s Umfangsgeschwindigkeit f, Umlaufgeschwindigkeit f
surface treatment s Oberflächenbehandlung f, Oberflächenveredelung f
surface veneer s Deckfurnier n
surfacing ~, s.a. facing ~
surfacing fence s *(woodw.)* Abrichtanschlag m
surfacing, jointing and moulding machine, Abricht-, Füge- und Kehlmaschine f
surfacing machine s *(woodw.)* Abrichthobelmaschine f
surfacing table s *(woodw.)* Abrichttisch m
surge s *(electr.)* Stoß m
surplus gas, Überschußgas n
survey v.t. vermessen
survey s Vermessung f
surveying s Vermessungskunde f
surveyor's chain s Meßkette f
susceptance s Blindleitwert m
susceptibility s Anfälligkeit f
suspend v.t. aufhängen; v.i. hängen
suspend pivotally, gelenkig aufhängen
suspension s Aufhängung f; *(chem.)* Schwebe f
suspension attachment s Gehänge n
suspension bridge s Hängebrücke f
suspension bucket s Hängekübel m
suspension ladder s Hängeleiter f
suspension railway s Hängebahn f
sustained short-circuit, Dauerkurzschluß m
sustained speed, *(auto.)* Dauergeschwindigkeit f
swap s *(data syst.)* Wechsel m (der Platten)
swage s Amboßgesenk n
swage block s Loch- und Gesenkplatte f

swaging s Gesenkdrücken n; (Röhre:) Rohrendenverjüngen n
swaging machine s Gesenkdrückmaschine
swarf s Schleifschlamm m
sweat v.t. feuerlöten
sweat together v.t. feuerverlöten
sweating heat s *(met.)* Entzunderungswärme f
sweep s [senkrechte] Krümmung f; (e. Bohrwinde:) Schwung m
sweep circuit s *(electr.)* Kippkreis m
sweep frequency s Kippfrequenz f
sweeping device s *(molding)* Schaloniervorrichtung f
sweep transformer s Kipptransformator m
swell v.i. quellen; (Steine beim Brennen:) treiben
swelling-resistant a. quellfest
swept volume, *(auto.)* Hubraum m
swerve v.i. *(auto.)* schleudern
swing v.t. schwenken, drehen; – v.i. pendeln, schaukeln
swing clear v.t. wegschwenken
swing out v.t. ausschwenken
swing s Schwingung f; *(lathe)* Drehdurchmesser m, Umlaufdurchmesser m
swing axle s *(auto.)* Pendelachse f
swing bolt s Gelenkschraube f
swing bridge s Drehbrücke f
swing bucket s Hängebahnkübel m
swing crane s Schwenkkran m, Drehkran m
swing frame grinder s Pendelschleifmaschine f
swinging axle s Schwingachse f
swing saw s Pendelkreissäge f
Swiss bush-type automatic screw machine, Langdrehautomat m

switch v.t. (electr.) schalten; (railw.) rangieren

switch over v.t. (electr.) umschalten

switch s (electr.) Schalter m; (railw.) Weiche f

switchboard s (electr.) Schalttafel f

switchboard gallery s (electr.) Warte f

switchboard instrument s Schalttafelinstrument n

switchboard lamp s (auto.) Schaltbrettleuchte f

switchbox s (electr.) Schaltkasten m

switch contact s Schaltkontakt m

switchgear s (electr.) Schaltgerät n

switchgear cabinet s Schaltschrank m

switching device s (electr.) Schaltvorrichtung f

switching frequency s (electr.) Schalthäufigkeit f

switch panel s Schaltbrett n

switch rail planer s Weichenzungenhobelmaschine f

switchyard s (electr.) Freiluftschaltanlage f

swivel v.t. schwenken, drehen

swivel s Schwenkung f; (als Bauteil:) Drehteil n; (e. Kette:) Wirbel m

swivel bearing s Pendellager n

swivel head s (auto.) Gelenkkopf m

swivel hook s Wirbelhaken m

swivel-joint s Drehgelenk n

swivel knee s Schwenkkonsole f

swivelling a. schwenkbar

swivelling feature s Schwenkbarkeit f

swivel slide s (e. Supports:) Drehteil n

swivel table s Schwenktisch m

swivel tool block s Schwenkmeißelhalter m

swivel vise s Drehschraubstock m

symbol s Zeichen n

synchromesh gear s (auto.) Synchrongetriebe n

synchronize v.t. abstimmen, gleichschalten, synchronisieren

synchronizing mechanism s Gleichlaufvorrichtung f

synchronous a. synchron

SYNCHRONOUS ~ (alternator, capacitor, generator, machine, motor, scanning, speed) Synchron~

synchronous phase advancer, Synchronphasenschieber m

synchronous timer, Synchronuhr f

synthetic material, Kunststoff m

synthetic plastic material, Kunstharzpreßstoff m

synthetic resin, Kunstharz n

synthetic resin enamel, Kunstharzemaillelack m

synthetic resin finish, Kunstharzüberzugslack m

synthetic resin glue, Kunstharzleim m

system s System n; Plan m; (Gleisanlagen, Rohre:) Netz n

system of ventilation, (mining) Wetterführung f

T

table *s* Tabelle *f*, Tafel *f*; Tisch *m*; *(vertical turret lathe)* Planscheibe *f*

table-base *s* (e. Konsolfräsmaschine:) Drehteil *n*

table power traverse *s (lathe)* Tischselbstgang *m*

table range *s* Kochplatte *f*

table reversal *s (lathe)* Tischumkehr *f*

table roller *s (rolling mill)* Rollgang *m*

table saddle *s* (gear planer) Tischschlitten *m*

table set *s (telev.)* Tischempfänger *m*

table slide *s (miller)* Tischschlitten *m*

tablet *s* (Leim:) Tafel *f*

tablet glue *s* Tafelleim *m*

tab memory *s* Tabulatorspeicher *m*

tab washer *s* Sicherungsblech *n*

tachograph *s* Drehzahlmesser *m*, Tachometer *n*, Geschwindigkeitszähler *m*

tack *v.t. (riveting, welding)* heften; annageln

tacking rivet *s* Heftniet *m*

tackle block *s* Flaschenzug *m*

tackle line balance *s* Seilzugwaage *f*

tack riveting *s* Heftnietung *f*

tack weld *s* Heftschweiße *f*, Heftnaht *f*

tack welding *s* Heftschweißen

tag *s* Anhänger *m*; (am Rohrblechstreifen:) Angel *f*

tailboard loader *s* Ladebrücke *f*

tail center *s (lathe)* Reitstockspitze *f; (turret lathe)* Gegenhalter *m*

tail end *s* Schlauchtülle *f*

tail lamp *s (auto.)* Schlußleuchte *f*, Rücklicht *n*

tailstock *s (lathe)* Reitstock *m*

TAILSTOCK ~ (base, center, center sleeve, crank handle, faceplate, guideway, spindle) Reitstock~

tailstock barrel *s* Reitstockoberteil *n*

tailstock overhang *s* Reitstockausladung *f*

take a bearing *v.t.* peilen, orten

take a measurement *v.t.* ein Maß abgreifen

take apart *v.t.* zerlegen

take bearings *v.t.* orten, peilen

take off *v.t.* abheben

take up *v.t.* aufnehmen

talc *s* Talkum *n*

talcum *s* Talkum *n*

tally *s* Zähler *m*

tamper *s (concrete)* Stampfer *m; (railw.)* Stopfer *m*

tamping machine *s (railw.)* Stopfmaschine *f*

tan *v.t.* (Leder:) gerben

tandem mill *s* Tandemwalzwerk *n*

tandem office *s (tel.)* Fernvermittlungsamt *n*

tandem toll circuit *s (tel.)* Bezirksnetz *n*

tang *s* Heftzapfen *m*; (e. Feile:) Angel *f*; (e. Werkzeuges:) Mitnehmer *m*

tangent galvanometer *s* Tangentenbussole *f*

tangential force, Umfangskraft *f*

tank *s* Behälter *m*, Tank *m*

tank car *s* Kesselwagen *m*

tank strainer *s (auto.)* Einfüllsieb *n*

tap *v.t.* abzapfen, klopfen; *(electr.)* anzapfen, abgreifen; (Gewinde:) bohren; (Schlacke:) abziehen; (Stahl:) abstechen

tap *s* Zapfhahn *m*, Hahn *m*; Schlag *m*;

(electr.) Anzapfung f; *(metal cutting)* Gewindebohrer m; *(met.)* Abstich m

tap changer s Anzapfumschalter m

tap voltage s Anzapfspannung f

tape s Bandmaß n; *(electr.)* Isolierband n; *(acoust., magn.)* Band n, Streifen m

TAPE ~ (control, core, data selector, deck, dump, duplicate, feed, file, instruction, limitation, record, reel, threading, track, transport) Band~, Magnetband~

tape-controlled a. lochstreifengesteuert

taper a. kegelig, konisch, verjüngt

taper v.i. sich verjüngen

taper s Verjüngung f; *(mach.)* Kegel m; (e. Kegels:) Steigung f; (e. Keils, e. Walzkalibers:) Anzug m

TAPER ~ (angle, gage, grinding, seat, turning, turning attachment) Kegel~

taper bar s *(lathe)* Leitlineal n

taper bore s Innenkegel m

taper bridge reamer s Nietlochreibahle f

taper bushing s Kegelhülse f

tape recorder s Aufnahmegerät n

taper gib s *(lathe)* Keilleiste f, Führungsleiste f

taper hole s Hohlkegel m, Innenkegel m, Kegelbohrung f

tapering a. kegelig, keilförmig, kegelförmig

taper milling attachment s Kegelfräseinrichtung f

taper pin s Kerbstift m

taper roller bearing s Kegelrollenlager n

taper roller thrust bearing s Axial-Kegelrollenlager n

taper shank s Vollkegel m, Kegelschaft m

taper shank reamer s Kegelreibahle f

taper sleeve s Kegelhülse f

taper-turn v.t. kegeldrehen

tape rule s Maßband n, Rollbandmaß n

taphole s *(met.)* Stichloch n

tapped hole, Gewindeloch n

tapped voltage transformer, Anzapftransformator m

tapper s Gewindebohrmaschine f

tappet s (e. Pochstempels:) Hebekopf m; (e. Stoßmaschine:) Anschlagnocken m; (e. Ventils:) Stößel m; *(rolling mill)* Greifer m

tappet clearance s *(auto.)* Ventilspiel n

tappet wrench s *(auto.)* Ventileinstellschlüssel m

tapping s *(electr.)* Anzapfung f; *(mach.)* Gewindebohren n; *(met.)* Abstich m

TAPPING ~ (hole, platform, slag, spout) Abstich~

tapping attachment s Gewindebohreinrichtung f

tapping machine s Gewindebohrmaschine f, Innengewindeschneidmaschine f

tapping point s *(electr.)* Abgriff m

tap water s Leitungswasser n

tap wrench s Windeisen n

tar s Teer m

tar-board s Dachpappe f, Teerpappe f

tar-bonded magnesite, Teermagnesit m

tar extraction s Teerabscheidung f

target s Zielscheibe f

tariff s Tarif m

tarnish v.t. mattieren; – v.i. anlaufen, oxidieren

tar oil s Teeröl n

tarpaulin frame s *(auto.)* Spriegel m

tarred chippings, Teersplitt m

tar separation s Teerabscheidung f

taximeter s *(auto.)* Fahrpreisanzeiger m

taxi-phone s Münzfernsprecher m

T-beam s T-Träger m; *(concrete)* Plattenbalken m

T-bevel s Gehrmaß n

tear v.t. zerreißen; – v.i. reißen

tear chip s Reißspan m

technical delivery condition, technische Lleferbedingung

technique s Technik f

Tee-bolt s Hakenschraube f

Tee-joint s *(welding)* T-Stoß m

teem v.t. (Gußblöcke:) vergießen, abgießen, gießen

teeming box s Gießgrube f

teeming platform s Gießbühne f

telecommunication s Fernmeldewesen n

telecounter s Fernzähler m

telegraph s Telegraf m

TELEGRAPH ~ (cable, engineering, line, pole, relay, station) Telegrafen~

telegraph receiver s Empfänger m

telegraph transmitter s Geber m

telegraphy s Telegrafie f

telemeter s Fernmeßinstrument n

telemetering system s Fernmeßanlage f

telephone v.t. telefonieren, fernsprechen

telephone s Fernsprecher m, Telefon n

TELEPHONE ~ (call, communication, connection, directory, engineering, installation, line, number, operation, set) Telefon~

telephone booth s Fernsprechzelle f

telephone box s Fernsprechzelle f

telephone dial s Nummernschalter m

telephone exchange s Fernsprechamt n, Fernsprechvermittlung f, Telefonamt n

telephone receiver s Fernhörer m

telephone traffic s Sprechverkehr m

telephonic a. fernmündlich

telephonograph s Lautfernsprecher m

telephony s Fernsprechbetrieb m, Telefonie f

teleprint v.t. fernschreiben

teleprinter s Ferndrucker m, Fernschreibmaschine f

telescopic a. ausziehbar

teletransmission s Fernübertragung f

teletype exchange s Fernschreibamt n

televise v.t. fernsehen

television s Fernsehfunk m; Fernsehen n

TELEVISION ~ (channel, picture, receiver, reception, technique) Fernseh~

television broadcasting station s Fernsehsender m

telewriter s Fernschreiber m

tell-tale light s *(auto.)* Warnlampe f

tell-tale watch s Wächteruhr f

temper v.t. (Formsand:) anfeuchten; (Stahl:) anlassen

temper s (Stahl:) Vergütungszustand m; Naturhärte f, Härtezustand m; s.a. tempering

temperature s Temperatur f

TEMPERATURE ~ (balance, control, dependence, drop, fluctuation, gradient, measurement, range, recorder, rise) Temperatur~

temper brittleness s Anlaßprödigkeit f

temper color s Anlaßfarbe f, Anlauffarbe f

temper hardening s Anlaßhärtung f

TEMPERING ~ (effect, furnace, medium, oil, range, temperature) Anlaß~

tempering cycle s Anlaßvorgang m

tempering quality s (Stahl:) Vergütbarkeit f

template s *(copying)* Schablone f, Leitschiene f, Formlineal n, Nachformmodell n

template molding s Schablonenformerei f

tenacious a. zähfest

tenacity s Zähfestigkeit f

tendering firm s Bieter m

tenon v.t. (Holz:) zapfenschneiden

tenoner and gainer, Zapfen- und Nutenschneidmaschine f

tensile fatigue test, Zug-Ermüdungsversuch m

tensile impact test, Fallzerreißversuch m

tensile load, Zugbelastung f, Zerreißspannung f

tensile strength, Zerreißfestigkeit f, Zugfestigkeit f

tensile stress, Zugbeanspruchung f, Zugspannung f

tensile test, Zerreißversuch m, Zugversuch m

tensile test bar, Zerreißstab m

tensile testing machine, Zerreißmaschine f

tensile test specimen, Zerreißprobe f

tension v.t. spannen, verspannen

tension s Zug m; (Kette, Riemen, Seil, Dampf:) Spannung f; s.a. tensile ~

tension bolt s Spannbolzen m

tension crack s Spannungsriß m

tension load s Zugbelastung f

tension test s Zerreißversuch m, Zugversuch m

terminal s (electr.) Anschlußklemme f, Verbindungsklemme f; (data process.) Datenendgerät n

terminal board s Klemmenbrett n

terminal box s Klemmenkasten m, Anschlußkasten m

terminal contact s Endkontakt m

terminal pole s (telegr., tel.) Endmast m

terminal repeater s (tel.) Endverstärker m

terminal voltage s Klemmenspannung f; Endspannung f

terrazzo s Terrazzo n

territory s Gelände n

test v.t. prüfen, untersuchen; versuchen, probieren

test s Versuch m, Prüfung f

TEST ~ (arbor, certificate, equipment, jack, lamp, load, method, pressure, record, report, result, sheet, specification, terminal) Prüf~

test bar s Probestab m, Prüfstab m, Probe f

test bay s Prüffeld n

test board s (electr.) Prüfschrank m

test code association s technischer Überwachungsverein

test course s (auto.) Prüfstrecke f

test desk s (electr.) Prüftisch m

tester s Prüfer m

test floor s Prüfstand m

testing of materials, Werkstoffprüfung f

test model s Versuchsmodell n

test piece s Probekörper m, Probe f

test plant s Prüffeld n

test road s (auto.) Prüfstrecke f

test room s Prüffeld n

test series s Versuchsreihe f

test specimen s Probekörper m, **Probe** f

tetrachloride s Tetrachlorid n

tetrahedral s (geom.) Vierkant n

tetrode s Vierpolröhre f

TEXT~ (buffer, communication, transfer), Text~

texture s Faserung f

T-girder s T-Träger m

T-handle s Knebelgriff m

T-head bolt s Hakenschraube f, Hammerschraube f

theodolite s Winkelteilungsprüfer m

THEORETICAL ~ (dimension, flank, lead, position, reading, value) Soll~

theory s Theorie f; Lehre f

thermal crack, Warmriß *m*, Bandriß *m*

thermal critical point, *(heat treatment)* Umwandlungspunkt *m*, Haltepunkt *m*

thermal impulse welding, Wärmeimpuls- schweißen *n*

thermal insulation, Wärmedämmung *f*

thermal power, Heizwert *m*

thermal stress, Wärmespannung *f*

thermit fusion welding *s* Thermit-Gieß- schweißen *n*

thermit pressure welding *s* aluminother- misches Preß-Schweißverfahren

thermit welding *s* Thermitschweißung *f*, aluminothermische Schweißung

thermocouple *s* Thermoelement *n*

thermometer *s* Thermometer *n*

thermonuclear *a.* thermonuklear

thermophysics *pl.* Thermophysik *f*

thermopile *s* Thermosäule *f*

thermoplast *s* nichthärtbarer Kunststoff

thermoplastic compound, nichthärtbare Masse

thermoplastic compression molding material, warmformbare Preßmasse

thermo-plasticity *s (Kunststoffschweißen)* Warmbildsamkeit *f*

thermoplastics *s* nichthärtbarer Kunst- stoff, nichthärtbare Formmasse

thermosetting *a. (plastics)* härtbar

thermosetting compression molding material *s* warmhärtbare Preßmasse

thermosetting plastics *pl.* härtbarer Kunststoff

thermostat *s* Thermoregler *m*, Wärmereg- ler *m*, Temperaturregler *m; (auto.)* Kühl- luftregler *m*

thick-bodied *a.* (Öl:) dickflüssig

thickness *v.t. (woodw.)* dicktenhobeln

thickness gage *s* Dickenmesser *m*, Füh- lerlehre *f*

thicknessing machine *s (woodw.)* Dick- tenhobelmaschine *f*

thick-walled *a.* starkwandig

thimble *s* Seilkausche *f*

thin *v.t.* verdünnen; (Flüssigkeiten:) verschneiden

thin-gage conduit, *(electr.)* Installations- rohr *n*

thin-gage plate, Feinblech *n*

thinner *s* Verdünnungsmittel *n*

thinning *s* Verdünnung *f*

thin-walled *a.* schwachwandig, dünn- wandig

third party liability, *(auto.)* Haftpflicht *f*

Thomas converter *s* Thomasbirne *f*

Thomas steel *s* Thomasflußstahl *m*

thread *v.t.* gewindeschneiden

thread *s* Faden *m; (mach.)* Gewinde *n*; Gewindegang *m*, Gang *m*

THREAD ~ (axis, caliper gage, chaser, copying, cutting, cutting tool, deburring attachment, flank, grinding, grinding at- tachment, grinding machine, groove, lap, lapping machine, mill, milling cutter, mill- ing machine, nipple, pitch, profile, rolling, rolling tool, series, testing, whirling, whirl- ing machine) Gewinde~

thread angle *s (threading)* Flankenwinkel *m*

thread chasing *s* Gewindestrehlen *n*

thread-chasing attachment *s* Strehlvor- richtung *f*

thread cutting lathe *s* Gewindedrehma- schine *f*

thread dial indicator *s* Gewindeschneid- anzeiger *m*

threaded flange, Gewindeflansch *m*

threaded shank, Gewindeschaft *m*
thread element *s* Gewindegröße *f*
thread indicator *s* Gewindeuhr *f*
threading *s* (of a tape), Einfädelung *f*
threading die *s* Gewindeschneideisen *n*
threading tool *s* Gewindemeißel *m*
thread measuring wire *s* Meßdraht *m*
thread milling hob *s* Gewindewälzfräser *m*
thread peeling machine *s* Gewindeschälmaschine *f*
thread rolling attachment *s* Gewinderolleinrichtung *f*
thread rolling die *s* Gewindewalzbacke *f*
thread rolling machine *s* Gewindewalzmaschine *f*
thread setting gage *s* Einstellgewindelehre *f*
three-core cable, Dreileiterkabel *n*
three-dimensional *a.* räumlich, dreidimensional
three-dimensional direction finding, Raumpeilung *f*
three-dimensional tracer milling, Raumformfräsen *n*
threefold *a.* dreifach
three-furnace process, (met.) Triplexverfahren *n*
three-gang capacitor, Dreifachkondensator *m*
three-gear drive, Dreirädergetriebe *n*
THREE-HIGH ~ (mill stand, mill train, rolling train, universal rolling mill) Trio~
three-high blooming mill, Blocktrio *n*
three-high finishing train, Triofertigstraße *f*
three-high mill, Trio *n*
three-high plate mill, Trioblechwalzwerk *n*, Blechtrio *n*

three-high rail mill, Schienentrio *n*
three-high rolling mill, Triowalzwerk *n*, Trio *n*
three-jaw chuck, Dreibackenfutter *n*
THREE-PHASE ~ (armature, alternating current, current, rectifier, transformer, winding) Dreiphasen~
THREE-PHASE ~ (circuit, commutator motor, generator, meter, motor squirrel cage motor, starter, switch, transformer) Drehstrom~
three-phase alternator, Drehstromgenerator *m*
three-pin plug, Dreifachstecker *m*, Dreistiftstecker *m*
three-point switch, Dreifachschalter *m*
three-pole *a.* dreipolig
three-speed gear, Dreiganggetriebe *n*
three-speed motor, Dreistufenmotor *m*
three-square file, Dreikantfeile *f*
THREE-WAY ~ (boring machine, cock, precision boring machine, switch, tapping machine) Dreiwege~
three-way tipper *s* Dreiseitenkipper *m*
three-wheel delivery van, Dreirad-Lieferkraftwagen *m*
three-wheeler *s* Dreiradwagen *m*
threshold value *s* Schwellenwert *m*
threshold voltage *s* (telev.) Verzögerungsspannung *f*
throat *s* (blast furnace) Gicht *f*; (power press) Durchgang *m*; (shaper) Ausladung *f*; (welding) Kehle *f*
throat microphone *s* Kehlkopfmikrofon *n*
throttle *v.t.* drosseln
throttle hand lever *s* (auto.) Gashebel *m*
throttle twist-grip *s* (motorcycle) Gasdrehgriff *m*

throttle valve s Drosselklappe f, Drosselventil n, Drossel f

throttling-type governor s Drosselregler m

through-call s Durchgangsgespräch n

through-connection s *(tel.)* Durchschaltung f

through-feed grinding s Durchlaufschleifen n, Durchgangsschleifen n

through-hardening s Durchhärtung f

throughhole s Durchgangsloch n

throughput s Durchsatz m; (Wärme:) Durchgang m

through-traffic s *(tel.)* Durchgangsverkehr m

throw into engagement v.t. (Kupplung:) einschalten

throw out of mesh v.t. (Getriebe:) ausrücken

throw s (e. Kurbelwelle:) Hub m

throw-over switch s Hebelumschalter m

thrust s Längsdruck m, Axialbelastung f; *(civ.eng.)* Stoß m

thrust bearing s Längslager n

thrust bolt s Druckschraube f

thrust hardness s Druckhärte f

thumb drive s (e. Schraube:) Flügel m

thumb nut s Flügelmutter f

thumb screw s Flügelschraube f

thumb tack s Heftzwecke f

tick s Haken m, Häkchen n

tickle v.t. *(auto.)* tippen

tide gage s *(civ.eng.)* Pegel m

tie v.t. festspannen, verbinden, verankern

tie s *(railw.)* Schwelle f

tie-bolt s Verankerungsbolzen m

tie laying machine s Schwellenverlegemaschine f

tie-on tag s Anhängeschild

tiering truck s Hubwagen m mit Hebevorrichtung

tie rod s Zuganker m

tight a. dicht; eng; straff; fest

tighten v.t. (Kette, Riemen:) spannen; (Schrauben:) anziehen, festziehen, andrehen

tightener s (Kette, Riemen:) Spanner m

tightener pulley s (Riementrieb:) Spannrolle f

tightening nut s Anzugmutter f

tightness s Dichte f, Dichtigkeit f

tight pulley, (Riementrieb:) Festscheibe f

tile s Fliese f; (Dach:) Ziegel m

tilt v.t. & v.i. kippen, schwenken; verkanten

tilt over v.i. (Walzgut:) umfallen

tilt s Neigung f, Schräglage f; *(auto.)* Dachspiegel m

tiltable a. schrägstellbar, neigbar, schwenkbar

tilter s *(rolling mill)* Hebetisch m

TILTING ~ (bucket, ladle, moment) Kipp~

tilting furnace s Kippofen m, Schaukelofen m

tilting machinery s (e. Ofens:) Kippwerk n

tilting table s *(rolling mill)* Kipptisch m, Wippe f, Wipptisch m

tilt material s *(auto.)* Planenstoff m

timber s Schnittholz n, Nutzholz n

timbering s Verzimmerung f, Zimmerung f

timber sizer s Dickten- und Abrichthobelmaschine f

timber transporter s Langholzwagen m

time v.t. abstimmen; *(mach.)* taktieren; (e. Zündung:) einstellen

time s Zeit f

time of blowing, *(met.)* Blasedauer f

time of disintegration, Zerfallszeit f

TIME ~ (adjustment, balance, constant, release, study work, switch) Zeit~

time-delay relay s Verzögerungsrelais n

time-keeper s Zeitnehmer m

time-mileage recorder s (auto.) Zeit-Weg-schreiber m

time-out s (data syst.) Zeitsperre f

timer s Zeitmesser m

time recorder s (auto.) Fahrtschreiber m

timer switch s Programmschalter m

time study man s Zeitnehmer m

time-yield s (mat.test.) Dauerstandstreckgrenze f

time-yield limit s (mat.test.) Zeitdehngrenze f, Zeitfließgrenze f

timing s Zeitmessung f; (mach.) Taktierung f; (Zündung:) Einstellung f

timing gear s Zeitschaltwerk n, Taktschaltwerk n; (auto.) Nockenwellenrad n

Timken bearing s Kegelrollenlager n

tin v.t. verzinnen; reiblöten

tin s Zinn n; Dose f, Büchse f

tin-coat v.t. feuerverzinnen

tin foil s Zinnfolie f

tin metal sheet s Zinnblech n

tinners' snip s Handblechschere f, Klempnerschere f

tin-plate v.t. galvanisch verzinnen

tinplate s Weißblech n

tin plate bar s (Weißblechfabrikation) Platine f

tin smelting plant s Zinnhütte f

tinsmith s Klempner m

tin solder s Zinnlof n

tint v.t. (painting) tönen

tint s Farbton m

tiny crack, Haarriß m

tip v.t. kippen; verkanten; (Schneidwerkzeuge:) bestücken

tip s Spitze f; (e. Brenners:) Mundstück n, Düse f; (Hartmetall:) Plättchen n, Bestückung f; (Gewindezahn, Zahnradzahn:) Spitze f

tip circle s (gearing) Kopfkreis m

tip circle diameter s Kopfkreisdurchmesser m

tipper s Kipper m

tipper gear s Kippgetriebe n

tipping s (Hartmetall:) Bestückung f

TIPPING ~ (angle, cart, device, furnace) Kipp~

tipping gear s Kippvorrichtung f

tippler s Wipper m

tire s (auto.) Reifen m, Bandage f

tire bolt s Kegelsenkschraube f

tire boring and turning mill, Bandagen-Bohr- und Drehbank f

tire boring mill s Radreifenbohrbank f

tire chain s Schneekette f

tired mechanical shovel, Autobagger m

tire gage s Reifenluftdruckprüfer m

tire inflation s Reifenluftdruck m

tire inflation cylinder s Reifenfüllflasche f

tire iron s Reifenheber m

tire lever s Reifenmontierhebel m

tire mill s Reifenwalzwerk n

tire pressure s Reifenluftdruck m

tire remover s Reifenheber m

tire rolling mill s Bandagenwalzwerk n

Tirrill regulator s Vibrationsregler m

toe-in s (auto.) Radvorspur f, Vorspur f, Vorspurwinkel m

toggle s Kniehebel m

toggle drawing press s Kniehebelziehpresse f

toggle joint s Winkelgelenk n, Kniegelenk n

toggle-joint press s Kniehebelpresse f

toggle-joint riveter s Kniehebelnietmaschine f

toggle switch s Kippschalter m

tolerance v.t. tolerieren

tolerance s Toleranz f

toll exchange s (tel.) Fernamt n

toll line s (tel.) Fernleitung f; (in UK:) Bezirksleitung f

toll traffic s (tel.) Fernverkehr; (in UK:) Nahverkehr m

toluene s Toluol n

tommy s Knebelgriff m

tommy screw s Knebelschraube f

tone v.t. (photo., painting) tönen

tone s Ton m; Laut m

tongs pl. Zange f

tongue v.t. (Holz:) federn

tongue s (Holz:) Feder f

tonque and groove, (woodw.) Feder und Nut f

tongue and groove jointing, (Holz:) Spundung f

tongue switch s Zungenweiche f

tool v.t. (e. Werkzeugmaschine:) einrichten, [mit Werkzeugen] bestücken

tool s Werkzeug n; Instrument n; (metal cutting) Schneidmeißel m, Meißel m

TOOL ~ (angle, cabinet, chuck, design, designer, drawing, equipment, feed, grinder, hardening shop, hole, kit, maintenance, making, material, milling machine, overhang, production, rest, setter, setting, setup, shank, slide, smith, spindle, steel, wear) Werkzeug~

tool and cutter grinder, Meißelschleifmaschine f, Stähleschleifmaschine f

tool carrier slide s (planer) Hobelschlitten m

toolhead s (planer) Hobelsupport m, Höhensupport m; (shaper) Meißelhalter m

toolhead slide s (planer) Supportschieber m

toolholder s Werkzeughalter m, Werkzeugspanner m; (lathe) Meißelhalter m

tooling s (e. Werkzeugmaschine:) Werkzeugbestückung f

tooling diagram s (mach.) Einstellzeichnung f

tooling setup s Werkzeuganordnung f

tooling system s (mach.) Werkzeuganordnung f

tool life s (e. Werkzeuges:) Standzeit f

tool lift s Meißellüftung f, Meißelabhebung f

toolmaker s Werkzeugschlosser m, Werkzeugmacher m

toolmakers' flat s Meßscheibe f

toolmakers' vise s Maschinenschraubstock m

tool mark s Drehriefe f, Bearbeitungsriefe f

tool mounting s Meißeleinspannung f

toolroom s Werkzeugmacherei f

toolroom milling machine s Werkzeugfräsmaschine f

tool setting gage s Meißeleinstellehre f

tool shank hole s (power press) Zapfenspannloch n

tool thrust s (e. Meißels:) Schnittdruck m

tooth s (gearing, threading) Zahn m; (e. Schneidwerkzeuges:) Schneide f

tooth clearance s Zahnspiel n

tooth contact s Zahnlage f

tooth contour s Zahnprofil n

tooth engagement s Zahneingriff m

tooth face s Kopfzahnflanke f

tooth flank s Zahnflanke f

tooth form s Zahnprofil n
tooth gap s Zahnlücke f
tooth measuring gage s Zahnmeßlehre f
tooth milling cutter s Verzahnungsfräser m
tooth profile s Zahnform f
tooth profile error s Zahnformfehler m
tooth trace s Zahnflankenlinie f
top v.t. (rolling mill) abschopfen
top up v.t. nachfüllen, auftanken
top s (Gewinde:) Spitze f; (Walzenständer:) Kappe f; (Zahnrad:) Zahnkopf m
top-blowing oxygen converter s Sauerstoffaufblaskonverter m
top-blowing oxygen process s Sauerstoffaufblasverfahren n
top-blowing process (steelmaking) Aufblaseverfahren n
top-cast v.t. fallend gießen
top casting s fallender Guß
top chord s (building) Obergurt m
top coat s Deckanstrich m, Deckschicht f
top die s Obergesenk n, Patrize f
top edge s Oberkante f
top end of an ingot, (met.) Blockkopf m
top gear s (auto.) Schnellgang m
top layer s Deckschicht f; (welding) Deckraupe f
top-pour v.t. fallend gießen
top pouring s fallender Guß
top-pour ladle s Gießpfanne f mit Schnauzenausguß
top radius s (gearing) Zahnkopfabrundung f
top run s (welding) Decklage f
top slide s (lathe) Oberschieber m
top slide rest s (lathe) Obersupport m
top speed s Enddrehzahl f

torch s (welding) Brenner m
torch battery s Stabbatterie f
torch cutting s Brennschneiden n
torque s Drehmoment n
torque converter s Drehmomentenwandler m
torque regulator s Drehmomentregler m
torque wrench s Drehmomentschlüssel m
torsion s Verdrehung f, Drall m, Verwindung f
TORSION ~ (meter, modulus, test, testing machine) Verdrehungs~
torsional damper, Drehschwingungsdämpfer m
torsional fatigue strength, Drehwechselfestigkeit f
torsional force, Verdrehungskraft f
torsional moment, Verdrehmoment n
torsional resistance, Verdrehungswiderstand m
torsional strength, Verdrehfestigkeit f, Verdrehungsfestigkeit f, Drehfestigkeit f
torsional stress, Drehspannung f, Verdrehungsbeanspruchung f
torsional vibration, Drehschwingung f
torsion bar s (auto.) Drehfederstab m
torsion bar axle assembly s (auto.) Drehstabfederachse f
torsion bar spring s (auto.) Stabfeder f
torsion bar suspension s (auto.) Drehfederung f
torsion recorder s Torsiograph m
torsion-resistant a. verwindungssteif
torsion spring s (auto.) Drehfeder f, Drehungsfeder f
total s Gesamtsumme f
TOTAL ~ (consumption, efficiency, force, load, loss, output, radiation, radiation pyrometer, resistance, spin, voltage, weight) Gesamt~

total cylinder capacity, *(auto.)* Gesamthubraum *m*

touch *v.t.* anfassen

touch *s* Berührung *f*; Griff *m*; (metrol.) Meßgefühl *n*

touch welding *s* Schleppschweißung

tough *a.* zäh

toughen *v.t.* zäher machen; *(electroerosion)* härten

toughen by sparks, funkenhärten

toughness *s* Zähigkeit *f*

touring car *s* Reisewagen *m*

tow off *v.t. (auto.)* abschleppen

tow *s* Werg *n*

tower crane *s* Turmdrehkran *m*

tower wagon *s* Turmkraftwagen *m*

tow hooks *s (auto.)* Zughaken *m*

towing *s* Schleppen *n*; (auto.) Abschleppen *n*

TOWING ~ (coupling, crane, pole, rope, service) Abschlepp~

towing gear *s (auto.)* Zugvorrichtung *f*

tow rope *s (auto.)* Abschleppseil *n*

toxic substance, Giftstoff *m*

trace *v.t. (drawing)* anreißen; (Kurven:) ausziehen; *(copying)* abtasten

trace *s* Spur *f*; (bei Zahnkopfflanken:) Linie *f*

tracer *s (copying)* Fühler *m*, Taster *m*

tracer-controlled *a.* fühlergesteuert

tracer control mechanism *s* Fühlersteuerung *f*

tracer pin *s (copying)* Abtaststift *m*, Kopierstift *m*

tracer roller *s (copying)* Leitrolle *f*

tracer unit *s (copying)* Tasteinrichtung *f*

tracing cloth *s* Pausleinwand *f*

tracing paper *s* Pauspapier *n*

track *v.t. (radio)* abgleichen

track *s* Bahn *f*, Fahrbahn *f*, Strecke *f*; *(nucl., radar, traffic)* Spur *f*; (railw.) Strang *m*; Geleise *n*; *(progr.)* Kanal *m*, Spur *f*

TRACK ~ (ballast, connection, construction, distortion, laying, level, lifting jack, panel, recording coach, relay, tamper, tamping machine, work) Gleis~

track bed *s* Bahnkörper *m*

track diagram *s* Gleistafel *f*

tracked vehicle, Kettenfahrzeug *n*, Raupenfahrzeug *m*

track gage *s (auto.)* Spurmesser *m*; (railw.) Spurweite *f*

track hopper *s* Einwurftrichter *m*

tracking *s (radio)* Abgleich *m*

tracking resistance *s* Kriechstromfestigkeit *f*

track laying machinery *s* Gleisbaumaschinen *fpl.*

trackmotor car *s* Draisine *f*

track rod *s (auto.)* Lenkspurstange *f*

track rod arm *s (auto.)* Spurhebel *m*

track spike *s* Spurnagel *m*

track-type vehicle *s* Raupenfahrzeug *n*

traction battery *s* Fahrzeugbatterie *f*

traction dynamometer *s* Zugmesser *m*

traction motor *s* Fahrmotor *m*

traction rope *s* Zugseil *n*

traction switch *s* Fahrschalter *m*

tractive power, Zugkraft *f*

tractor *s* Sattelzugmaschine *f*, Traktor *m*, Schlepper *m*

tractor-drawn roller, *(road building)* Schleppwalze *f*

tractor-trailer *s* Zugmaschinenanhänger *m*

tractor transmission *s* Schleppertriebwerk *n*

trade fair s Fachmesse f
trade-in value s Verkehrswert m
trade mark s Fabrikzeichen n, Schutzmarke f
traffic s Verkehr m
traffic artery s Verkehrsader f
trafficator s (auto.) Winker m
trafficator switch s (auto.) Blinkerschalter m
traffic control s Verkehrsregelung f
traffic installation s Verkehrsanlage f
traffic jam s Verkehrsstockung f
traffic light s Verkehrsampel f
traffic sign s Verkehrszeichen n
trailer s (auto.) Anhänger m
TRAILER ~ (axle, brake, chassis, coupling, spring, tow hook, warning sign) Anhänger~
trailer lighting connection s Anhängerlichtkupplung f
trailer plug and socket fitting, Anhängersteckvorrichtung f
trailer tipping gear s Anhängerkippvorrichtung f
train s (railw.) Zug m; (rolling mill) Straße f; (data syst.) Folge f, Reihe f, Serie f
trajectory s Flugbahn f
transconductance s (electr.) Steilheit f
transcriber s (data process.) Umschreiber m
transducer s Wandler m
transfer v.t. transferieren; (conveying) überführen; (Maße:) übertragen
transfer s Förderung f; Übertragung f; Transport m; (Wärme:) Übergang m
transfer equipment s (opt.) Übertragungsgerät n
transfer ladle s (founding) Transportpfanne f

transfer line s (mach.) Fließreihe f, Fertigungsstraße f
transfer machine s Transfermaschine f
transfer mold s (plastics) Spritzpreßform f
transfer molding s (plastics) Spritzpressen n
transfer table s Schiebebühne f
transform v.t. umwandeln; (electr.) umspannen
transformation s Umwandlung f; (electr.) Umformung f
transformation point s Umwandlungspunkt m
transformation range s Umwandlungsbereich m
transformation temperature s (met.) Umwandlungstemperatur f
transformer s (electr.) Umspanner m, Transformator m
TRANSFORMER ~ (cell, circuit, coil, core, current, oil, operation, station, steel sheet, switch, terminal, voltage, winding) Transformatoren~
transient current s Einschwingstrom m, Ausgleichsstrom m
transient voltage s Momentanspannung f, Stoßspannung f
transient wave s (electr.) Wanderwelle f
transistor s Kristallverstärker m, Transistor m
transit call s Durchgangsgespräch n
transition s Übergang m
transition time s (electron.) Sprungzeit f
transit-mixed concrete, Fertigbeton m
transit time s (electron.) Laufzeit f
translucent a. durchscheinend, lichtdurchlässig
transmission s Übertragung f; (hydr.) Getriebe n; (radio) Sendung f

TRANSMISSION ~ *(radio)* (band, channel, circuit, frequency, power, range, set, station, tube) Sende~

TRANSMISSION ~ *(electr.)* (agent, coefficient, level, loss, network, range, speed, voltage) Übertragungs~

TRANSMISSION ~ *(data syst.)* (code, delay, path, request) Übertragungs~

transmission case s Getriebekasten m

transmission factor s *(opt.)* Durchlässigkeit f

transmission fit s Reibesitz m

transmission gear s Getriebezahnrad n

transmission gearing s Übersetzungsgetriebe n

transmission grease s Getriebefett n

transmission level meter s *(electr.)* Pegelmesser m

transmission line s *(electr.)* Überlandleitung f, Fernleitung f, Freileitung f

transmission oil s Getriebeöl n

transmission oil pump s *(auto.)* Getriebeölpumpe f

transmission ratio s Getriebeübersetzung f

transmission shaft s Transmissionswelle f

transmit v.t. übertragen; *(mech.)* übersetzen; *(radio)* senden, aussenden

transmitted light, *(opt.)* Durchlicht n

transmitter s *(radio)* Sender m

transparency s Lichtdurchlässigkeit f, Transparenz f

transparency meter s Lichtdurchlässigkeitsmesser m

transparent a. durchsichtig

transparent color, Lasurfarbe f

transport v.t. fördern, befördern, überführen

transport s (of a magnetic tape), Vorschub m

transportation s Transport m

transport car s Förderwagen m

transpose v.t. (Gewinde:) umwandeln

transposing gears pl. *(screwcutting)* Umwandlungsgetriebe n

transposition pole s *(tel.)* Kreuzungsmast m

transverse a. quer

transverse bending strength, Durchbiegungsfestigkeit f

transverse bending test, Querbiegeversuch m

transverse cardan-shaft, *(auto.)* Querkardanwelle f

transverse conductance, Querleitwert m

transverse crack, Querriß m

transverse current, Querstrom m

transverse fatigue test, Biegeermüdungsversuch m

transverse feed, *(metal cutting)* Plangang m

transverse rotary turret, Plandrehrevolver m

transverse section, *(drawing)* Stirnschnitt m

transverse stress, Querbeanspruchung f

transverse test specimen, Querprobe f

trap s Falle f; Abscheider m

trapezoidal thread, Trapezgewinde n

trass s Trass m

travel s Weg m; Lauf m; Durchgang m, Durchlauf m

travelling bridge crane s Brückenlaufkran m

travelling crane s Fahrkran m, Laufkran m

travelling grate s Wanderrost m

travelling grate firing s Wanderrostfeuerung f

travelling stripper crane s *(met.)* Stripperlaufkran m

travelling wave s *(electr.)* Wanderwelle f

traversable a. begehbar

traverse v.t. verschieben, verfahren, fahren

traverse s Lauf m, Bewegung f, Durchlauf m, Gang m

traverse grinding, Längsschleifen n

traverse thread milling, Langgewindefräsen n

traversing motor s (e. Supports, Tisches:) Verstellmotor m

tray s (Öl, Späne:) Wanne f, Fangschale f

tread s (e. Rades:) Lauffläche f

tread pattern s *(auto.)* Reifenprofil n

treat v.t. behandeln; bearbeiten; verarbeiten

treatment s Behandlung f; *(surface finish)* Bearbeitung f

trench s Graben m; (Kabel:) Schacht m

trench excavator s Grabenbagger m

trenching plough s Grabenpflug m

trend s Neigung f, Tendenz f

trepan v.t. kernbohren, auskesseln, hohlbohren

trepanning head s Kernbohrkopf m

trepanning tool s Hohlbohrer m, Ausdrehmeißel m

trestle s Bock m

trial s Versuch m, Probe f

triangle s *(geom.)* Dreieck n

triangular warning sign, *(auto.)* Dreieckwarnzeichen n

trickle v.i. sickern

trickle charger s *(electr.)* Dauerladegerät n

trigger switch s Drückerschalter m

trim v.t. (Bleche:) besäumen, beschneiden; (Schmiedeteile:) entgraten, abgraten

trimmer punch s Abgratstempel m

TRIMMING ~ (blade, cutter, die, tool) Abgrat~

trimming machine s Abgratmaschine f, Beschneidemaschine f

trimming shear s (Bleche:) Besäumschere f, Saumschere f; (Schmiedeteile:) Abgratschere f

triode s Dreipolröhre f

trip v.t. auslösen, ausschalten

trip s Ausschalter m

trip bar s Auslösestange f

trip dog s Auslösenocken m

trip gear s Sperrung f

triple a. dreifach

tripod s Stativ n

tripping s Auslösung f, Ausschaltung f

TRIPPING ~ (accuracy, action, mechanism, pressure) Auslöse~

trolley v.i. katzfahren

trolley s Laufkatze f

trolleybus s Oberleitungsomnibus m

trolleybus body s Obusaufbau m

trolleybus chassis s Obusfahrgestell n

trolleybus trailer s Obusanhänger m

trolley conveyor crossing s Hängebahnkreuzung f

trolley frog s Fahrdrahtweiche f

trolley ladle s Hängebahngießpfanne f

trolley line s Fahrleitung f

trolley rail switch s Hängebahnweiche f

trolley runway s Laufkatzenfahrbahn f

trolley track s Katzenbahn f

trolley wheel s *(electr.)* Rollenstromabnehmer m

trolley wire s Fahrdraht m
tropicallized p.a. tropenfest
trouble s Mühe f, Schwierigkeit f; Störung f
trouble-free a. störungsfrei
trouble-hunting s (data syst.) Fehlersuche f
trough s (für Späne:) Auffangrinne f
trough belt s Troggurt m, Muldengurt m
troughing s (Kabel:) Kanal m
truck s Lastkraftwagen m
truck driver s Fernfahrer m
truck jack s Lastkraftwagenheber m
truck mixer s (road building) Transportmischer m
truck-tractor s Sattelschlepper m, Zugmaschine f
truck-trailer combination s Lastzug m
tructier s Stapelwagen m
tructractor s Elektrozugkarren m
true v.t. (Schleifscheiben:) abziehen
true a. genau, richtig
true to gage a. lehrengenau
true to size a. maßgenau, maßhaltig
true rake, (e. Drehmeißels:) Spanfläche f
true-running p.a. genaulaufend
truing device s Abdrehgerät n
trunk s Leitung f, Verbindung f; Bündel n
trunk cable s Fernkabel m
trunk call s (tel.) Ferngespräch n, Fernverbindung f, Fernruf m
trunk connection s (tel.) Fernverbindung f
trunk exchange s Fernamt n, Fernvermittlung f
trunk line s (tel.) Amtsleitung f
trunk line cable s Fernleitungskabel n
trunk rack s (auto.) Gepäckbrücke f
trunk road s Fernverkehrsstraße f, Hauptverkehrsstraße f

trunk room s Kofferraum m, Gepäckraum m
trunk traffic s Fernverkehr m
trunk transport car s Langholzwagen m
trunk wood s Stammholz n
trunnion s (e. Konverters:) Wendezapfen m
truss construction s Fachwerkkonstruktion f
truss head s (e. Nietes:) Flachrundkopf m
try v.t. versuchen, erproben, probieren
try square s Anschlagwinkel m
T-section s T-Profil n
T-slot s Spann-Nut f, T-Nut f, Aufspannut f
T-slot cutter s Nutenfräser m
T-square s Anschlaglineal n, Kreuzwinkel m
tube s Rohr n; (electr.) Röhre f
TUBE ~ (amplifier, base, frequency, fuse, generator, holder, lamp, manufacture, noise, receiver, rectifier, resistance, rolling mill, tester, voltage) Röhren~
tubeless tire, (auto.) schlauchloser Reifen
tube mill s Rohrmühle f
tube rolling s Röhrenwalzen n
tube welding s Rohrschweißung f
tubular lamp, Soffitte f
tubular mast, Rohrmast m
tubular pole, Rohrmast m
tubular radiator, Röhrenkühler m
tubular rivet, Rohrniet m
tubular scaffold, Rohrgerüst n
tubular shaft, Rohrwelle f
tubular spirit level, Röhrenlibelle f
tubular steel scaffold(ing), Stahlrohrgerüst n
tubular transmission shaft, (auto.) Kardanrohr n
tuff s Tuffstein m

tumble *v.t.* (Guß:) rommeln, trommeln, scheuern; (Oberflächen:) rollieren

tumbler *s (foundry)* Putztrommel *f*

tumbler gear *s* Schwenkrad *n*

tumbler lever *s* Schwenkhebel *m*, Schwinge *f*; Kipphebel *m*

tumbler switch *s* Kipphebelschalter *m*, Kippschalter *m*

tumbling barrel *s* Putztrommel *f*, Scheuertrommel *f*

tundish *s (steelmaking)* Gießwanne *f*, Zwischenpfanne *f*

tune *v.t. (radio)* abstimmen

tung oil *s* Holzöl *n*

tungsten *s* Wolfram *n*

TUNING ~ (capacitor, range, scale, sharpness) Abstimm~

tunnel *s* Tunnel *m*, Stollen *m*, Kanal *m*

tunnel kiln *s* Tunnelofen *m*, Kanalofen *m*

tup *s (civ.eng.)* Schlagbär *m*, Bär *m*

turbine *s* Turbine *f*

TURBINE ~ (blade, casing, engine, governor, nozzle, output, shaft, vane) Turbinen~

TURBO-~ (blower, compressor, dynamo, generator, pump) Turbo~

turbo-supercharger *s* Turbolader *m*

turbulence *s* Wirbelströmung *f*

turbulence chamber *s* (Motor:) Wirbelkammer *f*

turn *v.t.* drehen, wenden; *(lathe)* drehen, abdrehen

turn inside diameters, innenausdrehen

turn multiple diameters, anschlagdrehen

turn over *v.t.* (Walzgut:) kanten; – *v.i.* umfallen

turn upside down *v.t.* hochkantstellen

turn *s* Drehung *f*, Wendung *f*; Windung *f*; (Gewindes:) Gang *m*

turnbuckle *s* Spannschloß *n*

turned surface pattern, Drehbild *n*

turning attachment *s (lathe)* Drehvorrichtung *f*

turning circle *s (auto.)* Spurkreis *m*

turning diameter *s* Drehdurchmesser *m*

turning, drilling and boring lathe, Dreh- und Bohrmaschine *f*

turning, drilling, boring, and cutting-off lathe, Dreh-, Bohr- und Abstechmaschine *f*

turning machine *s* Drehmaschine *f*

turnings *pl.* Drehspäne *mpl.*

turning slide rest *s (lathe)* Drehschlitten *m*

turning speed *s (lathe)* Drehgeschwindigkeit *f*

turning tool *s* Drehmeißel *m*

turnover molding machine *s* Wendeformmaschine *f*

turnover plate *s* (e. Formmaschine:) Wendeplatte *f*

turnover-table jolter *s* Rüttelwendeformmaschine *f*

turnover table molding machine *s* Wendeplattenformmaschine *f*

turnpike *s* Autobahn *f*

turnpike cruiser *s (auto.)* Straßenkreuzer *m*

turntable *s (auto.)* Drehkranz *m*; *(vertical turret lathe)* Drehscheibe *f*

turntable ladder *s* Drehleiter *f*

turpentine *s* Terpentin *n*

turpentine oil *s* Terpentinöl *n*

turret *s (turret lathe);* Revolverkopf *m*, Revolver *m*

TURRET ~ (automatic, finishing lathe, lathe) Revolver~

TURRET ~ (boring machine, face, indexing mechanism, locking mechanism) Revolverkopf~

turret head s Revolverkopf m, Revolver m; *(vertical turret lathe)* Support m

turret-type chucking automatic s Futterrevolverautomat m

tuyere s *(met.)* Windform f, Düse f, Winddüse f

tuyere bottom s *(met.)* Düsenboden m

tuyere nozzle s *(met.)* Düsenkopf m

tuyere stock s *(met.)* Düsenstock m

tweezers pl. Pinzette f

twin conductor s *(electr.)* Doppelleiter m

twin-head gear cutting machine, Zwillingszahnradfräsmaschine f

twin-jet blowpipe s Zweiflammenbrenner m

twin lever s Doppelhebel m

twin plug s Doppelstecker m

twist v.t. verwinden, verdrallen, verdrehen

twist s Verwindung f, Verdrehung f, Drall m, Spirale f

twist balance s *(ball.)* Drallausgleich m

twist drill s Spiralbohrer m

twist drill grinder s Spiralbohrerschleifmaschine f

twisted steel, *(concrete)* Drallstahl m

twisted steel bars of deformed rounds, Torstahl m

twisted steel bars of deformed squares, Drillwulststahl m

twistgrip s *(motorcycle)* Drehgriff m

twist guide s *(rolling mill)* Drallführung f

twisting stress s Verdrehungsbeanspruchung f

two-cell accumulator, Doppelakkumulator m

two-column friction screw press, Zweisäulen-Friktionsspindelpresse f

two-cylinder engine, *(auto.)* Zweizylindermotor m

two-electrode valve, Diodenröhre f, Diode f

TWO-HIGH ~ (blooming mill, finishing stand, plate mill, reversing mill, reversing plate mill, reversing stand, rolling mill stand, sheet rolling mill, stand, universal mill) Duo~

two-jaw chuck, Zweibackenfutter n

two-layer steel sheet, Zweilagenblech n

two-phase alternating current, zweiphasiger Wechselstrom

two-phase carburetor, *(auto.)* Registervergaser m

two-pin plug, Doppelstecker m

two-rate meter, *(electr.)* Doppeltarifzähler m

two-speed adjusting gears, Zweistufenstellgetriebe n

two-speed reversing mechanism, Zweistufenwendegetriebe n

two-spindle fixed-bed type miller, Doppelspindelfräsautomat m

two-stroke engine, Zweitaktmotor m

two-valve receiver, Zweiröhrenempfänger m

two-way boring and drilling machine, Zweiwegebohrmaschine f

two-way machine, Zweiwegemaschine f

two-way rectification, Doppelweggleichrichtung f

two-way rule, Schiebemaßstab m

two-way telephone equipment, Gegensprechanlage f

two-way wiring, Wechselschaltung f

two-wheel tractor, Zweiradsattelschlepper m, Einachsschlepper m

type s Baumuster n, Bauart f, Modell n *(progr.)* Schrift f

type metal s Letternmetall n

tyre s cf. tire

U

ultimate load, Bruchlast f
ultimate strength, Zerreißfestigkeit f
ultimate stress limit, Bruchgrenze f
ultimate tensile stress, Zerreißbelastung f
ultrashort wave, Ultrakurzwelle f
ultrashort wave transmitter, Ultrakurzwellensender m
ultrasonic drilling, Ultraschallbohren n
ultrasonic grinding, Stoßläppen n
ultrasonics pl. Ultraschall m
ultra-violet radiation, Ultraviolettstrahlung f
unalloyed a. unlegiert
unbalance s Unwucht f
unbolt v.t. losschrauben
unclamp v.t. ausspannen, abspannen
unclutch v.t. entkuppeln, ausrücken
uncoiler s (rolling mill) Abrollhaspel f
uncouple v.t. auskuppeln, entkuppeln
underbridge s (railw.) Unterführung f
undercoating varnish s Vorlack m
undercooling s Unterkühlung f
undercut v.t. (metal cutting) freiarbeiten, unterschneiden
undercut s Freistich m
underfloor engine s (auto.) Unterflurmotor m
underground cable s Erdkabel n
underground furnace s Unterflurofen m
underground laying s Erdverlegung f
undermining s (civ.eng.) Unterwaschung f, Wegspülung f
underpass s (railw.) Unterführung f
underpinning s (civ.eng.) Unterklotzung f, Unterfangung f
underplaster installation s Unterputzverlegung f

undersize s Untermaß n; (Aufbereitung) Unterkorn n
under-voltage s Unterspannung f
undervoltage circuit-breaker s Unterspannungsschalter m
undervoltage trip s Unterspannungsauslöser m
underwash v.t. (building) auswaschen, unterspülen; – v.i. auskolken
underwashing s Unterwaschung f, Wegspülung f, Auskolkung f
underwater welding s Unterwasserschweißung f
undulation s (Oberfläche:) Welle f
undulatory current, Mischstrom m
uneven a. ungerade, uneben
unevenness s Unebenheit f
unidimensional a. eindimensional
unified screw thread, UST-Gewinde n
uniformity s Einheitlichkeit f
union s Verbindung f
Unionmelt process s (welding) Ellira-Verfahren n
unipolar a. einpolig
uniselector s (tel.) Einwegwähler m
unit s Einheit f; Aggregat n
unit assembly system s Baukastensystem n
unit cost pl. Kostensatz m
unite v.t. binden, verbinden
unity s (math.) Einheit f
UNIVERSAL ~ (bevel protractor, boring machine, broaching machine, chuck, depth gage, dividing head, grinding machine, index center, indexing head, lapping machine, lathe, milling machine, motor, plier, rolling mill, slotter, spanner,

tap, wrench, toolholder) Universal~

universal bevel, Schrägwinkel *m*

universal divider, Stangenzirkel *m*

universal joint, Kreuzgelenk *n*, Kardangelenk *n*

universal joint coupling, Kreuzgelenkkupplung *f*

universal joint ring, *(auto.)* Kardankranz *m*

universal joint shaft, Gelenkwelle *f*

universal joint sleeve, *(auto.)* Gelenkstulpen *m*

universal lathe chuck, Universalplanscheibe *f*

universal mill plate, Universalstahl *m*

universal saw bench, Universalkreissäge *f*

universal shaft, Kardanwelle *f*

universal-shaft drive, *(auto.)* Kardanantrieb *m*

universal shunt, *(electr.)* Mehrfachnebenwiderstand *m*

universal surface gage, Reißstock *m*

universal trunnion, Kreuzzapfen *m*

unload *v.t.* abladen, entladen; entlasten; (Werkstücke:) ausspannen

unloading device *s (mach.)* Entladevorrichtung *f*

unloading gripper *s (automatic lathe)* Entladegreifer *m*

unlock *v.t.* entriegeln

unmodified gear, Nullrad *n*

unmodified gearing, Nullgetriebe *n*

unsaponifiable *a* unverseifbar

unscrew *v.t.* losschrauben, abschrauben, herausschrauben

unstress *v.t.* entspannen

unwieldy *a.* unhandlich

up-cut milling *s* Gegenlauffräsen *n*

up-draft carburetor *s* Aufstromvergaser *m*, Steigstromvergaser *m*

upend *v.i.* hochkantstellen

up-grade *s (road building)* Steigung *f*

upholster *v.t.* polstern

upholstery *s (auto.)* Polsterung, Polster *n*

upholstery fabric *s (auto.)* Polsterstoff *m*

upholstery leather *s (auto.)* Polsterleder *n*

upkeep *s* Wartung *f*

upper die, Obergesenk *n*, Stempel *m*, Patrize *f*

upper slide, *(lathe)* Oberschieber *m*

upright drilling machine, Ständerbohrmaschine *f*

upset *v.t.* stauchen

upset butt weld *s (welding)* Wulstnaht *f*

upset butt welding *s* Preßstumpfschweißen *n*

upsetter *s* Stauchpresse *f*

upsetting die *s* Stauchmatrize *f*, Stauchstempel *m*, Preßbacke *f*

upsetting machine *s* Stauchmaschine *f*

upsetting press *s* Stauchpresse *f*

upset welding *s* Stauchschweißung *f*

uptake *s* Steigleitung *f*

upward motion, Aufwärtsbewegung *f*

upward rotation, Aufwärtsdrehung *f*

upward swing, Aufwärtsschwenkung *f*

uranium pile *s* Atomkernbrenner *m*

use *s* Nutzen *m*; Verwendung *f*, Einsatz *m*

useful life, Nutzungsdauer *f*; (e. Schneidwerkzeuges:) Standzeit *f*

useful load, Nutzlast *f*

useful power, (Motor:) Nutzleistung *f*

useful voltage, *(electr.)* Wirkspannung *f*

useful work, Nutzarbeit *f*

user *s (data process.)* Anwender *m*

USER~ (code, file, label, replace card, trailer card) Benutzer~, Anwender~

U-shaped sealing ring, Nutringmanschette f

utensil s Gerät n

utensil plug s Gerätestecker m

utensil socket s Gerätesteckdose f

utility car s Kombiwagen m

utility vehicle s Nutzfahrzeug n

utilization s Nutzung f; Auslastung f

V

vacuum s Luftleere f; Unterdruck m, Vakuum n

VACUUM ~ (brake, drying oven, lamp, pump, switch, tube) Vakuum~

vacuum cleaner s Staubsauger m

vacuum gage s Unterdruckmanometer n, Vakuummesser m

vacuum servo brake s Unterdruckservobremse f

vacuum tube lamp s Leuchtröhre f

valence s Wertigkeit f

value s Wert m

valve s Ventil n; (electr.) Röhre f; s. a. tube ~

VALVE ~ (body, box, cone, disc, flap, lift, needle, seat, setting gage, stem) Ventil~

valve-controlled p.a. röhrengesteuert

valve gear s (als Bauteil:) Ventilsteuerung f

valve refacer s Ventilschleifmaschine f

valve scavenging s (auto.) Ventilspülung f

valve seat grinder s Ventilsitzschleifmaschine f

valve seat insert s (auto.) Ventilsitzring m

valve seat reamer s Ventilsitzfräser m

valve timing s Ventileinstellung f

van s Lieferwagen m

vane s (hydr.) Schaufel f; (e. Mühle:) Flügel m

vapor s Dampf m

vapor-blast liquid lapping machine, Strahlläppmaschine f

vaporization s Verdampfung f

vaporize v.i. verdampfen

vaporous a. dampfförmig, dampfartig

var-hour meter s Blindverbrauchszähler m

variability s Regelbarkeit f

variable a. veränderlich; (speeds) regelbar

variable s Veränderliche f; (math.) Größe f

variable air condenser, Luftdrehkondensator m

variable capacitor, Drehkondensator m

variable head torch, (welding) Wechselbrenner m

variable-speed control, Stufenschalten n

variable-speed D. C. motor, Gleichstromregelmotor n

variable-speed drive, Stufenantrieb m

variable-speed gear drive, regelbares Getriebe, Regelgetriebe n, Stufenrädergetriebe n

variable-speed motor, Regelmotor m

variable-speed transmission, Stufengetriebe n

variance s Abweichung f

variation s Änderung f; Schwankung f; Wechsel m; Streuung f; (speeds) Abstufung f, (Passungen:) Abweichung f

variety saw s Tischkreissäge f

varnish v.t. lackieren

varnish s Leinölfirnis m, Lack m

varnish coat s Lackanstrich m, Lacküberzug m

varnish color s Lackfarbe f

varnish color coat s Lackfarbenanstrich m

varnished cambric wire, Lackpapierdraht m

varnished paper, Lackpapier n

varnish filler s Lackspachtel m

varnish gum s Lackharz n

vary v.t. verändern; (Drehzahlen:) verstellen, abstufen, regeln; – v.i. schwanken

vary infinitely v.t. stufenlos regeln

vault *s* Gewölbe *n*
V-belt *s* Keilriemen *m*
V-belt pulley *s* Keilriemenscheibe *f*
V-block *s* Anreißprisma *n*
vector diagram *s* Vektordiagramm *n*
vectorial angle, Vektorwinkel *m*
vector model *s (nucl.)* Vektormodell *n*
vee out *v.t. (welding)* auskreuzen, ausbauen
Vee-belt cone pulley *s* Keilriemenstufen-
scheibe *f*
Vee-guideways *pl. (lathe)* Prismenfüh-
rungsbahn *f*
vegetable black, Rebschwarz *n*
vehicle *s* Fahrzeug *n; (chem.)* Träger *m*
vehicle chain *s (auto.)* Kraftfahrzeugkette *f*
vehicle washing equipment *s (auto.)* Wa-
genwaschanlage *f*
vein *s (geol.)* Ader *f*
velocity *s* Geschwindigkeit *f*
velocity of fall, Fallgeschwindigkeit *f*
veneer *v.t.* furnieren
veneer *s* Furnier *n*
veneer panel *s* Furnierplatte *f*
vent hole *s* Luftloch *n*
ventilate *v.t.* belüften; entlüften; lüften
ventilate separately *v.t.* (Motor:) fremdbe-
lüften
ventilated motor, Lüftermotor *m*
ventilating equipment *e (auto.)* Belüf-
tungsanlage *f*
ventilating hose *s (auto.)* Belüftungs-
schlauch *m*
ventilating system *s* lüftungstechnische
Anlage
ventilation *s* Lüftung *f;* Belüftung *f;* Entlüftung *f;* Ventilation *f*
ventilation flap *s (auto.)* Lüftungsklappe *f*
ventilation plug *s* Entlüftungsstopfen *m*

ventilation shaft *s* Entlüftungsschacht *m*
ventilation window *s (auto.)* Entlüftungs-
scheibe *f*
ventilator *s* Lüfter *m,* Entlüfter *m;* Ventilator
m
vent wing *s (auto.)* Drehflügelfenster *n*
vernier caliper gage *s* Feinmeßschiebleh-
re *f*
vernier capacitor *s* Feinabstimmkonden-
sator *m*
vernier height gage *s* Höhenschieblehre *f*
vernier reading *s* Noniusablesung *f*
versatile *a.* vielseitig
versatility *s* Vielseitigkeit *f*
vertex *s (geom.)* Scheitel *m*
vertical *a.* senkrecht, vertikal
VERTICAL ~ (antenna, automatic lathe,
broaching machine, cut, drilling machine,
frequency, guideway, knee-and-column miller, lapping machine, lift, milling
machine, movement, plane, position,
precision boring machine, spindle, surface broaching machine, turret lathe)
Senkrecht~
vertical adjustment, Senkrechtverstel-
lung *f,* Höhenverstellung *f,* Höheneinstel-
lung *f*
vertical boring and turning mill *s* Bohr-
und Drehmaschine *f*
vertical down-welding, Abwärtsschwei-
ßung *f*
vertical feed, *(metal cutting)* Höhenvor-
schub *m,* Tiefenvorschub *m*
vertical lift bridge, Hubbrücke *f*
vertically adjustable *a.* höhenverstellbar
vertical skirting, *(civ. eng.)* Stehsockel
m
vertical spindle grinder, Senkrecht-
schleifmaschine *f*

vertical spindle miller, Senkrechtfräsmaschine f

vertical tire boring mill, Radreifenkarusselldrehmaschine f

vertical up-welding, Aufwärtsschweißen n

vessel s Gefäß n, Behälter m; Dampfer m

V-gear s V-Rad n

V-groove s (e. Bandbremse:) Keilnut f

V-guideways spl. (e. Werkzeugmaschine:) Trisma n

VHF broadcasting s UKW-Rundfunk m

VHF range s (radio) UKW-Bereich m

viaduct s (railw.) Überführung f

vial s Libelle f

vibrated concrete, Rüttelbeton m

vibrating equipment s (concrete) Rüttelgerät n

vibrating reed instrument s Vibrationsmeßgerät n, Zungenfrequenzmesser m

vibrating table s (concrete) Schwingtisch m

vibrating tamper s Rüttelstampfer m

vibration s Schwingung f (konstanter Frequenz)

vibration absorption s Vibrationsdämpfung f

vibration damper s Schwingungsdämpfer m

vibration-damping a. schwingungsdämpfend

vibration excitation s Schwingungserregung f

vibration galvanometer s Vibrationsgalvanometer n

vibrationless a. erschütterungsfrei

vibration threshold s Vibrationsschwelle f

vibrator s (concrete) Rüttler m; (electr.) Zerhacker m

vibratory testing machine, Schwingungsprüfmaschine f

vibrograph s Schwingungsschreiber m

vibrometer s Schwingungsmesser m

video frequency s (telev.) Videofrequenz f

video signal s (telev.) Videosignal n

video terminal s Bildsichtgerät n

video transmission s Fernsehsendung f

view finder s (opt.) Sucher m

viewing screen s (telev.) Bildschirm m

Vincent friction screw press s Vincentpresse f

viscose rayon s Zellwolle f

viscosity s Zähflüssigkeit f

viscous a. strengflüssig, dickflüssig

viscous slag, zähflüssige Schlacke

vise s Schraubstock m

visibility s Sichtverhältnisse npl., Sichtbarkeit f

visible a. sichtbar

visual a. sichtbar

visual control, Sichtkontrolle f

visual obstruction, Sichtbehinderung f

visual range, Sichtweite f

vitreous a. glasig

vitreous enamel coating, Emailleüberzug m

vitrify v.t. sintern, verglasen

V-notch s Kerbnut f, Spitzkerb m

vocational training, Berufsausbildung f

V-O-external transmission, V-O-Außengetriebe n

voice-frequency telephony s Tonfrequenztelefonie f

void s Pore f, Hohlraum m

V-O-internal transmission, V-O-Innengetriebe n

volatile a. flüchtig

voltage s *(electr.)* Spannung f

VOLTAGE ~ (amplifier, coil, divider, drop, feedback, gradient, indicator, pulse, ratio, regulation, relay, series, transformer) Spannungs~

voltage circuit s Spannungspfad m

voltage detector s Spannungsprüfer m

volt-ampere-hour meter s Scheinverbrauchszähler m

volt-ampere meter s Scheinleistungsmesser m

voltmeter s Spannungsmesser m

volume s Raummenge f, Rauminhalt m, Volumen n

volume of sound, *(radio)* Lautstärke f

volume adjustment s Lautstärkeregelung f

volume capacity s Rauminhalt m

volume compressor s *(radio)* Dynamikbegrenzer m

volume control s *(radio)* Lautstärkeregelung f, Schwundregelung f

volume expander s *(radar)* Dynamikdehner m, Dynamikentzerrer m

volume range s *(radio)* Dynamik f

volume resistance s *(electr.)* Durchgangswiderstand m

volume resistivity s spezifischer Durchgangswiderstand

volumeter s Mengenmesser m

volumetric analysis, Maßanalyse f

volumetric measure, Raummaß n

volumetric weight, Raumgewicht n, Wichte f

vortex s *(hydrodyn.)* Wirbel m

V-shaped a. dachförmig

V-thread s Spitzgewinde n

V-track s *(lathe)* V-Bahn f

V-transmission s V-Getriebe n

V-type engine s Pfeilmotor m

V-type internal transmission, V-Innengetriebe n

vulcanite s Hartgummi n

vulcanized fiber, Vulkanfiber f

V-way s *(lathe, planer)* Bettprisma n

W

wad *s (forging)* Innengrat *m*, Spiegel *m*
wage accounting *s* Lohnwesen *n*
wage incentive plan *s* Leistungslohnsystem *n*
wagon *s (railw.)* Waggon *m*
wagon weighbridge *s* Gleiswaage *f*
walking beam furnace *s* Balkenherdofen *m*, Hubbalkenofen *m*, Schrittmacherofen *m*
wallboard *s* Wandfaserplatte *f*
wall bracket *s* Wandarm *m*
wall crane *s* Wandkran *m*, Konsolkran *m*
wall entrance *s (electr.)* Durchführung *f*
wall-mounted switch, Wandschalter *m*
wall-mounting cabinet, Wandschaltschrank *m*
wallpaper adhesive *s* Tapetenkleister *m*
wall plug *s* Wandstecker *m*
wall radial drill *s* Wandauslegerbohrmaschine *f*
wall socket *s (electr.)* Wandsteckdose *f*, Wandanschlußdose *f*
wall tile *s* Wandfliese *f*
wander *v.i.* wandern
waney-edged *a.* (Holz:) fehlkantig
Ward-Leonard control *s* Leonardschaltung *f*
warehouse *s* Lagerhaus *n*
warning sign *s (traffic)* Warnzeichen *n*
warning system *s* Alarmeinrichtung *f*
warp *v.i.* sich verziehen, sich verkrümmen, sich verwerfen
warpage *s* Verzug *m*
warted plate, Warzenblech *n*
wash *v.t.* berieseln, spülen; (Erz:) schlämmen
washed electrode, Tauchelektrode *f*

washer *s* Unterlegscheibe *f*, Federscheibe *f*, Vorlegscheibe *f*; (Benzol:) Wäscher *m*
wash heat *s (met.)* Abschweißwärme *f*, Entzunderungswärme *f*, Schweißhitze *f*
wash heating furnace *s* Entzunderungsofen *m*
washing *s* Reinigung *f*
wash oil *s* Waschöl *n*, Spülöl *n*
wash-primer *s (painting)* Haftgrundmittel *n*
waste *s* Abfall *m*, Ausschuß *m*; Schutt *m*; Schrott *m*; (met.) Gekrätz *n*; (mining) Berge *mpl*.
WASTE ~ (coal, container, cutter, material, ore, product, salt) Abfall~
waste-dump *s* Halde *f*
waste gas *s* Abgas *n*
WASTE-GAS ~ (heating, outlet, pipe, utilization) Abgas~
waste-gas flue *s* Rauchkanal *m*
waste heat *s* Abwärme *f*, Abhitze *f*
waste tip *s* Halde *f*
waste water *s* Abwasser *n*
watchmakers' lathe *s* Mechanikerdrehmaschine *f*
water *s* Wasser *n*
WATER ~ (absorption, bath, brake, circulation, container, cooling, filter, gas, glass, hardening, jet, level, power, pressure, pump, purification, supply, turbine, wheel) Wasser~
watergas pressure welding *s* Wassergas-Preßschweißung *f*
water hardening steel *s* Wasserhärtungsstahl *m*, Wasserhärter *m*
watering car *s (coking)* Löschwagen *m*
water-jet *v.t. (civ.eng.)* einspülen

water-jet driving s *(civ.eng.)* Einspülen n
water-lubricated bearing, ölloses Lager
water-proof a. wasserdicht, wasserfest
water pump plier s Wasserpumpenzange f
water-repellent concrete, Sperrbeton m
water seal s *(welding)* Vorlage f
water-tight a. wasserdicht
water vapor s Wrasen m, Brüden m
waterway police s Wasserpolizei f
wattage s Wattleistung f
wattful current, Wirkstrom m
watt-hour meter s Wattstundenzähler m, Wirkverbrauchszähler m
wattless current, Blindstrom m
wattless power, *(electr.)* Blindleistung f
wattmeter s *(electr.)* Leistungsmesser m
wave s *(opt., phys., electr., radio)* Welle f
WAVE ~ (band, conductance, frequency, length, measurement, radiation, range) Wellen~
wavemeter s *(electr.)* Wellenmesser m
wax v.t. (Parkett:) wachsen
wax s Wachs n
way s Weg m; Lauf m; *(lathe)* Bahn f, Führungsbahn f
way-boring machine s Wegebohrmaschine f
way-drilling machine s Wegebohrmaschine f
ways pl. (e. Werkzeugmaschine:) Gleitbahn f, Führung f
weak current, Schwachstrom m
weak gas, Schwachgas n
weapon s Waffe f
wear v.t. & v.i. verschleißen, abnutzen; (Ofenfutter:) fressen
wear s Abnutzung f, Verschleiß m

wear by cratering, *(metal cutting)* Kolkverschleiß m
wear hardness s Kalthärte f
wearing part s Verschleißteil n
wearing surface s Verschleißfläche f
wear resistance s Verschleißwiderstand m
wear-resistant a. verschleißfest
weathering test s Bewetterungsversuch m
web s (e. Kurbel:) Schenkel m; (e. Kreissäge:) Blatt n; (Profilstahl, Spiralbohrer:) Steg m; (e. Rades:) Scheibe f
web saw s Spannsäge f
wedge v.t. verkeilen
wedge s Stellkeil m; Spaltkeil m
wedge angle s (e. Meißels:) Keilwinkel m
week-end metal s *(met.)* Sonntagseisen n
weft s (Gewebe:) Schuß m
weighbridge s Brückenwaage f
weight by volume, Raumgewicht n
weir s *(hydr.)* Überfall m, Wehr n
weld v.t. schweißen, verschweißen
weld backhand v.t. nachlinksschweißen
weld internally v.t. innenschweißen
weld leftward v.t. nachlinksschweißen
weld rightward v.t. nachrechtsschweißen
weld up-hand v.t. aufwärtsschweißen
weld s Schweiße f, Schweißung f, Schweißnaht f
weldability s Schweißbarkeit f
weldable a. schweißbar
weld composition s Nahtaufbau m
welded joint, Schweißverbindung f
welded steel construction, Stahlschweißkonstruktion f
welder s Schweißer m; Schweißmaschine f
welding s Schweißung f
welding by electron beam, Elektronenstrahlschweißen n
WELDING ~ (cinder, defect, electrode,

equipment, goggles, heat, joint, material, quality, rod, seam, set, temperature, torch, transformer, wire) Schweiß~

welding arc voltage s Schweißspannung f

welding flux s Schweißpaste f

welding jig s Schweißvorrichtung f

welding pass s Schweißgang m

welding property s Schweißbarkeit f

welding run s Schweißraupe f

welding shop s Schweißerei f

weld reinforcement s Schweißüberhöhung f

weld root s Nahtwurzel f

weld width s Nahtbreite f

well base rim s (auto.) Tiefbettfelge f

well construction s Brunnenbau m

wet v.t. anfeuchten; (concrete) benetzen

wet abrasive cutting, Naßschleifen n

wet crushing, Naßzerkleinerung f

wet draw, (Draht:) Naßzug m

wet grinding, Naßmahlung f

wet grinding attachment, Naßschleifeinrichtung f

wet grinding machine, Naßschleifmaschine f

wet milling attachment s Naßfräseinrichtung f

wet tumbler, Naßputztrommel f

wet turning attachment, Naßdreheinrichtung f

wheel s Laufrad n, Rad n; (e. Bürste, Schleifscheibe:) Scheibe f

wheelbarrow s Schubkarren m

wheel base s Radstand m, Achsabstand m, Achsstand m

wheel cap s Radkappe f

wheel carriage s Schleifschlitten m

wheel center s Radscheibe f

wheeled tractor, Radschlepper m, Straßenschlepper m

wheel-flange s Spurkranz m

wheel guard s Schleifscheibenschutzhaube f

wheelhead s (grinding) Schleifbock m; Schleifspindelkopf m, Schleifkopf m

wheelhead carriage s Schleifsupport m

wheel hub s Radnabe f

wheel hub cap s (auto.) Radnabendeckel m

wheel hub clevis s (motorcycle) Radnabenkappe f

wheel hub puller s (auto.) Radnabenabzieher m

wheel motor s (grinding) Schleifmotor m

wheel nut spanner s (auto.) Radmutternschlüssel m

wheel pressure s Schleifdruck m

wheel puller s Radabzieher m

wheel rim s Radfelge f, Radkranz m

wheel spoke s Radspeiche f

wheel track s (auto.) Spurweite f

wheel tread s (auto.) Spurweite f

wheel web s Radscheibe f

wheelwright s Stellmacher m

whet v.t. wetzen, schärfen, schleifen

whetstone s Abziehstein m

whip v.i. (Welle:) schlagen

whirl v.t. (Gewinde:) wirbeln, schälen

white-heart malleable iron, Weißkernguß m

white lead, Bleiweiß n

white malleable cast iron, Weißguß m

whitewash s Kalkmilch f, Tünche f

whiting s Kreide f

wick oiler s Dochtöler m

wick oiling s Dochtschmierung f

wide flanged beam, Breitflanschträger m

wide flange section, Breitflanschprofil *n*

wide flat steel, Breitflachstahl *m*

wide-meshed *a.* grobmaschig

widen *v.t.* erweitern, verbreitern

wide strip, Breitband *n*

wide strip mill, Breitbandwalzwerk *n*

width *s* Breite *f*

width across corners, Eckenmaß *n*

width across flats, Schlüsselweite *f*

width of gap, (e. Fugennaht:) Stegabstand *m*

width indicator lamp *s (auto.)* Begrenzungsleuchte *f*

winch *s* Winde *f*

wind *v.t.* (e. Feder:) wickeln

wind box *s* (Kupolofen:) Windkasten *m*

winding *s (electr.)* Wicklung *f*

winding rope *s* Förderseil *n*

window crank handle *s (auto.)* Fensterkurbel *f*

window fastener *s (auto.)* Fensterfeststeller *m*

window fitting *s* Fensterbeschlag *m*

window glass *s* Fensterglas *n*

window lock *s (auto.)* Basquilschloß *n*

window regulator *s (auto.)* Fensteraussteller *m*

window sill *s* Fensterbank *f*

window winding gear *s (auto.)* Fensterkurbelapparat *m*

wind pressure *s* Windlast *f*

windshield *s (UK)* windscreen *(auto.)* Windschutzscheibe *f*

windshield defroster *s (auto.)* Scheibenentfroster *m*

windshield demister *s (auto.)* Klarsichtscheibe *f*

windshield washer *s (auto.)* Scheibenwascher *m*

windshield wiper *s (auto.)* Scheibenwischer *m*

wing *s* Flügel *m*

wing divider *s* Bogenzirkel *m*

wing nut *s* Flügelmutter *f*

wing screw *s* Flügelschraube *f*

wiper arm *s (auto.)* Wischerarm *m*

wire *v.t.* drahteinlegen; *(electr.)* verdrahten

wire *s* Draht *m*

WIRE ~ (armoring, brad, broadcasting, brush, drawing bench, drawing block, drawing mill, gauze, glass, reel, rolling mill, rope, rope block, rope sheave, ropeway, screen, spoke wheel) Draht~

wire cloth *s* Drahtgeflecht *n*

wire coil *s* Drahtring *m*

wire covering *s* Drahtumspinnung *f*

wire cutter *s* Drahtzange *f*, Drahtabschneider *m*

wired ready for connection, *(electr.)* anschlußfertig

wired radio, Drahtrundfunk *m*

wire drawing die *s* Ziehstein *m*

wire fuse *s* Schmelzdrahtsicherung *f*

wire gage *s* Drahtlehre *f*; Drahtstärke *f*

wire grip *s (tel.)* Froschklemme *f*

wireless *a. (telegr.)* drahtlos; *s.a.* radio ~

wireless operator *s* Funker *m*

wireless station *s* Sender *m*

wireless telegraphy, Radiotelegrafie *f*

wireless telephony, drahtlose Telefonie

wireless transmission, Funkübertragung *f*

wire mill *s* Drahtstraße *f*

wire milling *s* Drahtwalzen *n*

wire netting *s* Drahtgewebe *n*, Drahtgeflecht *n*

wire rod *s* Walzdraht *m*

wire-rod mill *s* Drahtwalzwerk *n*

wire-rod milling s Drahtwalzerei f
wire-rod pass s *(rolling mill)* Drahtkaliber n
wire rope clip s Drahtseilklemme f
wire solder s Lötdraht m
wiring s *(electr.)* Schaltung f; Installation f
wiring diagram s *(electr.)* Stromlaufbild n, Verdrahtungsplan m, Schaltschema n, Installationsplan m
wiring machine s Drahteinlegemaschine f
withdraw v.t. zurückziehen, herausziehen, ausziehen, abziehen
withdrawable a. herausnehmbar
withdrawal s Ausbau m
withdrawal nut s Abziehmutter f
withdrawal sleeve s Abziehhülse
withdrawing tool s Abziehvorrichtung f
wobble v.i. *(gears)* taumeln
wobbler s *(rolling mill)* Kuppelzapfen m, Kleeblatt n
wobbling saw s Wanknutsäge f
wood auger s Holzbohrer m
wood chip panel s Holzspanplatte f
wood-cutting saw s Holzsäge f
wooden pole, Holzmast m
wood fibre board s Holzfaserplatte f
wood-pattern maker s *(foundry)* Modellschreiner m
wood-pattern shop s Modellschreinerei f
Woodpecker welding s Warzenpunktschweißung f
wood preservation s Holzimprägnierung f
wood preservative s Holzkonservierungsmittel s
Woodruff key s Scheibenfeder f
wood screw s Holzschraube f
wood tar s Holzteer m
woody structure, Holzfaserbruch m
wool s Wolle f; (Schlacke:) Faser f

work v.t. bearbeiten, verarbeiten; verformen; – v.i. arbeiten
work s Arbeit f; Werkstück n, Arbeitsstück n; Arbeitsgang m
WORK ~ (alignment, chute, deflection, diameter, ejector, feeding, loading, material, mounting, rest, sample, speed) Werkstück~
workability s Verarbeitbarkeit f, Bearbeitbarkeit f
workable a. verformbar
work cycle s *(mach.)* Arbeitsablauf m
workday s Arbeitstag m
work drive dog s Werkstückmitnehmer m
work hardening s Kalthärtung f, Kaltverfestigung f
workholder s Werkstückhalter m, Aufnahme f; *(lapping)* Käfig m
workholding fixture s *(mach.)* Spannvorrichtung f, Werkstückaufnahmevorrichtung f
working s *(mach.)* Bearbeitung f, Verarbeitung f; (e. Schmelze:) Führung f
WORKING ~ (accuracy, area, crew, cycle, example, floor, gage, height, method, motion, plane, position, range, stroke, time, voltage) Arbeits~
working angle s (e. Meißels:) Wirkwinkel m
working capacity s Arbeitsleistung f, Arbeitsvermögen n
working circuit s *(electr.)* Betriebsstromkreis m
workmanlike a. fachgerecht
workmanship s handwerkliche Ausführung
work part s Werkstück n, Arbeitsstück n
works pl. Fabrik f, Werk n
workshop s Werkstatt f; Betrieb m

workshop drawing *s* Werkstattzeichnung *f*

workshop practice *s* Werkstattpraxis *f*

works inspector *s* Abnahmeinspektor *m*

workspindle *s* Arbeitsspindel *f; (lathe)* Drehspindel *f*

works superintendent *s* Betriebsleiter *m*

works' test certificate *s* Werksbescheinigung *f*

work surface *s (metal cutting)* Hauptschnittfläche *f*

worktable *s* Arbeitstisch *m*, Aufspanntisch *m*

worm *s (gearing)* Schnecke *f*

worm and sector steering, *(auto.)* Segmentlenkung *f*

worm conveyor *s* Schneckenförderer *m*

worm gear *s* Schneckenrad *n*

worm-gear drive *s* Schneckentrieb *m*

worm gear mechanism *s* Schneckengetriebe *n*

worm generating hob *s* Schneckenwälzfräser *m*

worm rack *s* Schneckenzahnstange *f*

worm thread grinder *s* Schneckenschleifmaschine *f*

worm transmission *s* Schneckengetriebe *n*

wormwheel *s* Schneckenrad *n*

wormwheel drive *s* Schneckenradantrieb *m*

woven glass, Glasgewebe *n*

wrecking *s* Abbruch *m*

wrecking car *s (auto.)* Abschleppwagen *m*, Kranwagen *m*

wrench *s* Schraubenschlüssel *m*, Bedienungsschlüssel *m*; (Rohr:) Zange *f*, Schlüssel *m*

wringing fit *s* Edelgleitsitz *m*, Haftsitz *m*

wrinkle *s* Falte *f*

wrist pin *s (auto.)* Kolbenbolzen *m*

wrist-pin bearing *s (auto.)* Kolbenbolzenlager *n*

wrought alloy, Knetlegierung *f*

wrought aluminum alloy, Aluminiumknetlegierung *f*

wrought iron, Schweißstahl *m*

X

X-ray *s* Röntgenstrahl *m*
X-ray examination *s* Röntgenuntersuchung *f*
X-ray outfit *s* Röntgeneinrichtung *f*

X-ray photograph *s* Röntgenbild *n*
X-ray photography *s* Röntgenographie *f*
X-ray radiation *s* Röntgenstrahlung *f*
X-ray tube *s* Röntgenröhre *f*

Y

yard *s* Lagerplatz *m*, Platz *m; (met.)* Halde *f*
yarn *s* Garn *n*
yellow *v.i.* vergilben
yellow brass, Messing *n*, Gelbguß *m*
yellow pine, Gelbkiefer *f*
yield *v.i.* ergeben; (Werkstoffe:) fließen
yield *s* Ausbringen *n*, Ausbeute *f*, Ertrag *m*
yield point *s* Streckgrenze *f*, Fließgrenze *f*

yield point at elevated temperatures, Warmstreckgrenze *f*
yield point at normal temperatures, Kaltstreckgrenze *f*
yield stress *s* Streckspannung *f*, Fließspannung *f*
yoke *s (magn.)* Joch *n*
Young's modulus *s* Elastizitätsmodul *m*
Y-track *s* Gleisdreieck *n*

Z

zapon s Zaponlack m
zebra crossing s *(auto.)* Zebrastreifen m
zero s Null f
zero adjustment s Nulleinstellung f, Nulljustierung f
zero line s Nullinie f
zero point s Nullpunkt m
zero position s Nullage f
zero potential s Nullspannung f
zero reading s Nullablesung f
zero setting s Nulljustierung f
zero variation s *(metrol.)* Nullpunktabweichung f
zig-zag connection s Zickzackschaltung f
zig-zag feed press s Presse f mit Werkstoffzuführung im Zickzackschritt

zig-zag rule s Gliedermaßstab m
zinc s Zink n
zinc distilling furnace s Zinkdestillierofen m
zinc extraction s Zinkgewinnung f
zinc oxide s Zinkweiß n, Zinkoxid n
zinc smelting plant s Zinkhütte f
zinc sulphide s Schwefelzink n
zinc white s Zinkweiß n
zone s Zone f; Feld n, Gebiet n
zone adjacent to the weld, *(welding)* Nahtzone f
zone of contact, *(gearing)* Eingriffsbereich m
Z-section s Z-Profil n

Wichtige Fachwörterbücher

Henry G. Freeman
Technisches Taschenwörterbuch
Deutsch-Englisch
300 Seiten, kt. (Hueber-Nr. 6212)

Der Band bietet ca. 13 000 Eintragungen, aus denen mit Hilfe eines Schlüssels über 20 000 weitere Ausdrücke gebildet werden können.

Henry G. Freeman
Taschenwörterbuch Kraftfahrzeugtechnik
Deutsch-Englisch
382 Seiten, kt. (Hueber-Nr. 6270)

Das Taschenwörterbuch umfaßt etwa 13 000 Fachausdrücke aus dem Kraftfahrzeugwesen.

Es überzeugt vor allem durch zwei Merkmale: Vollständigkeit und Zuverlässigkeit. Ein unentbehrliches Nachschlagewerk für alle, die sich im Alltags- oder Berufsleben mit Kraftfahrzeugtechnik befassen.

Hans Heidrich
Englischer Allgemeinwortschatz Naturwissenschaften
192 Seiten, kt. (Hueber-Nr. 2196)

Diese auf Wortschatzzählungen beruhende Auswahl bringt über 3 000 Stichwörter mit deutscher Übersetzung und englischen Anwendungsbeispielen.

Max Hueber Verlag · D-8045 Ismaning